普通高等教育"十一五"国家级规划教材

高等学校计算机辅助设计与绘图课程系列教材

# 三维计算机辅助设计—— Pro/ENGINEER 野火版

Sanwei Jisuanji Fuzhu Sheji
——Pro/ENGINEER Yehuoban

主　编　孙江宏

副主编　曹学强　王　峰

高等教育出版社·北京

HIGHER EDUCATION PRESS　BEIJING

**内容提要**

本书为普通高等教育"十一五"国家级规划教材,是根据教育部有关工程制图、计算机辅助设计及机械设计课程的教学基本要求并结合近几年各学校教学实际情况编写而成的。

全书共 11 章,主要内容包括:计算机辅助设计概述、Pro/ENGINEER Wildfire 基础、基本特征操作、高级特征操作、关系式、零件库、装配、工程图、运动仿真、结构与热力学分析和编程处理。

本书以应用型人才培养为目标,充分结合作者实际研发的机械类工程案例,注重软件应用的全面性,强调知识的实用性,以三维计算机辅助工程开发的具体过程为参照,突出 Pro/ENGINEER 的开发技术应用,可作为普通高等学校(尤其是应用型本科、专科学校)三维计算机辅助设计课程的教材,也可供有关工程技术人员参考。

**图书在版编目(CIP)数据**

三维计算机辅助设计——Pro/ENGINEER 野火版/孙江宏主编. —北京:高等教育出版社,2011.6
ISBN 978-7-04-033555-2

Ⅰ.①三… Ⅱ.①孙… Ⅲ.①三维-机械设计:计算机辅助设计-应用软件,Pro/ENGINEER Wildfire-高等学校-教材 Ⅳ.①TH122

中国版本图书馆 CIP 数据核字(2011)第 211360 号

| | | | | | |
|---|---|---|---|---|---|
| 策划编辑 | 饶卉萍 | 责任编辑 李善亮 | 封面设计 于文燕 | 版式设计 | 王 莹 |
| 责任校对 | 杨雪莲 | 责任印制 张福涛 | | | |

| 出版发行 | 高等教育出版社 | 咨询电话 | 400-810-0598 |
|---|---|---|---|
| 社　　址 | 北京市西城区德外大街4号 | 网　　址 | http://www.hep.edu.cn |
| 邮政编码 | 100120 | | http://www.hep.com.cn |
| 印　　刷 | 北京市鑫霸印务有限公司 | 网上订购 | http://www.landraco.com |
| 开　　本 | 787mm × 1092mm 1/16 | | http://www.landraco.com.cn |
| 印　　张 | 24.75 | 版　　次 | 2011 年 6 月第 1 版 |
| 字　　数 | 590 千字 | 印　　次 | 2011 年 6 月第 1 次印刷 |
| 购书热线 | 010-58581118 | 定　　价 | 33.50 元 |

# 前　言

　　本书是普通高等教育"十一五"国家级规划教材,是在作者编写的《Pro/ENGINEER Wildfire 虚拟设计与装配》、《Pro/ENGINEER 野火版入门与提高》、《Pro/ENGINEER Wildfire 3.0 企业应用与工程实践》等作品的基础上综合改进、完善而来的。作者在长期的计算机辅助设计与工程系列讲座培训中,针对工程技术人员的行业特点,采用了以工程实例为中心的理论教学模式,受到广大受训人员以及读者的关注和支持,并得到了他们的肯定。本书以技术应用型大学生为主要读者对象,突出实践而淡化理论,因此也适合以上教学模式,这是本书编写的出发点之一。

　　以前的计算机辅助设计教学都是以二次开发为主,大多基于 AutoCAD 等平面设计软件,或者采用 VB 等软件进行简单程序开发,即使讲解三维设计也只是停留在坐标转换处理等内容,这样就造成学生实际掌握的内容只能是低层次的重复,而忽略了对最为重要的计算机辅助设计过程的把握,因此很多学生在学习后经常会问:这门课程到底是要学习什么?从国外的同类教材来看,他们对学生的定位比较清楚,即应用型大学生应该掌握计算机辅助设计流程及各个阶段的特点,并能熟练进行操作和二次开发,而对于科研型大学生以及研究生等而言,则更加突出以开发为主,这也是目前国内教材大多采用的形式。这些书籍的共同特点之一就是采用了大量实例操作,而这也是国内教材所欠缺的。因此,本书在编写中采用了以实例带动理论讲解、突出操作、淡化理论的方式,这是本书编写的另一个出发点。

## ❏ 计算机辅助设计平台的选用

　　三维计算机辅助设计可应用的软件较多,我们选择了市场占有率最高的 Pro/ENGINEER Wildfire 软件。考虑软件的继承性与稳定性,以 4.0 为基础,并在 5.0 版本上进行了测试,均无误后纳入为书中内容。不管软件如何,本书的宗旨之一就是:版本可以不同,但是要完成的功能是不变的。

　　Pro/ENGINEER 操作软件是美国参数技术公司(Parametric Technology Corporation, PTC)的重要产品。在目前的三维造型软件领域中占有着重要地位,并作为当今世界机械 CAD/CAE/CAM 领域的新标准而得到业界的认可和推广。对于高等学校和研究机构来说,该软件是进行设计的重要辅助工具。

　　Pro/ENGINEER 第一个提出了参数化设计的概念,并且采用了单一数据库来解决特征的相关性问题。Pro/ENGINEER 基于特征方式,能够将设计至生产全过程集成到一起,实现并行工程设计。它不但可以应用于工作站,而且也可以应用到单机上,大大增强了它的竞争力。

　　Pro/ENGINEER 采用了模块方式,可以分别进行草图绘制、零件制作、装配设计、钣金设计、加工处理等,这样可以保证读者按照自己的需要有选择地使用。

## ❏ 为什么采用虚拟设计与装配的方式

　　我们发现,在利用 Pro/ENGINEER 进行教学实践的过程中,尤其是在进行毕业设计指导过程中,要使学生迅速学习和掌握 Pro/ENGINEER,最快捷的方式是引导他们学习一些实例型的书籍。但是，这类图书的缺点是只强调实例而没有同理论相结合，其结果是学生能照着书上的实例完成设计任务，但自己设计时仍然不会。可见，要掌握该软件不是简单地学习一些实例就可以了，而是要学会针对自己需要的不同功能使用相应的工具。换句话说，就是要知道自己到哪里去选择相应的功能。这样，在脱离教师的情况下也能够自己解决问题。目前已有的同类图书虽然理论讲解比较详细，但是没有突出实用性，所以我们希望通过机械设计教学中采用的一些教学案例来引导用户掌握 Pro/ENGINEER 的实用技能。

本书中谈到的虚拟设计与装配是从零件到装配、从固定装配到运动仿真、从仿真到有限元分析，最后进行高级编程处理，从而使读者能够对整个 Pro/ENGINEER 在机械方面的应用有一个全面地理解和把握。

❑ **本书特点**

本书的宗旨是让有一定机械设计和工程制图基础的读者尽快学会采用三维辅助设计方式，在尽可能短的时间内完成设计任务。概括地说，本书具有如下特点。

（1）从虚拟设计与装配的概念入手。首先以很短的篇幅讲清必要的概念，然后立即进入设计状态，并通过本书的章节安排顺序逐步理解并掌握它们。

（2）实例丰富实用。在各章知识的讲解过程中，都用相应的实例让读者去练习，去模仿，边做边体会。每个实例都有详细的步骤。

（3）注重知识的综合。本书不但给出了某些单功能方面的实例，而且给出了将多方面知识融合起来的综合实例。通过综合练习，让读者感受真实的设计工作，给读者以发展空间。

（4）注意讲解的连贯性。即采用了计算机辅助设计（零部件设计与装配）→高级处理（关系式、零件库、骨架装配）→工程制图（由三维实体转换为平面视图）→计算机辅助工程（运动仿真与有限元分析）→编程的流程。

❑ **本书内容**

本书是有关三维计算机辅助设计的教材，采用了两套完整的机械设计装配体——齿轮泵和千斤顶，以及一些典型机械零部件，是一本循序渐进的实例教材。

具体内容如下。

第一部分为基础概念，包括第 1 章和第 2 章。

第 1 章讲解计算机辅助设计基本概念以及软件，并分析了 Pro/ENGINEER 的地位及其组成。第 2 章讲解 Pro/ENGINEER Wildfire 的操作基础，内容涉及其基本环境的熟悉、坐标系的特点、文件的类型与管理、如何设置 Pro/ENGINEER 来提高工作效率以及对模型的显示等进行设置。

读者应首先理解这两章的基本概念及操作基础，以便对计算机辅助设计整个流程有一个简单的了解和把握，然后进行自己的文件管理和环境设置。在学习后面章节的同时，经常返回来看一看，对这些概念可能会理解得更深刻些。如果读者有一些软件操作经验，可以略过本部分内容。

第二部分为 CAD 部分。从第 3 章到第 8 章按照具体机械设计工作中所需功能进行讲解，包括常规造型的零件设计、复杂造型的曲面设计、固定装配、高级装配，通过关系式进行零部件控制，建立标准件库等。

第 3 章讲解如何进行基本特征的创建，采用了齿轮泵阀盖和千斤顶顶盖两个实例。第 4 章讲解起重螺杆等的螺旋扫描、混合扫描等特征的创建，为高级特征操作。第 5 章讲解关系式应用，分别针对两个零件体——直齿圆柱齿轮和千斤顶顶盖，一个装配体——齿轮油泵，进行关系控制，更改其基本特征。第 6 章通过标准内六角螺钉来讲解如何创建自己需要的标准零件库。第 7 章讲解零件的装配操作。将前面几章中创建的零件体装配起来，形成齿轮泵和千斤顶，并讲解高级装配中的零件修改功能和骨架装配方式。第 8 章讲解利用前面零件与装配体生成工程图并进行尺寸标注和注释。

第三部分为 CAE 部分，包括第 9 章和第 10 章。

第 9 章采用内燃机等机构来讲解如何进行运动仿真操作并获取位移、速度等信息。第 10 章通过端盖等零件来讲解如何对零件进行有限元分析操作。

第四部分为高级编程部分，即第 11 章，讲解如何利用 Pro/ENGINEER 自带的"程序"进行零件和装配体的更新操作。

除第 1 章、第 2 章外，其他章节均可以根据需要选读，但对于初学者，还是建议按顺序学习。为了便于读者掌握，本书还提供了作者设计完成的所有零件文件和装配体文件，其文件名称与书中提到的名称完全一致。

❑ **本书作者**

本书由孙江宏主编，曹学强、王峰任副主编。各章主要编写人员分工如下：孙江宏编写第 1 章、第 3 章、第 4 章、第 7 章、第 8 章、第 10 章和第 11 章，曹学强编写第 5 章和第 9 章，王峰编写第 2 章和第 6 章。另外参加本书案例整理、实践与操作验证等工作的还有赵瑞、黄小龙、罗珅、段大高、王雪艳、张万民、毕首权、马向辰、于美云、许九成、魏德亮、赵洁、朱存铃、潭月胜、米洁、张健、王首忠等，在此表示深深的感谢。作者长期从事 CAD/CAE/CAM 的教学与研究工作，并根据自己的教案整理完成本书内容，由于时间仓促，难免在写作方式和内容上存在不足，请读者批评指正，以便能相互促进。

编者<br>2011 年 7 月

# 目　　录

# 第 1 章

# 计算机辅助设计概述

计算机辅助设计（Computer-Aided Design，CAD）这个概念是一个不断发展变化的概念。在计算机应用开始阶段，人们将其理解为计算机辅助设计，即利用计算机来解决大量烦琐的计算，使设计人员能够将更大的精力投入到算法和方案解决上。然而，随着计算机绘图软件的大量出现，尤其是 AutoCAD 软件的普及，普通用户曾经一度认为 CAD 就是计算机辅助绘图（Computer-Aided Drawing，CAD），这在很大程度上限制了计算机辅助设计技术的普及和发展。进入 21 世纪之后，人们的观念又逐渐转变到了正确的轨道上来，并对其进行了重新定义，即计算机辅助设计是一种将人和计算机的最佳特性结合起来以辅助进行产品的设计与分析的技术，是综合了计算机与工程设计方法的最新发展而形成的一门新兴学科。

采用计算机辅助设计技术，可以快速、高效地完成项目规划和工程设计，缩短产品开发周期，提高产品质量，降低生产成本，大大提高生产效率。目前，计算机辅助设计技术已经广泛地应用于机械、电子、建筑、汽车、航空、服装甚至文艺、体育等领域。

## 1.1 计算机辅助设计的发展

### 1.1.1 计算机辅助设计技术的发展历程

以大型机械为特征的工业革命起源于欧洲，其导致了大量机器的发明和制造，同时也创造了一套与此相适应的机械设计理论和方法。在经历了 3 个世纪后，机械设计和制造正悄然发生一次全新的变革，这就是计算机辅助技术的应用。计算机辅助技术是一种用计算机软、硬件系统辅助人们对产品或工程进行设计的方法和技术，是机械与计算机技术融合的产物。

自 20 世纪 50 年代交互式图形处理技术的出现，CAD 技术经历了由单纯的二维、三维绘图到覆盖几何造型、工程分析、模拟仿真、设计文档生成等大量产品设计活动的发展历程。它的发展历程包括以下几个主要阶段：20 世纪 60 年代，CAD 发展的起步时期；20 世纪 70 年代，CAD 技术进入广泛使用时期；20 世纪 80 年代，CAD 技术进入突飞猛进时期；20 世纪 90 年代，CAD 技术的发展更趋成熟。

1943 年底，英国人为了破译德国的密码系统，建造了一台叫做 Colossus 的电子计算机。与此同时，在美国的康恩（Corn）有几个大学和研究所为了进行高速度的数值计算也在研制计算机。到 1946 年，具有真正意义的第一代电子计算机 ENIAC 诞生于美国宾夕法尼亚大学。

　20 世纪 50 年代，麻省理工学院（Massachusetts Institute of Technology，MIT）的伺服机构实验室完成了数控铣床的研究，首先将计算机用于机械制造。随后，H.J.Gerber 根据数控加工的原理为波音公司生产了世界上第一台绘图仪。并且，作为美国麻省理工学院研制的旋风一号计算机的附件，第一台图形显示器诞生。随后出现了具有指挥和控制功能的 CRT 显示器，利用该显示器，使用者可以用光笔进行简单的图形交互操作，这预示着交互式计算机图形处理技术的诞生和 CAD 技术雏形的出现。

　20 世纪 60 年代是交互式计算机图形学和以其为基础的 CAD 技术发展的重要时期。1962年，D. T. Ross 和 S. A. Coons 合作，开始在机械设计方面探索计算机辅助的可能。与此同时，MIT 的林肯实验室的 I. E. Sutherland 在其博士论文中首次提出了"计算机图形学"这个术语，并提出了"交互技术"、"分层存储符号的数据结构"等一些至今还在使用的基本概念与技术。他提出了用光笔在显示器上选取、定位图形要素的 Sketch-pad 系统，实现了人机对话式的主作业；还提出了用不同的层来表示某一工程图的轮廓、剖面线和尺寸。他开发的 Sketch-pad 图形软件包可以实现在计算机屏幕上进行图形显示与修改的交互操作。在此基础上，美国的一些大公司和实验室开展了计算机图形学的大规模研究，并开始出现 CAD 这一技术术语。

　汽车工业对计算机辅助设计技术的发明首先作出了响应。20 世纪 60 年代中后期，开始出现了具有实用功能的 CAD 系统，如美国通用汽车公司和 IBM 公司率先开发了 DAC-I 系统，用来设计汽车外形与结构，洛克希德飞机制造公司集设计、分析、制造于一体的 CADAM 系统，用于设计与绘图，并具有三维结构分析能力。随后计算机辅助绘图、设计、制造、分析技术在英国、日本、意大利等国家的汽车公司也都获得了广泛应用，并逐渐扩展到其他部门。

　由于早期的计算机及显示设备比较昂贵，CAD 技术难以推广，20 世纪 60 年代后期，随着廉价的存储管式显示器进入市场以及计算机其他硬件设备价格的下降，CAD 系统逐渐被许多企业所接受，并形成了 CAD 技术产业。

　20 世纪 70 年代，交互式计算机图形处理技术日趋成熟，计算机绘图技术也得到了广泛的应用。这个时期计算机在机械行业得到了广泛的应用。中小企业开始采用计算机辅助绘图、设计、制造、分析技术。

　20 世纪 80 年代初，随着工程工作站和微型计算机的出现，计算机图形学进入了一个新的发展时期，并推动了 CAD 技术的普及。随着计算机制造技术的发展，所有配套的软硬件都可以集成到一台工作站上，工作站系统可以作为一个独立的单用户系统，到 20 世纪 80 年代中后期就成为计算机辅助设计的主流系统。

　实际上，当时工业界已经意识到了 CAD 技术对生产的巨大促进作用，对 CAD 技术提出了各种要求，并出现了大量新理论、新算法，其中，最重要的是实体造型理论及系统的发展与应用。在此期间还相继推出了有关的图形标准，如计算机图形接口、图形核心系统、程序员层次交互式图形系统、初始图形交换规范以及产品模型数据转换标准等。

　20 世纪 90 年代以来，个人计算机飞速发展 Internet 逐渐盛行，CAD 的造型技术不断完善，广泛采用了特征造型和基于约束的参数化及变量化造型方法。CAD 技术也由过去的单机或局部分布式联网工作方式向基于网络的设计发展，利用成熟的 Internet 技术建立企业内部网络，从而将计算机辅助绘图、设计、分析、制造和管理系统密切地联系在一起并相互协作，已经在各种企业中迅速推广和普及。

## 1.1.2　计算机辅助设计技术的发展方向

CAD 技术涉及面广，技术变化快，新的理论、技术和方法不断出现。近年来，先进制造技术的快速发展带动了先进设计技术的同步发展，使传统的 CAD 技术有了很大的拓展，未来的 CAD 技术将为新产品设计提供一个综合性的环境支持系统。

从总体上讲，CAD 技术的发展集中体现在集成化、智能化、标准化和网络化几个方面。

### 1. 集成化

集成化是指借助计算机把企业中与制造有关的各种技术系统地集成起来，进而提高企业适应市场竞争的能力。为提高系统的集成水平，CAD 技术需要在数字化建模、产品数据管理、过程协调与管理、产品数据交换等方面加以提高。

在一个由各种应用软件组成的复杂系统中，集成涉及功能集成、信息集成、过程集成与企业集成。CAD 集成化主要包括以下几个方面。

① 信息集成。主要是指在企业内部实现信息正确、高速的共享和交换，是改善企业技术和管理水平必须首先解决的问题。

② 过程集成。是指把产品设计中的各个串行过程尽可能多地转变为并行过程，在设计时考虑到后续工序的可制造性、可装配性，则可以减少反复，缩短开发时间。

③ 企业集成。是指为提高自身的市场竞争力，企业必须面对全球制造的新形势，充分利用全球的制造资源，以便更好、更快、更节省地响应市场。

### 2. 智能化

人工智能是计算机几大功能之一，将人工智能技术，特别是专家系统技术引入 CAD 系统，CAD 系统就具有了专家的经验和知识，具有了学习、推理、判断的能力，能够达到完成方案构思与拟定、设计方案评价与选择、结构设计、参数确定等设计活动的智能化，从而达到设计自动化的目的。

### 3. 标准化

随着 CAD 技术的发展以及各行业 CAD 应用的不断深入，工业标准化问题日益显示出它的重要性。这里的标准化可以理解为信息在整个存储、传递、应用过程中的标准化。

目前已制定了一系列相关标准，如面向图形设备的标准——计算机图形接口（CGI）和计算机图形元文件（CGM）、面向图形应用软件的标准 GKS 和 PHIGS、面向图形应用系统中工程和产品数据模型及其文件格式的美国标准 IGES 和国际标准 STEP 等，其他一些较为重要的标准还有 ESPRIT（欧洲信息技术研究与开发战略规划）资助下的 CAD-I 标准（仅限于有限元和外形数据信息）、德国的 VDA-FS 标准（主要用于汽车工业）、法国的 SET 标准（主要应用于航空航天工业）等。另外还有最新颁布的《CAD 文件管理》、《CAD 电子文件应用光盘存储与档案管理要求》等标准。这些标准规范了 CAD 技术的应用和发展。随着技术的进步，还会陆续推出相关的标准。

作为高新技术标准化的一部分，CAD 标准化工作在 CAD 技术工作中占有很重要的位置，原国家科委工业司和国家技术监督局标准司于"八五"期间共同发布了《CAD 通用技术规范》，规定了我国 CAD 技术各方面的标准，而其中 CAD 数据交换问题是 CAD 广泛应用后各行业所面临的重要问题，如何能使企业的 CAD 技术信息实现最大限度的共享并进行有效的管理是标准化所面临的非常重要的课题。

### 4．网络化

网络技术的飞速发展改变了产品设计的模式。基于网络的 CAD 技术，要求能够提供基于网络的完善的协同设计环境，提供网上多种 CAD 应用服务。

## 1.1.3　计算机辅助设计技术的应用

在介绍 CAD 技术的具体应用之前，先了解一下工程设计的过程。工程设计的过程包括设计需求分析、概念设计、设计建模、设计分析、设计评价和设计表示，CAD 系统的功能就是在工程设计的过程中起相应的作用，如图 1-1 所示。

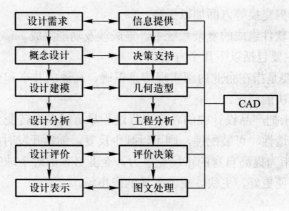

图 1-1　CAD 系统的功能

目前，CAD 技术已经广泛应用于电子工业、建筑工业和机械工业等多个领域，其在机械工业中的应用比较典型。

CAD 技术在产品或工程设计中主要应用于以下几个方面。

① 绘制平面、立体工程图：主要用来取代传统的手工绘图工作，这是最普遍和最广泛的一种应用，也是中小企业采用得最多的一种 CAD 应用方式。

② 建立图形及符号库：主要用于建立常用图形和符号库，以便于设计时调用，提高设计效率。

③ 参数化设计：对于那些具有相似结构的标准化或系列化零部件，通过对其结构尺寸和几何约束关系进行参数化定义，建立专用的图形程序库，调出时通过对设计参数进行赋值，即可生成所需的几何图形。

④ 造型分析：根据设计需求，对产品的零部件进行三维造型设计，进行装配和运动仿真、模拟仿真等，还可以借助工程分析工具，进行有限元分析、优化设计、运动学以及动力学分析，帮助设计人员进行合理的结构、强度、运动等设计工作。

⑤ 生成设计文档及报表：可以将设计属性制成说明文档或输出报表，其中有些设计参数可以用各种形式的图表表示，如直方图、扇形图、曲线图等，以使设计实施过程更清晰、形象、直观。

# 1.2 CAD 系统选型及 Pro/ENGINEER 的地位

由一定的硬件和软件组成的供辅助设计使用的系统称为 CAD 系统。它是基于计算机的系统，由软件和硬件设备组成，其中，软件是 CAD 系统的核心，而相应的系统硬件设备则为软件的正常运行提供了基础保障和运行环境。

CAD 系统功能非常强大，但如果没有人能够正确地操作和使用，CAD 系统根本不可能产生效益，所以使用 CAD 系统的技术人员也属于系统组成的一部分。

## 1.2.1 CAD 系统的硬件组成

CAD 系统的硬件是可以触摸到的物理设备，由主机及其所属外围设备组成。

外围设备包括输入设备（键盘、鼠标、扫描仪等）、外存储器（软盘、硬盘、光盘、磁带、各种移动存储设备等）、输出设备（显示器、绘图仪、打印机等）及网络设备、多媒体设备等。CAD 系统的基本硬件组成如图 1-2 所示。

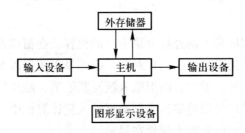

图 1-2　CAD 系统硬件组成

### 1. 计算机主机

主机由中央处理器（CPU）、内存储器（简称为内存）及其连接主板组成，是计算机系统硬件的核心。衡量主机性能的指标主要有两项：CPU 性能和内存容量。

（1）CPU 性能

CPU 的性能决定着计算机的数据处理能力、运算精度和速度。中央处理器的功能是处理数据，它由进行算术运算、逻辑运算的寄存器和控制整个系统工作的控制器两部分组成，CPU 按照程序指令指示控制器工作。

时钟频率是处理数据的速度指标之一。一般情况下，用芯片的时钟频率（或称主频）来表示运算速度更为普遍，时钟频率越高，运算速度越快。同型号的 CPU 若时钟频率不同，其运算速度也不同。当然，速度越快越好。

根据 CPU 中数据传输的宽度（按位数计算）不同，分为 16 位、32 位和 64 位处理器。它也是衡量 CPU 性能的一个重要指标，宽度位数越多，表示 CPU 一次处理的数据量越大，工作性能越好。

（2）内存容量

内存储器用于存储工作程序的指令和数据，断电后信息即消失。根据存储信息的功能将内存储器分为读写存储器（RAM）、只读存储器（ROM）和高速缓冲存储器。内存是存放运算程序、原始数据、计算结果等内容的记忆装置。如果内存量过小，将直接影响 CAD 软件系统的运行。内存容量越大，主机能容纳和处理的信息量也就越大。

**2．外存储器**

虽然内存储器可以直接和运算器、控制器交换信息，存取速度很快，但由于内存储器中的信息断电后即消失，所以想将计算机处理的有关信息永久地保存起来，就要采用辅助的外存储器。外存作为内存的后援，CAD 系统将大量的程序、数据库、图形库存放在外存储器中，待需要时再调入内存进行处理。

常用的外存储器包括硬盘、软盘、磁带和光盘等。随着存储技术的发展，尤其是移动存储技术的发展，移动硬盘、U 盘等移动存储设备成为外存储设备的重要组成部分。

**3．输入设备**

输入设备可将用户的图形结果及各种命令等转换成电信号，并传递给计算机，输入设备包括键盘、鼠标、数字化仪、扫描仪、数码相机等。

在 CAD 系统中，图形输入设备占有重要的地位。图形输入设备主要包括定位设备、数字化仪和图像输入设备。

（1）定位设备

定位设备主要用于控制屏幕上的光标并确定它的位置。在窗口及菜单环境下，定位设备除了具有定位功能外，还兼具拾取目标、选择对象、跟踪录入图形以及输入相关的数据和命令等功能。此类设备主要包括鼠标、键盘、图形输入板及其触笔、触摸屏等。最常用、最基本的是键盘和鼠标。通过键盘，用户可以将字符类型数据输入到计算机中，从而向计算机发出命令或输入精确数据等。使用鼠标可以非常方便地在显示器上进行定位、选取命令或激活屏幕菜单等操作，非常适合于窗口环境下的工作。

（2）数字化仪

数字化仪是由一块尺寸为 A4～A0 的图板和一个类似于鼠标的定位器或触笔组成的。数字化仪主要通过采集图形中的大量点，经数字化处理后存储起来，完成图形输入。数字化仪的主要技术指标是分辨率和精度。

（3）图像输入设备

图像输入设备还包括扫描仪、数码摄像机、数码相机等。扫描仪通过光电阅读装置，可快速将整张图样信息转化为数字信息输入计算机。数码相机为计算机真实图像输入提供了更为有效的手段。

CAD 系统中常用的扫描仪，其输出的是矢量化图形，即扫描仪扫描图纸时，得到一个光栅文件，接着进行矢量化处理，输出一种格式紧凑的二进制矢量文件。对于不同的 CAD 系统，还需对上述的二进制矢量文件进行格式转换，才能变成特定的 CAD 系统可接收的图形文件格式。

由这些设备输入的图像经数字化及图像处理后输出图形，这些输入方式已经成为 CAD 系统非常重要的输入方式。此外，在虚拟现实系统中，数据手套和各种位置传感器等正在成为新的输入手段。

#### 4．图形输出设备

图形输出设备包括图形显示器、打印机、绘图仪等。

（1）图形显示器

图形显示是将计算机 CPU 当前所做工作的数字信息，通过显示处理单元（DPU），转换成显示装置（显示器）所需的电压值，将图形或文字立即显示在显示器的屏幕上。

图形显示器主要用于图形图像的显示和人机交互操作，是一种交互式的图形显示设备。显示器件有阴极射线管（CRT）、液晶显示（LCD）、等离子体显示等。当前最常用的是阴极射线管显示器和液晶显示器。衡量显示器性能的主要指标是分辨率和显示速度。分辨率越高，显示的图形也越精细。显示速度同显示器在输出图形时采用的分辨率以及计算机本身处理图形的速度有关。

随着人们对显示器轻型化、薄型化、大尺寸及环保的要求，目前液晶显示器和等离子显示器的应用越来越多。

（2）打印机

打印机是最廉价的产生图形的硬拷贝设备。打印机的种类很多，主要有针式、喷墨、激光打印机等。

针式打印机的优点是价格相对低廉，操作维护方便，对纸张的适应性好，消耗低，适用于批量打印，但其清晰度不高，噪声大。喷墨打印机具有清晰度高、工作可靠、噪声小、价格低等优点，但分辨率低于激光打印机，打印速度慢，打印成本也不低。激光打印机的输出质量高，速度快，噪声小，但价格较其他两种都高，一般在要求配置较高的情况下使用。

（3）绘图仪

绘图仪是绘图系统的主要输出设备，它在计算机控制下自动完成绘图工作。目前常用的绘图仪包括笔式绘图仪和喷墨绘图仪，主要采用滚筒式结构，这种结构的绘图仪具有结构简单紧凑、图纸长度不受限制、价格便宜、占用工作面积小等优点。

笔式绘图仪一般分为平板式绘图仪和滚筒式绘图仪。平板式绘图仪一般用于绘制图幅较小的图纸，绘图笔在平面位置的纸上做运动进行绘图，纸不移动。这种绘图仪具有绘图精度高、绘图过程中观察方便、纸张的选择比较自由等优点，但是，这种绘图仪占地面积较大，价格较高。滚筒式绘图仪的绘图笔做一个方向的移动，卷在滚筒上的纸做回转运动实现了笔相对于纸的两个坐标的运动。这种绘图仪具有体积小、结构紧凑、占用空间少、绘图速度较快、价格便宜等优点，但绘图精度稍差。

静电绘图仪的原理是事先使白纸或墨纸上带有负电荷，而吸有调色剂的针尖带有正电荷，当由程序控制的电压按阵列式输出并选中某针尖时，就将调色剂附着到纸上，产生极小的静电点。静电绘图仪能输出具有明暗度的平面图形，分辨率较高，打印速度是高性能打印机的两倍，高于笔式绘图仪。运行可靠，噪声小，但是线条有锯齿状，且用纸特殊，价格昂贵。

喷墨绘图仪的喷墨装置安装在类似打印机的机头上，纸绕在滚筒上并使之快速旋转，喷墨头则在滚筒上缓慢运动，并且把颜色墨喷到纸上。所有颜色同时附在纸上，这与激光打印机及静电绘图仪不同。有些喷墨绘图仪可以接收视频及数字信号，因此可用于显示屏幕的硬拷贝。

## 1.2.2　CAD 系统的软件组成

计算机软件是指控制计算机运行并使计算机发挥最大功效的各种程序、数据及文档的集合。在 CAD 系统中，软件配置水平决定着整个 CAD 系统的性能优劣，软件占据着越来越重要的地位。

CAD 系统的软件可分为 3 个层次，即系统软件、支撑软件和应用软件。

支撑软件是在系统软件的基础上研制的，它包括进行 CAD 作业时所需的各种通用软件。应用软件则是在系统软件及支撑软件支持下，为实现某个应用领域内的特定任务而开发的软件。下面分别对这 3 类软件进行具体介绍。

### 1．系统软件

系统软件是与计算机硬件直接关联的软件，它起着扩充计算机的功能以及合理调度与运用计算机的作用，它为 CAD 系统提供运行平台。系统软件的功能对 CAD 系统的运行效率有直接影响。

系统软件包括操作系统和编译系统。操作系统指挥和控制计算机内所有软、硬件资源，它承担对计算机的管理工作，其主要功能包括文件管理、外围设备管理、内存分配管理、作业管理和中断管理。

操作系统的种类很多，常用的有 UNIX、Windows 9x/NT/2000、Linux 等。

编译系统的作用是将用高级语言编写的程序翻译成计算机能够直接执行的机器指令。有了编译系统，用户就可以用接近于人类自然语言和数学语言的方式编写程序，而翻译成机器指令的工作则由编译系统完成。目前，国内外广泛应用的高级语言 FORTRAN、Pascal、C/C++、Visual Basic、Visual Lisp 等均有相应的编译系统。

### 2．支撑软件

支撑软件是 CAD 软件系统的核心，是为满足 CAD 工作中一些用户的共同需要而开发的通用软件。CAD 支撑软件主要包括图形处理软件、工程分析与计算软件、模拟仿真软件、数据库管理系统、计算机网络工程软件、文档制作软件等。

典型商业化的 CAD 软件有 CATIA、UG、Pro/ENGINEER、SolidWorks 等，其中美国 Autodesk 公司开发的 AutoCAD 是一种通用的 CAD 软件，它以普通微机为运行平台，价格便宜，简单易用，常被中小企业所采用。

### 3．应用软件

应用软件是在系统软件、支撑软件的基础上，针对某一专门应用领域进行二次开发生成的软件系统，如模具设计软件、机械零件设计软件、机床设计软件，以及汽车、船舶、飞机设计制造行业的专用软件均属应用软件。应用软件的功能和质量直接影响 CAD 系统的功能和质量。

## 1.2.3　CAD 系统选型

### 1．基本要素

CAD 系统的构建是一项复杂的系统工程，其构建是否合理，直接影响使用单位 CAD 技术的应用效果。CAD 系统选型应该把握几个基本要素，即软件选型、运行环境选型、技术支持和价格等。

　　① 软件选型：主要包括基本建模能力、系统辅助特性、专业设计工具、工程分析能力、数控加工软件、高级建模能力等。

　　② 运行环境：包括 CAD 软件所依赖的硬件平台、操作系统和网络环境等。硬件方面通常需要有较快的速度、较大的内存、大容量的硬盘、高性能的图形显示、快速的网络传输等，可以选择图形工作站或高档微机。以往工作站的操作系统通常运行的是 UNIX 操作系统。随着 CAD 硬件平台不断向微机下移，以及 Windows NT/2000 操作系统性能的提升，Windows 系列操作系统因其界面简单、友好、熟悉而深受广大工程技术人员的欢迎。

　　③ 技术支持：一般包括软件系统的升级、培训体系、提供咨询、联络的方式以及及时有效的技术支持。

　　**2. 选型原则**

　　在具体选择和配置 CAD 系统时，应考虑以下原则。

　　① 软件系统的选择应优于硬件且应具有优越的性能。软件是 CAD 系统的核心，应根据软件的功能需要来配置合适的硬件。软件系统应具有良好的用户界面、齐全的技术文档，应该注重软件的几何造型功能和图形编辑能力，具有内部统一的数据库以及能够支持多种应用等。

　　② 硬件系统应该符合国际工业标准、具有良好的开放性。

　　③ 整个软硬件系统运行可靠，维护简单，具有较高的性价比。

　　④ 具有良好的售后服务体系，提供培训、故障排除及其他增值服务。

## 1.2.4　常用 CAD 系统及其特点

　　CAD/CAM 技术经过几十年的发展，先后走过大型机、小型机、工作站、微机时代，每个时代都有当时流行的 CAD/CAM 软件。现在，工作站和微机平台 CAD/CAM 软件已经占据主导地位，并且出现了一批比较优秀、比较流行的商品化软件。

　　**1. 国外软件**

　　（1）Unigraphics（UG）与 I-DEAS

　　UG 是 UGS 公司的拳头产品。该公司首次突破传统 CAD/CAM 模式，为用户提供了一个全面的产品建模系统。在 UG 中，优越的参数化和变量化技术与传统的实体、线框和表面功能结合在一起，并被大多数 CAD/CAM 软件厂商所采用。

　　UG 最早应用于美国麦道飞机公司，它是从二维绘图、数控加工编程、曲面造型等功能发展起来的软件。20 世纪 90 年代初，美国通用汽车公司选中 UG 作为全公司的 CAD/CAE/CAM/CIM 主导系统，这进一步推动了 UG 的发展。

　　I-DEAS 是美国 SDRC 公司开发的 CAD/CAM 软件。该公司是国际上著名的机械 CAD/CAE/CAM 公司，在全球范围享有盛誉，国外许多著名公司，如波音、索尼、三星、现代、福特等公司均是 SDRC 公司的大客户和合作伙伴。

　　I-DEAS 在 CAD/CAE 一体化技术方面一直雄居世界榜首，软件内含诸如结构分析、热力分析、优化设计、耐久性分析等真正提高产品性能的高级分析功能。

　　SDRC 也是全球最大的专业 CAM 软件生产厂商。I-DEASCAMAND 是 CAM 行业的顶级产品。I-DEASCAMAND 可以方便地仿真刀具及机床的运动，可以从简单的 2 轴、2.5 轴到 7 轴以 5 联动方式来加工极为复杂的工件表面，并可以对数控加工过程进行自动控制和优化。

由于目前两个软件的合并，都集成在 UGS PLM Solutions 中，所以集中了两方面的开发技术人员，便于发挥各自的技术优势，从而保证了其市场占有率。

（2）SOLIDEDGE

SOLIDEDGE 是真正的 Windows 软件。它不是将工作站软件生硬地搬到 Windows 平台上，而是充分利用 Windows 的先进技术 COM 重写代码。SOLIDEDGE 与 Microsoft Office 兼容，与 Windows 的 OLE 技术兼容，这使得设计师们在使用 CAD 系统时，能够在 Windows 下进行字处理、电子报表、数据库等操作。

SOLIDEDGE 是基于参数和特征实体造型的新一代机械设计 CAD 系统，它是为设计人员专门开发、易于理解和操作的实体造型系统。

（3）AutoCAD

AutoCAD 是 Autodesk 公司的主导产品，是当今最流行的二维绘图软件，它在二维绘图领域拥有广泛的用户群。AutoCAD 有强大的二维设计功能，如绘图、编辑、剖面线和图案绘制、尺寸标注以及二次开发等功能，同时提供了一定的三维设计功能。AutoCAD 提供 AutoLISP、ADS、ARX 作为二次开发的工具。在许多实际应用领域（如机械、建筑、电子）中，一些软件开发商在 AutoCAD 的基础上已开发出许多符合实际应用的软件。

在我国，平面出图基本上都是以 AutoCAD 为主。

（4）SolidWorks

SolidWorks 是生信国际有限公司推出的基于 Windows 的机械设计软件。它是以 Windows 为平台，以 SolidWorks 为核心的各种应用的集成，包括结构分析、运动分析、工程数据管理和数控加工等。SolidWorks 是全参数化特征造型软件，它可以十分方便地实现复杂的三维零件实体造型、复杂装配和生成工程图。

（5）Cimatron

Cimatron 系统是以色列 Cimatron 公司的 CAD/CAM/PDM 产品，是较早在微机平台上实现三维 CAD/CAM 全功能的系统。该系统提供了比较灵活的用户界面，优良的三维造型、工程绘图，全面的数控加工，各种通用、专用数据接口以及集成化的产品数据管理，在国际上模具制造业中备受欢迎。

（6）Pro/ENGINEER

Pro/ENGINEER 系统是美国参数技术公司（PTC）的产品。PTC 公司提出的单一数据库、参数化、基于特征、全相关的概念改变了机械 CAD/CAE/CAM 的传统观念，这种全新的概念已成为当今世界机械 CAD/CAE/CAM 领域的主要标准。Pro/ENGINEER 软件能将设计至生产全过程集成到一起，让所有的用户能够同时进行同一产品的设计制造工作，即实现所谓的并行工程。有关具体性能参见后面章节。

**2．国内软件**

目前，国内 CAD 软件在经过了一段时间的发展后，也逐渐走入正轨，并伴随着中国特色而各自占据了自己的领域，发挥着越来越多的作用。

（1）高华（同方）CAD

高华 CAD 是由北京高华计算机有限公司推出的 CAD 产品，包括计算机辅助绘图支撑系统 GHDrafting、机械设计及绘图系统 GHMDS、工艺设计系统 GHCAPP、三维几何造型系统

GHGEMS、产品数据管理系统 GHPDMS 及自动数控编程系统 GHCAM，其中 GHMDS 是基于参数化设计的 CAD/CAE/CAM 集成系统，它具有全程导航、图形绘制、明细表的处理、全约束参数化设计、参数化图素拼装、尺寸标注、标准件库、图像编辑等功能模块。

（2）CAXA 电子图板和 CAXA 制造工程师

CAXA 电子图板和 CAXA 制造工程师软件的开发与销售单位是北京北航海尔软件有限公司（原北京航空航天大学华正软件研究所）。CAXA 电子图板是一套高效、方便、智能化的通用中文设计绘图软件，可帮助设计人员进行零件图、装配图、工艺图表、平面包装的设计，适合所有需要二维绘图的场合，使设计人员可以把精力集中在设计构思上，彻底甩掉图板，满足现代企业快速设计、绘图、信息电子化的要求。

CAXA 制造工程师是面向机械制造业的自主开发的、中文界面、三维复杂形面 CAD/CAM 软件。

（3）GS-CAD

GS-CAD 是浙江大天电子信息工程有限公司开发的基于特征的参数化造型系统。GS-CAD98 是一个具有完全自主版权、基于微机、中文 Windows 平台的三维 CAD 系统。该软件参照 SolidWorks 的用户界面风格及主要功能开发完成，实现了三维零件设计与装配设计，工程图生成的全程关联，在任一模块中所做的变更，在其他模块中都能自动地做出相应变更。

（4）金银花系统

金银花系统是由广州红地技术有限公司开发的基于 STEP 标准的 CAD/CAM 系统，主要应用于机械产品设计和制造中，可以实现设计/制造一体化和自动化。该软件起点高，以制造业最高国际标准 ISO-10303(STEP)为系统设计的依据。该软件采用面向对象的技术，使用先进的实体建模、参数化特征造型、二维和三维一体化、SDAI 标准数据存取接口的技术，具备机械产品设计、工艺规划设计和数控加工程序自动生成等功能，同时还具有多种标准数据接口，如 STEP、DXF 等，支持产品数据管理（PDM）。

（5）开目 CAD

开目 CAD 是华中科技大学机械学院开发的具有自主版权的基于微机平台的 CAD 和图纸管理软件，它面向工程实际，模拟人的设计绘图思路，操作简便，机械绘图效率比 AutoCAD 高得多。开目 CAD 支持多种几何约束种类及多视图同时驱动，具有局部参数化的功能，能够处理设计中的过约束和欠约束的情况。开目 CAD 实现了 CAD、CAPP、CAM 的集成，符合我国设计人员的习惯，是全国 CAD 应用工程主推产品之一。

# 1.3 Pro/ENGINEER 与企业的关系及应用

计算机辅助设计是一种用计算机软、硬件系统辅助人们对产品或工程进行设计的方法和技术，它包括设计、绘图、工程分析与文档制作等设计活动。当前国内企业应用中，占最大比例的就是 Pro/ENGINEER。

## 1.3.1 参数化设计概述

很多了解 CAD 发展过程的用户都知道，CAD 技术实际上经历了 4 个阶段，Pro/ENGINEER

所采用的参数化设计技术是 20 世纪 90 年代的主流技术，相对于当前的前沿技术变量化设计而言，其技术上并不是最先进的，但是，对于国内的实际应用情况看，参数化设计正如火如荼，所以，在此专门分析一下参数化设计技术。

在参数化设计技术推出之前，美国 CV 公司是整个 CAD 领域的领先者和领导者。在当时，实体化造型技术正在逐渐普及，而 CAD 技术的研究又有了重大进展。进入 20 世纪 80 年代中期，CV 公司内部以高级副总裁为首的一批人提出了一种比无约束自由造型更新颖、更好的演算法——参数化实体造型方法。

从演算法上来说，参数化实体造型方法是一种很好的设想。它主要具有基于特征、全尺寸约束、全数据相关、尺寸驱动设计修改等特点。

但是，当时该技术方案还处于发展的初级阶段，很多技术难点有待攻克，是否马上投资发展这项技术在 CV 公司内部引起了激烈争论。由于参数化技术核心演算法与以往的系统有本质差别，若采用参数化技术，必须将全部软件重新改写，投资及开发工作量必然很大。当时 CAD 技术主要应用在航空和汽车工业，这些工业中自由曲面的需求量非常大，参数化技术还不能提供解决自由曲面的有效工具（如实体曲面问题等），而且当时 CV 软件在市场上供不应求，所以，CV 公司最终否决了参数化技术方案。

提出参数化技术的人员为了实现这种新思想，集体成立了参数技术公司（Parametric Technology Corporation），开始研制命名为 Pro/ENGINEER 的参数化软件，并于 1988 年推出了较早的商业版本。早期的 Pro/ENGINEER 性能低，只能完成简单的工作，但由于首次实现了尺寸驱动零件设计修改，使人们看到了它的方便性。此后，PTC 公司又不断进行完善，陆续推出多个版本，并最终使参数化设计技术成为 20 世纪 90 年代的主流技术。

参数化造型是由编程者预先设置一些几何图形约束，供设计者在造型时使用。与一个几何相关联的所有尺寸参数可以用来产生其他几何，其主要技术特点如下。

① 基于特征：将某些具有代表性的平面几何形状定义为特征，并将其所有尺寸存为可调参数，进而形成实体，以此为基础来进行更为复杂的几何形体的构造。

② 全尺寸约束：将形状和尺寸联合起来考虑，通过尺寸约束来实现对几何形状的控制。造型必须以完整的尺寸参数为出发点（全约束），既不能漏注尺寸（欠约束），也不能多注尺寸（过约束）。

③ 尺寸驱动设计修改：通过编辑尺寸数值来驱动几何形状的改变。

④ 全数据相关：由于采用单一数据库，所以某个尺寸参数的修改会触发其他相关模块中的相关尺寸得以全部更新。

采用参数化设计技术可以彻底克服自由建模的无约束状态，几何形状均以尺寸的形式被牢牢控制，如打算修改零件形状时，只需编辑一下尺寸的数值即可实现形状上的改变。尺寸驱动已经成为当今造型系统的基本功能，无此功能的造型系统已无法生存。尺寸驱动很容易理解，尤其对于那些习惯看图纸、以尺寸来描述零件的设计者来说是十分习惯的。

参数化系统的指导思想是：只要按照系统规定的方式去操作，系统保证生成设计的正确性及效率性，否则拒绝操作。造型过程是一个类似模拟工程师读图纸的过程，由关键尺寸、形体尺寸、定位尺寸一直到参照尺寸，全部输入计算机后，形体自然在屏幕上形成。造型必须按部就班，过程必须严格。

参数化技术解决的是特定情况(全约束)下的几何图形问题，表现形式是尺寸驱动几何形状修改，其使用是有严格规定的：在设计全过程中，必须将形状和尺寸联合起来考虑，通过尺寸约束来实现对几何形状的控制；在非全约束时，造型系统不允许执行后续操作；参数化技术的工程关系（如重量、载荷、力、可靠性等关键设计参数）不直接参与约束管理，而是另由单独的处理器外置处理。

由于参数化技术苛求全约束，每一个方程式必须是显式函数，即所使用的变量必须在前面的方程式内已经定义过并赋值于某尺寸参数，其几何方程的求解只能是顺序求解。

参数化技术思路及苛刻规定带来了相当的副作用，具体列举如下。

① 使用者必须遵循软件内在使用机制，如决不允许欠尺寸约束、不能逆序求解等。

② 当零件截面形状比较复杂时，参数化系统要将所有尺寸表达出来，这让设计人员有些不知所措，无从下手。

③ 由于只有尺寸驱动这一种修改手段，那么究竟改变哪些尺寸会导致形状朝着自己满意的方向改变并不容易判断。

④ 尺寸驱动的范围也是有限制的，如果给出一个极不合理的尺寸参数，致使某特征变形过分，与其他特征相干涉，将会引起拓扑关系的改变，进而产生问题。

因此，从应用上来说，参数化系统特别适用于技术已相当稳定、成熟的零配件行业。这些行业的零件形状改变很少，经常只需采用类比设计，即形状基本固定，只需改变一些关键尺寸就可以得到新的系列化设计结果。再者就是由二维到三维的抄图式设计，图纸往往是绝对符合全约束条件的。

参数化技术在整个造型过程中，将所构造的形体中用到的全部特征按先后顺序串联式排列，这主要是为了检索方便。在特征序列中，每一个特征与前一个特征都建立了明确的依附关系。但是，当因设计要求需要修改或去掉前一个特征时，则其子特征被架空，这样极易引起数据库混乱，导致与其相关的后续特征受损失。如深究其原因，还是由于全尺寸约束的条件不满足及特征管理不完善所致，这是参数化技术目前存在的比较大的缺陷。

工程关系在参数化系统中不能作为约束条件直接与几何方程建立联系，它需要另外的处理手段。

## 1.3.2 Pro/ENGINEER 系统及其特点

美国 PTC 公司作为参数化技术的提出者，在 1988 年推出实体参数化设计软件 Pro/ENGINEER，在全世界受到人们的广泛欢迎。当然，该软件的推出和成功也有其特定的历史背景。

在 20 世纪 80 年代末，计算机技术迅猛发展，硬件成本大幅度下降，CAD 技术的硬件平台成本从 20 几万美元一下子降到只需几万美元。一个更加广阔的 CAD 市场完全展开，很多中小型企业也开始有能力使用 CAD 技术。由于他们设计的工作量并不大，零件形状也不复杂，更重要的是他们无钱投资大型高档软件，因此他们很自然地把目光投向了中低档的 Pro/ENGINEER 软件，而 PTC 恰恰将自己定位在了中档市场上，所以，二者一拍即合，PTC 在进入这块市场后获得了巨大成功。

进入 20 世纪 90 年代，参数化技术变得更加成熟，充分体现出其在许多通用件、零部件设计上存在的简便易行的优势。正当其他公司正在准备或正在进行底层代码修改时，PTC 公司已经挤占低端的 AutoCAD 市场，致使在几乎所有的 CAD 公司营业额都呈上升趋势的情况下，Autodesk 公司营业额却增长缓慢，市场排名连续下挫。进入 21 世纪后，PTC 又试图进入高端 CAD 市场，与 CATIA、I-DEAS、CV、UG 等群雄逐鹿，一直打算进入汽车及飞机制造业市场。目前，PTC 在 CAD 市场份额排名上已名列前茅，尤其在中国更是占据了 30%以上的市场，这些都可以说是参数化技术给它的回报。

当然，市场占有率的扩大也是需要软件的不断更新成熟的。自从推出 Pro/ENGINEER 以来，PTC 公司又不断进行完善，陆续推出多个版本，目前的最新版本是 Pro/ENGINEER Wildfire 4.0（简称"野火版"）。它是基于特征、采取参数化技术、全数据相关、单一集成数据库、支持并行工程操作的最新实体参数化设计软件，更完整地集成了各种模块，完美地为开发者解决了由工业设计至 NC 加工的全套解决方案，极大地提高了业界的竞争能力。本书中所提到的 Pro/ENGINEER Wildfire，如非特指，均为 Pro/ENGINEER Wildfire 4.0。

Pro/ENGINEER 是用于工业设计自动化方面的大型集成软件，它引入了行为建模功能，可以通过对用户的设计要求和目标进行分析，自动得到最优结果。它所涉及的主要行业包括工业设计、机械、仿真、制造和数据管理、电路设计、汽车、航天、玩具等。

Pro/ENGINEER Wildfire 软件的功能比较丰富，包括三维实体建模、三维曲面建模、模型的空间转换、显示控制和观察、零件装配及干涉检验、平面出图、渲染处理、资料验证、数据交换、文件管理及数据库等。该系统采取参数化特征建模技术，具有特征建模、模块化、集成化程度高、可移植性强以及兼容性好等优点。

特征建模不仅描述了几何形状信息，而且在更高层次上表达了产品的功能信息，其操作不再是原始的线条和体素，而是产品的功能要素，如通孔、键槽、倒角等。

通过采取参数化和尺寸驱动技术，可以通过修改模型的约束尺寸来修改模型的大小和形状，而尺寸之间又可以相关，尺寸更改会引起模型的自动变化。

同时该软件采取统一数据库进行模型数据管理，这样使得对某一对象做的任何改动都能及时自动地在调用该对象的任何地方得以体现。这为设计开发的同步工作、数据共享及现代并行设计工程提供了很大的便利性。

Pro/ENGINEER Wildfire 产品系列软件采取模块化方式，其集成化程度比较高，它不仅提供基本功能模块，还提供了选装模块。Pro/ENGINEER 就是其中一个基本的产品建模模块，还有 Pro/ASSEMBLY、Pro/MECHANICA、Pro/MANUFACTURE 等 20 多个可选装模块。

该软件具有良好的兼容性，在其中设计好的模型可以通过系统提供的输出接口转换到其他软件所兼容的格式，如 CATIA、STEP、GIFF、IGES 等，同时也可以将相应格式的模型输入到 Pro/ENGINEER 环境中，如 IGES、NEUTRAL、SET、STEP、CATIA、ENGEN 等。

Pro/ENGINEER Wildfire 将 Pro/ENGINEER 的易学易用性、功能强大性以及互联互通性融为一体，大大提高了用户的工作效率。与 Pro/ENGINEER 2000i、Pro/ENGINEER 2001 相比，野火版的操作更简洁，其界面风格以及操作方法也发生了较大的变化，更便于用户学习、掌握，同时野火版引入了极富创造力的连接功能，从而改进了用户获取信息的方法以及与人合作的方式。在野火版中，用户可以很方便地通过 Internet 与团队的其他设计人员实现信息沟通。

目前，Pro/ENGINEER Wildfire 4.0 是 Pro/ENGINEER 系列中最强大、最完善的版本，它继

承了 Pro/ENGINEER 中颇受欢迎的各项功能,同时加强了软件的易用性以及 Web 的连通性,使 Pro/ENGINEER 真正成为产品设计的新标准。

Pro/ENGINEER 系统的主要特点如下。

### 1. 参数化设计

Pro/ ENGINEER 是第一个引入参数化概念的计算机辅助软件,它带来了业界的一次技术革命。所谓参数化是指特征之间具有一定的关联关系,这种关系可以通过一定的参数来表示,该参数既可以是变量,也可以是关系式。这就决定了各参数是随着外部变量的变化而变化的,带有实时性,也就决定了同某个特征相关联的其他特征也要发生相关变化,而不需要重新绘制。

参数化设计通过尺寸驱动来实现,所谓尺寸驱动就是以模型的尺寸来决定模型的形状,一个模型由一组具有一定关联的尺寸进行定义。利用参数化技术,可使设计人员从大量繁重而琐碎的建模工作中解脱出来,可以大大提高设计速度,并减少信息的存储量。

在 Pro/ ENGINEER 中定义的参数主要包括集合形状参数和定位尺寸参数两种。

### 2. 基于特征

特征的概念最早出现在 1978 年美国 MIT 的一篇学士论文《CAD 中基于特征的零件表示》中,随后经过几年的酝酿讨论,至 20 世纪 80 年代有关特征建模技术得到广泛关注。特征是一种集成对象,是包含丰富的工程语义,因此,它是在更高层次上表达产品的功能和形状信息。对于不同的设计阶段和应用领域有不同的特征定义,例如功能特征、加工特征、形状特征、精度特征等。

在 Pro/ENGINEER 中的所有模型都是由多个特征组成的,改变与特征相关的各种数据信息,可以直接改变模型的外观等。

根据设计过程和建模顺序的不同,特征可分为基础特征和辅助特征两种。

① 基础特征。每个零件模型都有它的大体形状,如果在工程实践中直接选择一个与零件外形相似的铸件等进行加工的话,则可以省去很多麻烦。在 Pro/ENGINEER 中的基础特征就是这个类似铸件的意思。

② 辅助特征。在建立了基础特征后,需要对其进行加工和处理,这时所涉及的所有特征就是辅助特征。辅助特征也叫做修饰特征。

### 3. 全数据相关

采用全数据相关,在设计中的任何一处的修改都将反映到整个设计的其他环节中,例如,如果修改工程图中的基本数据,三维实体模型也将随之发生改变,在加工中的数控加工路径也会自动更新。这将给产品的设计和生成带来很大的方便,大大地减轻了设计人员的重复性工作,提高设计效率。

### 4. 单一集成数据库

Pro/ENGINEER 系统建立在单一数据库基础之上,这一点不同于大多数建立在多个数据库之上的传统 CAD 系统。所谓单一数据库,就是工程中的所有数据都来自同一个数据库,这样可以使不同部门的设计人员能同时使用同一个产品,实现协同工作。

### 5. 强调人性化设计

Pro/ENGINEER Wildfire 最大的改进在于用户的工作界面。新的工作界面更强调人性化的设计，其图形窗口增大，便于用户进行设计，并简化了视图的操作控制，减少了鼠标移动，并增强了模型的颜色模式，提高了用户的视觉舒适感，这样使 Pro/ENGINEER Wildfire 具有易学易用性，一般用户只需花很少时间就能学会，并能很快熟练使用。

**6．简化工作流程**

以图标板代替了菜单管理器与对话框，它是一个图形化工具栏，使工作界面更简洁，能让用户对特征的属性一目了然，因此，不需打开一层一层的菜单以及复杂的对话框，而可以直接在工作界面上随时修改特征的值，这样可以简化用户的设计工作流程。

**7．提供了创新技术**

Pro/ENGINEER Wildfire 继承了 Pro/ENGINEER 的功能与性能优势，并为设计人员提供了更多的创新技术，例如在建模的功能方面，对于高性能的部件新增了符号式的表示与柔性组件；在仿真和优化工具的功能和集成方面，Pro/ENGINEER Wildfire 改进了结构和热传导的分析与研究，简化了行为建模技术的应用，使用户无需重复建立物体的物理原型；在制造、布线系统、开放和系统管理方面，增强了解决方案的能力。同时 Pro/ENGINEER Wildfire 新增了交互式的表面设计、点云逆向工程、实时图片渲染以及基于弯曲特征的全局建模等功能，进一步改进了产品设计的视觉效果。

**8．引入 Web 通信功能**

PTC 在 Pro/ENGINEER Wildfire 的底层结构中嵌入了 Web 服务，从而改进了用户获取信息的方法以及与人合作的方式，这样便于用户通过 Internet 与团队的其他设计人员、客户和供应商等实现信息沟通。在 Pro/ENGINEER Wildfire 中，系统提供了快速、简单和安全的设计协作工具以及 Web 技术，因此设计人员可以快速、方便地获取全球的产品信息，同时设计人员可以共享 Pro/ENGINEER 会议，并基于 Web 资源无缝地连接进行项目管理和协作等。

### 1.3.3　Pro/ENGINEER 与企业应用相关的功能模块

Pro/ENGINEER Wildfire 是一个综合性软件，本书的目的就是介绍如何进行机械设计，即设计模块的功能，对于其他方面的功能，则略去。

**1．Pro/ENGINEER（标准）模块**

Pro/ENGINEER 标准模块是 Pro/ENGINEER Wildfire 的基本模块，其功能包括参数化功能定义、实体零件及组装造型、着色渲染、生成不同视图等。另外，Pro/ENGINEER Wildfire 提供的关系式可以自由定义形体尺寸及它们之间的关系，从而保证了在修改一个尺寸参数时，所有相关特征都要进行自动修改，因此效率更高。Pro/ENGINEER 同其他模块配合使用，可以达到不同的功能目的，增强了软件的综合处理能力。

单机版的 Pro/ENGINEER 具备大部分设计能力，主要包括以下几个。

① 特征生成功能。

② 参数化处理功能。

③ 通过定义关联关系进行关联设计。

④ 可以进行大型、复杂装配设计。

### 2．Pro/ SHEETMETAL（钣金）模块

Pro/SHEETMETAL 是可选的 Pro/ENGINEER 模块。它具备设计基本和复杂钣金零件的能力。用户可以完成以下操作。

① 通过定义一个组件之元件体积和支持结构，进行钣金件设计。

② 在成型或平整条件中添加专有的钣金特征，例如壁、折弯、切口、冲孔、凹槽和成型。

③ 创建折弯顺序表，用于为加工指定顺序、折弯半径和折弯角度。

④ 计算所需的材料展开长度。Pro/SHEETMETAL 会考虑不同的半径和材料厚度。

⑤ 平整零件以显示设计和制造需要。

⑥ 生成钣金零件绘图、合并尺寸、折弯顺序表、平整阵列和设计完备的零件。

Pro/SHEETMETAL 与 Pro/ENGINEER 均可实现设计的灵活性。在整个设计过程中以参数化形式做出并更新更改。

### 3．Pro/DETAIL（工程图）模块

Pro/DETAIL 是独立于基本 Pro/ENGINEER 的模块，该模块扩展了基本模块的功能，可以同基本模块配合使用。

Pro/DETAIL 支持附加视图、多张图纸（Multisheets），提供了一系列处理工程图命令，并且可以向图纸中添加或修改文本或符号信息。另外，用户还可以自定义工程图格式，进行多种形式的个性化设置。

具体功能包括如下几点。

① 全面支持 ANSI、ISO、JIS 和 DIN 标准。

② 全几何公差配合和尺寸标注，包括特征控制、基本尺寸标注、纵向尺寸、双尺寸标准、表面粗糙度标记、注释表面粗糙度和球形的多引线种类、尺寸与尺寸线平行等。

③ 全面的规范标准，包括测量标准、字符高度控制、多种字体等。

④ 扩展视图功能，包括零组件、自动画面剖线、半剖图、旋转面剖视图、比例视图、轴测视图、多层零件图和布置图等。

⑤ 方便的自定义功能，包括自定义绘图格式和绘图格式库、设置隐含标准的配置文件、消隐线显示等。

⑥ 支持二维非参数化制图功能，可读取 DXF、IGES 等标准 CAD 系统图形，并对它们进行保存、恢复、更新等管理工作并输出。

### 4．Pro/DRAFT 模块和 Pro/DESIGN 模块

Pro/DRAFT 模块是一个二维绘图系统，可以直接生成二维工程图，它可以顺利地实现同 DXF 等标准 CAD 文件的交互，但是，二维功能远不如 AutoCAD 用起来方便灵活，而这也显然不是 Pro/ENGINEER Wildfire 的强项。换句话说，对于现在的大多数 AutoCAD 用户来说，完全可以舍弃。

Pro/DESIGN 模块则偏重于三维大型装配工作。它可以方便地生成装配图层次等级，使用二维平面图自动装配零件，以及三维部件平面布置等，主要包括以下功能。

① 三维装配图的层次等级关系设计。

② 确定整体与局部尺寸、比例和基准。

③ 参数化草图绘制。

④ 以三维方式表示零件的定位和组装零件的位置。

⑤ 自动装配。

### 5．Pro/FEATURE 模块

Pro/FEATURE 模块扩展了 Pro/ENGINEER 标准模块中的特征。它可以将 Pro/ENGINEER 中的各种功能任意组合，形成用户定义的特征，因此速度很快。Pro/FEATURE 具有将零件从上一个位置复制到另一个位置的能力，具有镜像复制带有复杂雕刻轮廓的实体模型的能力。将在后面的具体章节中详细介绍。

### 6．Pro/ASSEMBLY 模块

从词义就可以看出，这是一个组装管理系统，但仍然符合参数化原理。它可以实现自动更换零件并进行组装，必须配合 Pro/ENGINEER 进行。它具有以下功能。

① 支持自动更换零件功能、装配模式下的零件生成。

② 规则装配功能并产生组合特征。

③ 提供 Pro/PROGRAM 模块，可以编写参数化零件及组装的自动化程序，从而保证用户只需要输入简单参数就可以生成设计。

另外，Pro/NOTEBOOK 作为可选模块，为创建层次相联的组件布局提供工具，支持自上而下的组件设计。

### 7．Pro/TOOLKIT 模块

提供二次开发工具，支持 C 语言程序库，支持 Pro/ENGINEER 的接口，直接访问 Pro/ENGINEER 数据库，这大大提高了第三方厂商的开发热情，但这些开发程序必须在 Pro/ENGINEER 环境下运行。

### 8．Pro/CABLING（布线）模块

Pro/CABLING 模块可以进行电缆布线工作，它可以使设计和组件机电装置同时进行，并对设计空间进行优化。

### 9．Pro/PIPING（管道）模块

利用 Pro/PIPING 可根据所选择的管道设计模式创建复杂的管道系统。

### 10．Pro/INTERFACE 模块

这是一个比较完善的工业标准数据传输系统，保证了 Pro/ENGINEER 与其他计算机辅助设计软件之间的各种标准数据交换，主要支持的软件格式如下。

① SLA：将三维图形信息输出到工作台。

② Render：将三维图形信息输出到着色系统。

③ DXF：支持 DXF 文件系统中的二维信息。

④ NEUTRAL：输出符合 Pro/ENGINEER 中间文件格式的特征、零件及公差信息。

⑤ IGES：输出符合 IGES 标准的二维与三维模型信息。

⑥ PATRAN Geom：输出符合 TAREAN 中间格式的零件几何体数据。

⑦ SuperTAB Geom：输出符合 SuperTAB 的 Universal 格式的几何体数据。

⑧ SET：输入符合 VDA 标准的 Pro/ENGINEER 模型。

　　在 Pro/ENGINEER 中，提供了 8 个库作为专门的工具，用户必须根据自身需要定制购买，其中有些是非国标系列，需要转换后使用。这些库如图 1-3 所示。

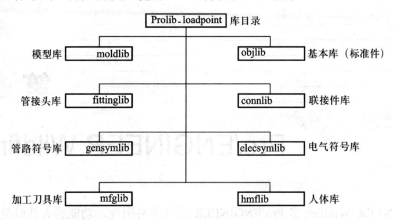

图 1-3　8 类附加库

# 第 **2** 章

# Pro/ENGINEER Wildfire 基础

Pro/ENGINEER Wildfire 将 Pro/ENGINEER 的易学易用性、功能强大性以及互联互通性融为一体，大大提高了用户的工作效率。它的操作更简捷，其界面、风格以及操作方法也更加宜人，更便于用户学习、掌握，同时引入了极富创造力的链接功能，从而改进了用户获取信息的方法以及与人合作的方式。在 Pro/ENGINEER Wildfire 中，用户可以很方便地通过 Internet 与团队的其他设计人员实现信息沟通。

据 PTC 公司的划分，第一代 CAD 软件是二维与线性框架系统，第二代为曲面模型与布尔式实体模型系统，第三代为参数式实体特生建模的系统，第四代则为融合智能与协作的 CAD 系统。Pro/ENGINEER Wildfire 正是 PTC 公司第四代 CAD 产品的主要代表，因此，可以说 Pro/ENGINEER Wildfire 是 Pro/ENGINEER 系列中最强大、最完善的版本，它继承了 Pro/ENGINEER 中颇受欢迎的各项功能，同时加强了软件的易用性以及 Web 的连通性，使 Pro/ENGINEER 真正成为产品设计的新标准。

## 2.1 Pro/ENGINEER Wildfire 中文版基础

当使用 Pro/ENGINEER Wildfire 进行计算机辅助设计时，首先必须认识清楚关于该工具的一些基础知识，并对自己可以进行操作的位置和方式有一个准确地掌握。

### 2.1.1 启动与退出

#### 1. 启动

当 Pro/ENGINEER Wildfire 安装完成后，都会在 Windows XP 等系统的桌面上产生一个快捷图标，如图 2-1 所示，并在 "开始" 菜单中添加一个 PTC 程序组，这些都提供了运行 Pro/ENGINEER Wildfire 的具体方法。

图 2-1　Pro/ENGINEER Wildfire 快捷图标

总体说来，大致有以下 3 种方法。

（1）快捷图标方式

Windows 2000/NT/XP 桌面就如同一张桌子，而桌面上的各个图标就是放置在桌子上的一个个日常使用的工具，用户只需在桌子上直接取用就可以了，但是在桌面上启动的方法同日常使用方法不同，必须用鼠标左键双击图标才行，因此，启动 Pro/ENGINEER Wildfire 的方法就是双击它在桌面上的相应图标。

（2）菜单方式

按照 Windows 系统的传统方式，菜单是目前为止使用比较多的，因为该方法就如同一道道路标一样，可以引导用户按部就班地找到自己需要的内容，Pro/ENGINEER Wildfire 也不例外。具体的菜单启动方式如图 2-2 所示，依次选择"开始"│"程序"│PTC│Pro ENGINEER│Pro ENGINEER 命令。

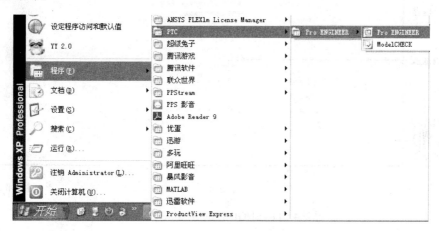

图 2-2 "开始"菜单

（3）运行方式

在 Windows 系统中提供了一种直接允许用户输入可执行文件的具体路径的方式，这为那些习惯于 DOS 方式的用户提供了方便之门。在"开始"菜单中有一项"运行"项，如果选择它，将会出现"运行"对话框，如图 2-3 所示。在"打开"框中直接输入 Pro/ENGINEER Wildfire 中文版可执行文件的准确路径即可。

图 2-3 "运行"对话框

推荐使用第一种方法启动 Pro/ENGINEER Wildfire，因为它可以直观而快速地达到目的。

启动后的 Pro/ENGINEER Wildfire 的主界面如图 2-4 所示。

图 2-4　Pro/ENGINEER Wildfire 的主界面

### 2．退出

当绘图工作完成后，就可以退出 Pro/ENGINEER Wildfire 系统了，具体的退出方式有以下两种。

① 选择主菜单中的"文件"|"退出"命令。

② 单击 Pro/ENGINEER Wildfire 系统右上角的关闭按钮。

此时系统将弹出"确认"对话框，如图 2-5 所示，提示用户是否真的退出。单击"是"按钮即可退出；单击"否"按钮可以返回系统继续工作。

图 2-5　"确认"对话框

### 2.1.2　Pro/ENGINEER Wildfire 的组成元素

启动 Pro/ENGINEER Wildfire 后将直接进入到它的主要工作环境中。在这一节中将简单介绍一下它的基本界面在机械制图等方面的操作中需要使用的部件及方法。

Pro/ENGINEER Wildfire 的主界面如图 2-4 所示。可以看到，在这个界面中提供了比较完善的操作环境，下面从工程制图的角度讲解如何使用它。

#### 1．标题栏

主窗口标题栏显示了当前软件的版本、当前使用的模块、正在操作的文件名称等。

#### 2．主菜单

在 Pro/ENGINEER Wildfire 中，它的菜单栏是由 10 个菜单组成的，每个菜单又由多个选项组成。这 10 个菜单分别为文件、编辑、视图、插入、分析、信息、应用程序、工具、窗口和帮助。

### 3．工具栏

Pro/ENGINEER Wildfire 中提供了两种工具栏，分别是标准工具栏和视图工具栏，让人们可以绘制图形、编辑图形。

在主菜单下面是标准工具栏和视图工具栏，其中，标准工具栏执行有关文件的处理，包括新建、保存等。视图工具栏显示在图形窗口的上方，用于控制模型的显示。用户可以从工具栏中取用不同的工具按钮进行相应的绘图操作。

### 4．浏览器与导航器

（1）内置浏览器

内置浏览器提供对 Internet 的访问的同时使你仍专注于对模型的操作。Pro/ENGINEER Wildfire 浏览器可从导航器中滑出。用鼠标单击"隐藏/展开"按钮 ◄⦙⦙► 即可缩进或展开浏览器。

（2）导航器

导航器可以通过用户熟悉且易用的界面对各类数据进行访问。Pro/ENGINEER Wildfire 导航器包含下列导航工具：模型树、文件夹浏览器、收藏夹、连接。

① 模型树：模型树可用来浏览当前 Pro/ENGINEER 模型并与之互动，另外在 Pro/ENGINEER Wildfire 的模型树中只需双击特征名称或按 F2 键，即可轻松将其重命名，如图 2-6 所示。该操作可在后面具体建模中体会。

② 文件夹浏览器：文件夹浏览器可用来浏览本机文件系统、局域网以及 Internet 上的数据，如图 2-7 所示。

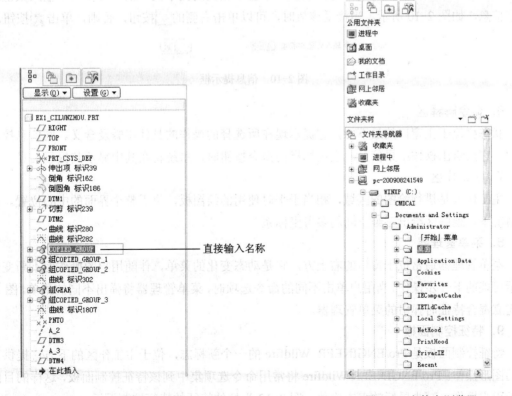

图 2-6　模型树　　　　　　　　　　　　　　　　图 2-7　文件夹浏览器

③ 收藏夹：收藏夹包含用户选择的 Web 地址以及 Pro/ENGINEER 对象的路径、数据库位置等，如图 2-8 所示。

④ 连接：连接则提供了对 Web 地址的连接以及内置 PTC 解决方案的访问，如图 2-9 所示。

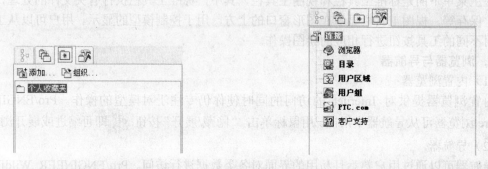

图 2-8　收藏夹　　　　　　　　　　　　　　　　图 2-9　连接

### 5．信息控制区

信息控制区是显示当前操作状态提示信息的信息窗口。当单击 Pro/ENGINEER Wildfire 中的任意一个操作对象时，系统都将在信息控制区中显示相关信息。当信息过多时，其右侧的滚动条可以使用。用户可以通过这个区域进行整体操作信息的查询。

当进行了某些操作时，系统将在该区域中显示相关的提示文本框，可以从中输入数值或者文字信息，如图 2-10 所示。当接受该值时，可以单击右侧的 ✔ 按钮，否则，单击 ✘ 按钮。

图 2-10　信息提示框

### 6．命令解释区

状态栏位于主窗口的最下面，它提示现在所选择的操作的具体步骤及含义。同信息控制区不同，它只给出操作结果信息。当鼠标指向命令按钮时，系统将在其中显示其提示信息。

### 7．主工作区

主工作区是进行绘图的区域，相当于平时使用的绘图板，位于整个界面的中心位置。在默认情况下，绘图区给出三维空间的参考坐标系。

### 8．菜单管理器

菜单管理器通常位于窗口的右上方，它是动态变化的菜单，伴随用户的操作而不断变化，提示可能的下一步操作。当用户单击不同的命令选项时，菜单管理器将弹出不同的菜单。图 2-11 为建立混合特征时弹出的菜单管理器。

### 9．特征控制面板

特征控制面板是 Pro/ENGINEER Wildfire 的一个新标志，位于主工作区的下方，提供了具体的图形操作。Pro/ENGINEER Wildfire 将常用命令选项集中到该特征控制面板，这样的目的是便于用户操作，减少鼠标的点击次数。图 2-12 为拉伸特征的特征控制面板。

图 2-11　菜单管理器

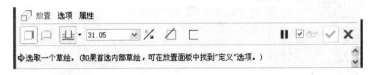

图 2-12　拉伸特征的特征控制面板

### 10．选择过滤器

选择过滤器位于窗口的右下方，其作用是让用户有目的地选取所需要的对象，在不同的模式下有不同的选项。例如在零件模式下，单击其右侧的 ✔ 按钮，将弹出如图 2-13 所示的选择过滤器。

根据需要选择对象的不同，用户可以在选择过滤器中选取不同的选项，通过这样的设置后，用户可以在设计窗口中快速地选取到相应的对象。

### 11．对话框区

在进行模型处理、特征创建过程中，对话框的使用是非常多的。随着不同的操作，对话框时隐时现。这点同菜单管理器一样，它可以省去很多不必要的干扰，使整个工作环境简洁明了，如图 2-14 所示。

图 2-13　选择过滤器

图 2-14　对话框操作

当用户新建一个文件或打开一个已有文件时，Pro/ENGINEER Wildfire 的工作界面如图 2-15 所示。

同图 2-4 相比，Pro/ENGINEER Wildfire 中的菜单管理器不见了，而相应的特征创建按钮以工具栏的形式放置在了主工作区的右侧，不再使用菜单管理器的级联操作，方便了用户的操作。

下面简要地介绍一下工作界面中的各个特征按钮。

（拉伸工具）：用于创建拉伸特性，通过一个截面拉伸形成特征。

（旋转工具）：用于创建旋转特性，通过一个截面绕某一中心轴旋转而形成特征。

（扫描工具）：用于创建扫描特性，通过一个截面沿着某一曲线即轨迹扫描而形成特征。

（混成工具）：用于创建混成特性，通过两个或多个截面混合而形成特征。

（造型工具）：用于造型。

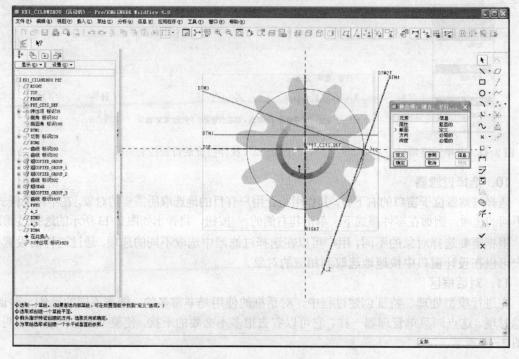

图 2-15　工作界面

## 2.2　提高绘图效率的措施

在 Pro/ENGINEER Wildfire 中，随着绘图工作的不同，例如在建立零件和装配时，菜单选项的内容会有所不同，这些都是系统定制好的，用户不能随便更改。

它的主菜单都是功能模块选项和一些设置选项，只有在需要的时候才必须选择，否则都是通过工具栏和菜单管理器进行基本操作的。下面就看一下各功能主菜单和工具栏的作用及其定制。

### 2.2.1　定制菜单选项和工具按钮

#### 1. 菜单选项和工具按钮定制

一般情况下，Pro/ENGINEER Wildfire 只显示常用的菜单和工具按钮。实际上，Pro/ENGINEER Wildfire 还拥有很多的菜单选项和按钮操作，用户可以根据自己的需要进行内容定制。

具体进行定制的操作如下：选择"工具"菜单下的"定制屏幕"命令，系统将显示如图 2-16 所示的对话框。在该对话框中列出了 5 个选项卡，分别是"工具栏"、"命令"、"导航选项卡"、"浏览器"和"选项"。选择不同的选项卡，将显示不同的设置内容。用户可以按照自己的需要进行设置。

选择"命令"选项卡，系统显示如图 2-16 所示的对话框，它是默认状态。在"目录"列表框中，显示了可以设置的菜单和工具栏名称。在"命令"列表框中显示了所选菜单或工具栏的选项内容。进行设置的具体步骤如下。

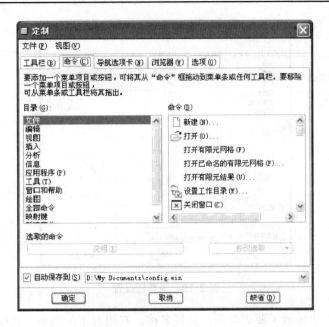

图 2-16　默认"定制"对话框

　　① 选取对象。在"目录"列表框中选择要更改的菜单或者工具栏名称前面的复选标志，选中该内容。

　　② 添加选项或按钮。选择要添加的选项，然后按住鼠标并拖动到所需要的菜单中，该菜单将处于展开状态，并在要插入的位置处显示水平黑色标记。松开鼠标，则该选项添加完毕。如果将选项拖动到所需要的工具栏，则在要插入的位置处显示垂直黑色标记。松开鼠标，该选项添加完毕。

　　③ 删除菜单选项或者工具栏按钮。在菜单中选择相应选项，或者在工具栏中选择相应按钮，直接拖动到菜单之外或者工具栏之外即可。

　　④ 查看所选择选项的说明。在"命令"列表框中选择选项后，"说明"按钮和"修改选取"按钮变为可用状态。单击"说明"按钮，将在"选取的命令"组框中显示有关选项的说明，如图 2-17 所示。

　　⑤ 修改所选择按钮的显示。单击"修改选取"按钮，系统将弹出下拉菜单，如图 2-18 所示。选择"复制按钮图像"选项，该按钮将显示在剪贴板中。通过复制命令可以将其粘贴到任意的图像处理软件中。进行编辑后，将其粘贴回即可。

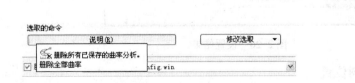

　　　　图 2-17　说明信息　　　　　　　　　图 2-18　"修改选取"下拉菜单

### 2. 定制工具栏位置

在图 2-16 中选择"工具栏"选项卡，该对话框将如图 2-19 所示。

图 2-19    工具栏设置

在窗口列表的左边显示了要更改的工具栏名称，右边有下拉列表，其中有顶、左和右 3 个选项，它们都是相对于图形窗口而言的。当选择后，单击"确定"按钮，完成设置。

图 2-20 为在图形窗口左侧添加了"信息"工具栏和右侧添加了"窗口"工具栏的结果。

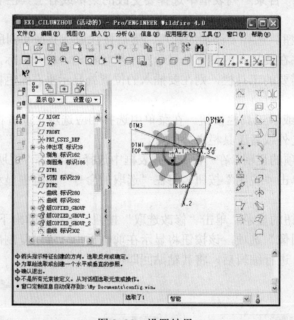

图 2-20    设置结果

### 3. 定制导航器与模型树位置

在图 2-16 中选择"导航选项卡"，该对话框将如图 2-21 所示。

在对话框的上部显示了导航器的设置选项，其中"放置"列表用于设置导航器的位置；"导航窗口的宽度"编辑框用于设置导航器的宽度，拖动滑块也可以更改其宽度。

在对话框的下部显示了模型树的设置选项，所谓的模型树就是指 Pro/ENGINEER Wildfire

按照用户建立特征的顺序，将它们以树状列出的结构。它是非常重要的一个使用对象，既反映特征顺序，又方便了特征的选取。

图 2-21　导航器设置

正如前面所见，模型树默认情况下是作为导航器的一部分，停靠在主工作区的左侧。用户是可以调整模型树的位置以及高度的。

具体设置步骤如下。

① 更改模型树的位置。在"放置"列表中选择模型树的 3 种位置，分别是"作为导航选项卡一部分"、"图形区域上方"、"图形区域下方"。"图形区域上方"和"图形区域下方"如图2-22 所示。

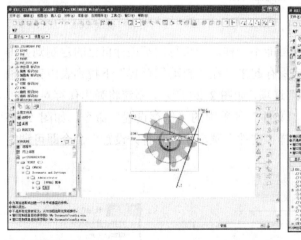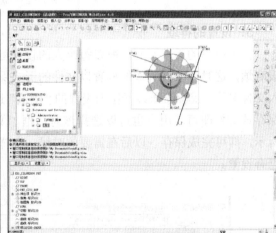

图 2-22　不同位置效果

② 更改模型树的高度。当选择"图形区域上方"或"图形区域下方"位置时，可以设置

模型树的高度。通过拖动"高度"滑块就可以更改其高度。

③ 完成操作。完成以上设置后，单击"应用设置"按钮即可。

当模型树以"图形区域上方"或"图形区域下方"放置时，用户可以控制模型树的显示。此时选择"视图"主菜单中的"模型树"选项，可以打开"模型树"对话框。取消该选择，将关闭"模型树"对话框。

**4．定制浏览器宽度**

在图 2-16 中选择"浏览器"选项卡，该对话框将如图 2-23 所示。同样，在该对话框中可以设置浏览器的宽度等。

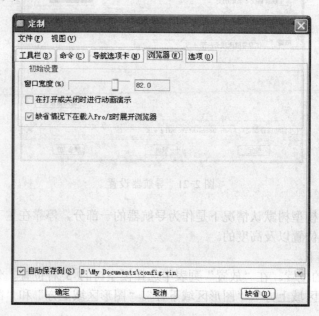

图 2-23　浏览器设置

**5．设置的存取**

由于用户的需求不同，所以每个人的设置可能不一样。如果每次都进行自己的定制则显得很麻烦，这时可以将所作的设置以文件的形式保存起来。在"自动保存到"下拉列表中直接输入文件名称，或者选择该下拉列表中的"浏览"选项，如图 2-24 所示，系统将弹出保存对话框，保存该文件即可。用户也可以选择该对话框"文件"菜单中的"保存设置"命令，如图 2-25 所示，即可完成保存。以后在需要的时候，选择"文件"菜单中的"打开设置"命令即可调用已有设置。

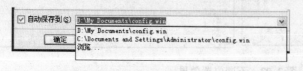

图 2-24　"自动保存到"下拉列表　　　　　　　　　　图 2-25　"文件"菜单

## 2.2.2  自定义主窗口布局

选择图 2-16 中的"选项"选项卡，该对话框如图 2-26 所示。在该对话框中，可以进行消息区域位置、次窗口、菜单中的选项显示以及模型树的位置等设置。

### 1. 设置消息区域的位置

在"消息区域位置"组框中有两项选择，一个是"图形区域上方"，一个是"图形区域下方"。如果选中"图形区域上方"单选按钮，则信息提示区将显示在图形窗口的上方。如果选中"图形区域下方"单选按钮，则信息提示区将显示在图形窗口的下方。

### 2. 设置次窗口的大小

在"次窗口"组框中可以决定多个窗口时的非主窗口的显示大小，分别为"以缺省尺寸打开"和"以最大化打开"。

（1）以缺省尺寸打开

选中"以缺省尺寸打开"单选按钮，则后建立的窗口将以缺省尺寸打开，此时，可以看到原来的主窗口，如图 2-27 所示。

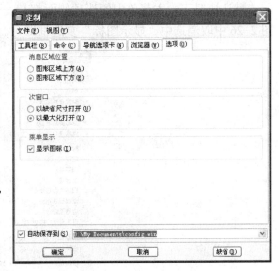

图 2-26  "选项"选项卡

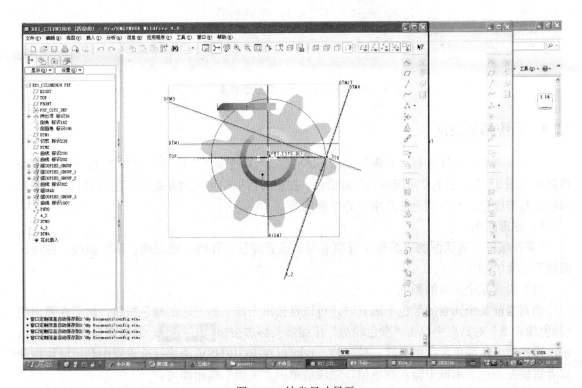

图 2-27  缺省尺寸显示

（2）以最大化打开

选中"以最大化打开"单选按钮，则后建立的窗口将完全覆盖前面的窗口，这时就需要通过"窗口"菜单选择相应窗口。

**3. 设置菜单选项的图标**

默认情况下，主菜单中的选项侧面都有一个相应的按钮图标。如果不希望其显示，可以在图 2-26 中取消选中"显示图标"复选框即可。图 2-28 就是显示前后的两种效果。

图 2-28　图标显示前后的效果

### 2.2.3　系统颜色设置

在主菜单栏中依次选择"视图"|"显示设置"|"系统颜色"命令，如图 2-29 所示，系统将弹出如图 2-30 所示的"系统颜色"对话框。在该对话框中可以对系统颜色进行设置，如图形颜色、基准颜色、几何颜色以及用户界面颜色等。

**1. 图形颜色**

"系统颜色"对话框的"图形"选项卡用于设置背景、几何、隐藏线、草绘曲线、曲线、面组等元素的颜色。

（1）设置某个元素的颜色

当对当前某个元素的颜色不满意时，可以直接单击该元素左边的颜色按钮，然后在弹出的"颜色编辑器"对话框中单击"颜色轮盘"压缩箭头标志按钮 ▶ 颜色轮盘，此时窗口如图 2-31 所示，用户即可从颜色轮盘中选择一种颜色，也可以在 RGB/HSV 滑块标准设置中利用滑块拖动或者直接在颜色文本框中输入颜色值，完成后单击"关闭"按钮即可。

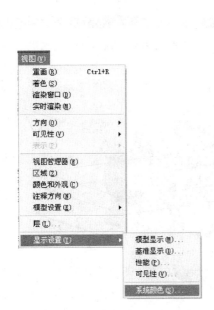

图 2-29　"系统颜色"菜单项　　　　　　　　图 2-30　系统颜色设置

（2）设置背景颜色

单击"混合背景"右侧的"编辑"按钮，系统将弹出如图 2-32 所示的"混合颜色"窗口，其中的"顶"和"底"分别用于设置背景顶端和底端的颜色值。在默认情况下，顶端到底部的颜色是渐变的。如果选中了"动态更新模型窗口"复选框，则在进行设置的过程中可以直接看到 Pro/ENGINEER Wildfire 图形窗口发生的变化。

图 2-31　颜色编辑器　　　　　　　　　　　图 2-32　遮蔽的背景

如果对其颜色不满意，可以单击"顶"、"底"左侧的按钮 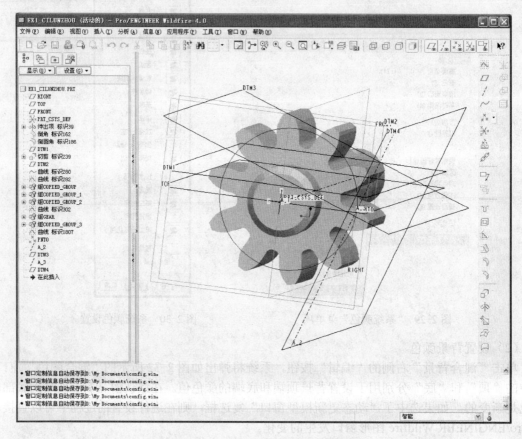，将打开如图 2-31 所示的"颜色编辑器"窗口，分别设置其顶端和底部的颜色值即可。图 2-33 就是将底端和顶端颜色都设置为白色后的效果。

图 2-33　更改遮蔽的颜色后的内容

如果对自己的设置没有把握，可以采用系统提供的一些方案。选择图 2-30 中的"布置"菜单，将弹出如图 2-34 所示的下拉菜单，从中选择所需要的方案即可。

（3）保存设置

每次重复进行系统颜色设置是比较麻烦的，此时可以将已经设置好的颜色以文件的形式保存起来，并在以后调用。在图 2-30 中的"系统颜色"对话框中，选择"文件"菜单，可以打开其下拉菜单，它只有"打开"和"保存"两个选项，如图 2-35 所示。选择"保存"命令可以将当前设置保存起来，选择"打开"命令则可以打开已有设置。

**2．基准颜色**

"系统颜色"对话框的"基准"选项卡用于设置基准平面、基准轴、基准点、基准坐标系的颜色。该对话框包含了基准平面、基准轴、基准点、基准坐标系的标志以及它们分别对应的面、边、中心线、符号、轴等，如图 2-36 所示。

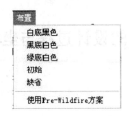

图 2-34 布置菜单　　　　　　　　　图 2-35 "文件"下拉菜单

### 3．几何颜色

"系统颜色"对话框的"几何"选项卡用于设置参照、钣金件曲面、样条曲面网格、电缆、面的内外边等几何元素的颜色，如图 2-37 所示。

### 4．用户界面颜色

"系统颜色"对话框的"用户界面"选项卡用于设置文本、编辑区、选中的文本、选中的区域以及用户界面的背景等元素的颜色，如图 2-38 所示。

### 5．草绘器颜色

"系统颜色"对话框的"草绘器"选项卡用于设置草绘环境下（绘制平面图或轮廓）几何、编中心线、尺寸等元素的颜色，如图 2-39 所示。

图 2-36 基准颜色　　　图 2-37 几何颜色　　　图 2-38 用户界面颜色　　　图 2-39 草绘器颜色

# 2.3 Pro/ENGINEER Wildfire 的设计过程与坐标系统

## 2.3.1 三维造型方法与设计过程

### 1. 造型方法

从目前大多数的计算机辅助绘图软件的工作方式看，主要有 3 种方式。

（1）线框形式

将三维几何模型利用线条的形式表达出来，在线条之间没有任何的表面等信息，它们只是一些具体的线条而已。

（2）三维曲面形式

利用一定的曲面拟合方式建立具有一定轮廓的几何外形，可以进行渲染、隐藏等复杂处理，但是它就相当于一个物体表面的表皮而已。

（3）实体模型形式

模型不但包括外壳，而且壳内还包含了质量信息，已经成为了真正意义上的几何形体了。它的数据信息量大大超过前两者，Pro/ENGINEER Wildfire 就是采用了这样的形式。

下面对这 3 种形式进行详细比较，如表 2-1 所示。

表 2-1 三维造型方式比较

| | 线框形式 | 三维曲面形式 | 实体模型形式 |
| --- | --- | --- | --- |
| 表达方式 | 点，边 | 点，边，面 | 点，线，面，体 |
| 工程图能力 | 好 | 有限制 | 好 |
| 剖视图 | 只有交点 | 只有交线 | 交线与剖面 |
| 隐藏 | 否 | 有限制 | 行 |
| 渲染 | 否 | 行 | 行 |
| 干涉检查 | 凭视觉 | 渲染后直接感性判断 | 自动判断 |
| 计算机要求 | 低 | 一般 | 32 位机 |

### 2. 设计过程

在建立模型的过程中，要遵循以下步骤。

① 分析零件特征，确定特征创建顺序。

② 启动零件设计方式。

③ 创建基础型特征。

④ 确定特征的草绘平面和视图参考方向。

⑤ 绘制其他构造特征。

⑥ 进行修改和尺寸标注。

⑦ 保存图形。

### 2.3.2 坐标系统

Pro/ENGINEER 由于主要是进行三维绘图，坐标操作相对复杂，但是仍然符合世界坐标系的习惯。Pro/ENGINEER Wildfire 提供了默认坐标系，如图 2-40 所示。

另外，Pro/ENGINEER Wildfire 中提供了多种创建坐标系的方法，如图 2-41 所示，依次选择主菜单"插入"｜"模型基准"｜"坐标系"命令，或者直接单击"基准"工具条中的 按钮，系统将弹出相应的"坐标系"对话框，如图 2-42 所示。通过"坐标系"对话框选取相应的参照和约束条件即可建立坐标系。

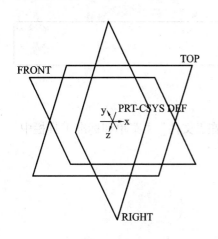

图 2-40　默认坐标系

图 2-41　插入坐标系过程

图 2-42　"坐标系"对话框

## 2.4　文件类型与管理

在 Pro/ENGINEER Wildfire 中，它的文件管理包括文件的建立、打开、关闭和保存等。

### 2.4.1　Pro/ENGINEER Wildfire 的文件格式

由于 Pro/ENGINEER Wildfire 是按照模块化方式提供给用户的，所以随着模块的不同，其文件格式就有多种。下面将与设计、加工和制造有关的文件格式列出来，如表 2-2 所示。

表 2-2　Pro/ENGINEER 文件名及其意义

| 文 件 名 | 意 义 | 文 件 名 | 意 义 |
|---|---|---|---|
| ***.sec | 草绘名称 | drw####.drw | 默认工程图名称 |
| s2d####.sec | 默认草绘名称 | ***.frm | 工程图图框名称 |
| ***.prt | 零件名称 | ***.asm | 装配件名称 |
| prt####.prt | 默认零件名称 | asm####.asm | 默认装配件名称 |
| ***.drw | 工程图名称 | ***.mfg | 制造文件名称 |

续表

| 文　件　名 | 意　　义 | 文　件　名 | 意　　义 |
|---|---|---|---|
| Color.map | 颜色贴图名 | partname.inf | 零件信息文件名 |
| names.inf | 信息输出文件名 | assemblyname.inf | 组合件信息文件名 |
| Rels.inf | 关系式输出文件名 | feature.inf | 零件加工特性信息文件名 |
| layer_all.inf | 所有层信息文件名 | config.pro | 环境设置文件名 |
| layer_***.inf | 单一层信息文件名 | trail.txt | 轨迹文件名 |

 注意

　　表 2-2 中的####表示数字，而***表示任意字母。

## 2.4.2　文件基本操作

　　在 Pro/ENGINEER Wildfire 中，它的文件操作主要体现在"文件"主菜单和标准工具栏中，如图 2-43 所示。

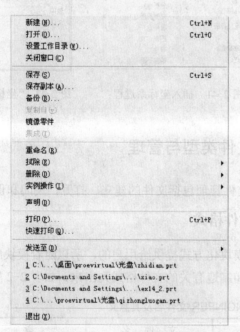

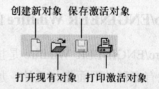

图 2-43　"文件"菜单和工具栏

### 1．新建文件

　　从"文件"菜单中选择"新建"命令，或者直接按 Ctrl+N 键，也可以直接单击工具栏中的"创建新对象"按钮□，屏幕显示如图 2-44 所示的对话框。

　　在这个对话框中，首先需要进行工作模式的选择，它位于"类型"组框中，默认情况是选中"零件"模式。与计算机辅助设计有关的模式主要有以下几种。

（1）草绘模式

用于创建二维参数化草图。

（2）零件模式

用于创建零件的三维模型。

（3）组件模式

用于将多个零件组装为装配图的三维模型。

（4）绘图模式

用于建立带有装配尺寸标注的二维绘图模型。

（5）格式模式

用于创建图纸格式。

每种模式下的操作模式有多种，体现在右边的"子类型"列表中，用户根据需要进行选择即可。选择后在下面的"名称"文本框中输入文件名，系统将自动添加文件名后缀。

在图 2-44 中有一个"使用缺省模板"复选框。如果选中它，单击"确定"按钮将直接进入到绘图窗口中。如果不选中，则系统将打开一个选择模板文件的对话框，如图 2-45 所示。

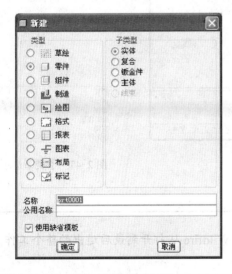

图 2-44 "新建"对话框　　　　　　图 2-45 "新文件选项"对话框

用户可以从列表中选择模板，也可以单击"浏览"按钮选择模板文件。当选择后，可以在 DESCRIPTION 文本框中输入关于该模板的说明，也可以在 MODELED_BY 文本框中输入建模者的姓名，这样用户就可以选择自己需要的模板来完成相应的工作。

**2. 打开文件**

Pro/ENGINEER Wildfire 有 3 种方式打开文件：一种是传统的打开方式，另一种是用于 IE 集成的浏览器打开的方式，还有一种是鼠标右键打开方式。

（1）传统打开方式

从"文件"菜单中选择"打开"命令，或者单击工具栏中的图标按钮 ，也可以直接按 Ctrl+O 键，打开如图 2-46 所示的对话框。

在"类型"列表中选择文件类型，在上面列出的文件类型都包含其中。此时，"子类型"将可以选择。图 2-47 就是在选择了"零件"文件类型后，"子类型"中的显示选项。

同标准 Windows 操作不同的是，只要不退出 Pro/ENGINEER Wildfire，关闭文件后，文件仍将驻留在内存中，当用户再使用时可以重新从内存中打开它。具体操作为：重复前面的打开文件操作，单击"在进程中"按钮 ，将显示当前内存中的文件，从中选择文件名即可。如果单击右侧下方的"预览"按钮，则可以进行打开文件的预览，如图 2-48 所示。

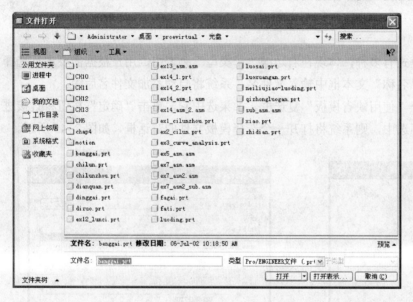

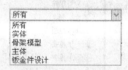

图 2-46 "文件打开"对话框 　　　　　　　图 2-47 子类型选项

在这里涉及进程问题，它是指 Pro/ENGINEER Wildfire 从打开到最后退出的整个工作期间。

（2）浏览器打开方式

浏览器除了可以打开网页获得在线帮助外，还可用来打开文件。打开的方法是选择导航器中的"文件夹浏览器"选项卡，选择文件所在文件夹，即可在右侧的浏览器中清晰地看到要打开的文件及其信息，如图 2-48 所示，也可以直接在浏览器的地址栏中输入要打开文件的所在路径将其打开。

（3）鼠标右键打开方式

在用户的计算机中找到要打开的文件如图 2-49 所示，然后右击该文件，系统将弹出如图

2-50 所示的快捷菜单，此时直接选择该菜单中的 Open with Pro/ENGINEER 命令，即可打开该文件。

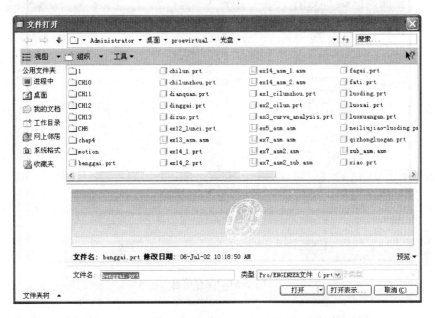

图 2-48 预览打开文件

图 2-49 欲打开的文件

图 2-50 弹出的快捷菜单

### 3. 保存文件数据

Pro/ENGINEER Wildfire 的保存操作有如下几种。

（1）保存激活对象

从主菜单"文件"中选择"保存"命令，或者单击工具栏中的图标按钮，也可以使用 Ctrl+S 键，此时弹出的对话框如图 2-51 所示。系统在"模型名"框中列出了默认文件名。在其中输入文件名，选择相应目录后，直接按 Enter 键，系统开始保存。当保存完成后，将在信息区中显示如图 2-52 所示的信息。

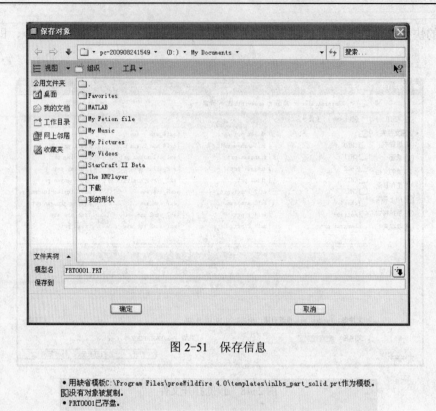

图 2-51　保存信息

- 用缺省模板C:\Program Files\proeWildfire 4.0\templates\inlbs_part_solid.prt作为模板。
- 图没有对象被复制。
- PRT0001已存盘。

图 2-52　文件保存完毕

（2）保存副本

从主菜单"文件"中选择"保存副本"命令，系统显示如图 2-53 所示的对话框。基本操作同"文件打开"对话框基本一致。在"新建名称"框中输入新的文件名并单击"确定"按钮即可。如果对当前文件不满意，可以进行更多的选择。单击"模型名"框右边的按钮 ，系统将显示如图 2-54 所示的下拉菜单。在该菜单最下面为当前进程内的文件名，用户可以直接在里面进行选择，改变模型名。如果选择"选取"命令，将显示"选取"对话框，如图 2-55 所示，提示用户直接选择文件中的一部分来进行备份。

（3）备份文件

从主菜单"文件"中选择"备份"命令，系统显示"备份"对话框。它基本上同图 2-53 一致，只是"新建名称"变为"备份到"，在其中输入新名称即可。

**4．重命名**

当需要将当前工作进程中的文件以其他名称保存时，可以选择"文件"主菜单中的"重命名"命令，系统将弹出如图 2-56 所示的对话框。

同前面的保存等操作一样，不但可以将当前激活的文件进行重命名，而且可以将未激活、但是处于工作进程中的文件重命名。选择文件的方式为在"模型"下拉列表的右侧单击"命令和设定"按钮，完成选择。选择模型名后，在"新名称"框中输入新文件名即可。

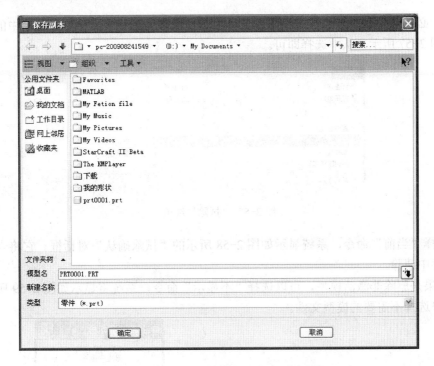

图 2-53　"保存副本"对话框

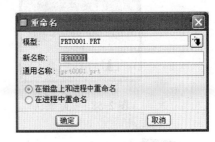

图 2-54　选择文件　　　　　图 2-55　"选取"对话框　　　　图 2-56　"重命名"对话框

如果选中"在磁盘上和进程中重命名"单选按钮，则重命名操作将同时在磁盘和工作进程中起作用，即磁盘上的文件名进行了更改，而且进程内的文件也改了名。

如果选中"在进程中重命名"单选按钮，则只改变进程内的文件名，磁盘上的原文件不更名。

### 5. 文件管理

当打开多个文件后，由于窗口开得很多，选择起来很麻烦，此时就需要进行窗口管理。

具体窗口管理有以下几种形式。

（1）直接关闭文件窗口

有两种方式可以关闭文件窗口。一是从主菜单"文件"中选择"关闭窗口"命令，二是从"窗口"主菜单中选择"关闭"命令。

（2）直接将文件从内存中擦除

在上一步操作中，文件仍然保留在内存中，只是暂时看不到。当打开的文件多了，内存占用量增大，必须从内存中清除暂时不用的文件。具体操作为选择"文件"主菜单中的"拭除"命令，如图 2-57 所示，从中选择即可。

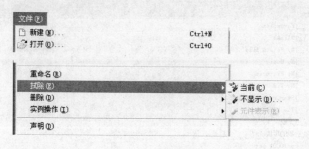

图 2-57　"拭除"选项

① 选择"当前"命令，系统显示如图 2-58 所示的"拭除确认"对话框。它将当前激活的模型从内存中清除。

② 如果是删除非激活模型，可以选择"不显示"命令，系统将显示如图 2-59 所示的对话框，让用户选择不需要的模型文件。

图 2-58　拭除确认

图 2-59　拭除未显示文件

以上两个处理将只删除内存中的文件，而磁盘上的原文件将保留。

（3）激活窗口

Pro/ENGINEER Wildfire 是多窗口处理软件，它可以同时打开多个模型窗口，但是，它每次只能处理一个模型。当前所处理的窗口即为激活窗口。若要激活一个窗口，可直接在"窗口"主菜单中选择该文件，如图 2-60 所示，激活的窗口文件前有一个小黑点。如果已经将该文件显示在屏幕最顶端了，则可以选择"激活"命令。

（4）删除文件

在"文件"主菜单中选择"删除"命令，将显示如图 2-61 所示的下拉菜单。

① 如果选择"旧版本"命令，将在信息区中显示如图 2-62 所示的提示框。直接单击✓按钮或按 Enter 键，将删除该模型的所有旧版本。

② 如果选择"所有版本"命令，系统将显示如图 2-63 所示的对话框。提示用户将在工作

进程和磁盘上将有关该模型的所有文件删除。

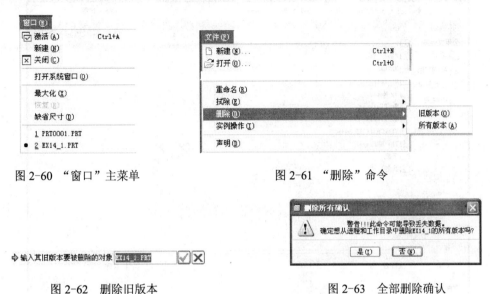

图 2-60 "窗口"主菜单　　　　　　　　　图 2-61 "删除"命令

图 2-62 删除旧版本　　　　　　　　　　图 2-63 全部删除确认

（5）打开系统

如果选择"窗口"主菜单中的"打开系统窗口"命令，将打开系统窗口，直接输入一些指令操作，如图 2-64 所示。

图 2-64 系统窗口

（6）设置当前工作路径

在用户进行文件选择时，往往要打开多级目录才能找到需要的文件，非常麻烦。Pro/ENGINEER Wildfire 提供了这样的管理工具，保证所有的存取都在需要的目录下进行。从"文件"主菜单中选择"选取工作目录"命令，打开如图 2-65 所示的对话框。从"查找范围"中选择自己需要的工作路径，单击"确定"按钮完成设置，以后就可以直接在该目录下进行操作了。

### 2.4.3 与其他绘图软件间的数据交换

作为三维绘图软件的领头羊，Pro/ENGINEER Wildfire 可以非常好地同其他绘图软件之间进行图形数据交换。Pro/ENGINEER Wildfire 的图形数据格式有多种，如 Inventor、IGES、STL 等。

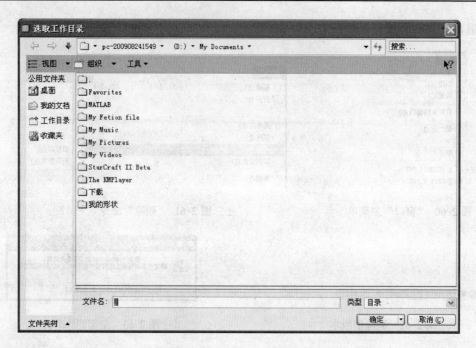

图 2-65    选取工作目录

## 1. 可交换文件格式

Pro/ENGINEER 可以支持的常见 CAD 文件格式如表 2-3 所示。

表 2-3    Pro/ENGINEER 转换文件格式

| 文　件　名 | 意　　　义 |
| --- | --- |
| objectname.igs | IGES 文件 |
| objectname.plt | 输出至 Plotter 文件 |
| objectname.neu | Pro/ENGINEER Neutral 文件 |
| objectname.set | 用图名或零件为名的 SET 文件 |
| drawingname.dxf | 以 active 制图为名的 DXF 文件 |
| filename.stl | 任意名称的 SLA 文件 |
| filename.spl | 任意名称的 RENDER 文件 |
| partname.ans | 以激活零件为名的 ANSYS 输出文件 |
| partname.ntr | 以激活零件为名的 PATRAN 文件 |
| partname.pat | 以激活零件为名的 PATRAN 输出文件 |
| Partname.nas | 以激活零件为名的 NASTRAN 输出文件 |
| Partname.unv | 以激活零件为名的 SUPERTAB 几何文件（有限元文件亦可） |
| Partname.vda | 以激活零件为名的 VDA 文件 |
| Partname.stp | 以激活零件为名的 Step 文件 |
| Partname.cat | 以激活零件为名的 CATIA 文件 |
| Partname.JPG | 输出 JPEG 图片文件 |
| Partname.Tiff | 输出 TIFF 图片文件 |

## 2．输出数据

"文件"主菜单中的"保存副本"命令用于输出数据，其文件类型可以进行多种选择，如图 2-66 所示。

从中可以看到，它提供了多种文件格式。当进行不同的格式输出时，将由于软件的不同而生成不同的设置。下面对几种常用的格式进行讲解。

（1）STEP 格式

当选择该选项并确定后，系统将显示如图 2-67 所示的对话框。

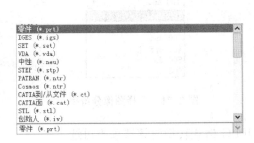

图 2-66　保存文件类型

图 2-67　Step 输出设置

用户可以进行在当前文件中的输出设置，包括线框边、曲面、实体、壳、基准曲线和点、多面等。

当选中"曲面"复选框时，"面组"按钮可用，在默认情况下可以选择所有的面组。否则，单击"面组"按钮，将弹出"选取"对话框，提示用户直接在对象上选取。

当单击"定制层"按钮时，系统将弹出如图 2-68 所示的窗口，允许用户选择所需要的图层。当选择后单击"确定"按钮，将只输出相应的层。

坐标系可以采用软件基本通用的默认坐标系，即世界坐标系。

当设置完成后，单击"确定"按钮，将创建相应格式文件。

（2）JPEG 格式

当选择了模型后，可以对各种效果进行输出，产生良好的广告效果。选择 JPEG 格式，单击"确定"按钮后，将显示如图 2-69 所示的对话框。

图 2-68　选择层

图 2-69　着色图像配置

在这个对话框中，可以确定输出图像的尺寸、分辨率。

选择"尺寸"下拉列表选项，如图 2-70 所示，它包含标准图幅 A0、A1 等，可以确定图幅大小。如果选择变量形式，将可以定制图幅的高度、宽度、顶页边距、左页边距以及单位。

选择 DPI 可以选择图像的分辨率，如图 2-71 所示。

图 2-70　图幅大小

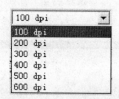

图 2-71　选择图像分辨率

选择"图像深度"，可以设置图像颜色，在 JPEG 格式转换时该选项不可选。

进行选择后单击"确定"按钮，完成输出。

此时，可以在其他图像处理文件（如 Photoshop、CorelDRAW 等）中打开转换的图像文件，如图 2-72 所示，进行加工处理。

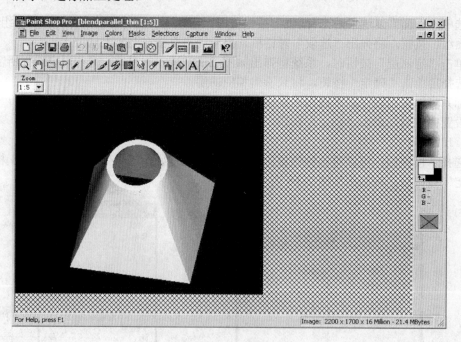

图 2-72　打开文件进行处理

### 3．输入数据

输出文件格式是在"打开"操作中进行的。"文件打开"对话框中的文件类型要比输出格式多（如 DXF 格式），如图 2-73 所示。

选择了文件类型和文件名称后，单击"打开"按钮，将弹出不同的操作对话框。仍然以 STEP 格式为例，对话框如图 2-74 所示。此时，可以选择输入类型，包括零件、组件、图表、布局、格式、绘图等。另外，用户可以将该文件以新名称在 Pro/ENGINEER Wildfire 中打开，在"名称"框中输入新名即可。

图 2-73　输入格式　　　　　　　　　　图 2-74　输入新模型

选择后单击"确定"按钮，系统将弹出如图 2-75 所示的窗口，对转换内容及时间进行显示。同时，导入工作完成。

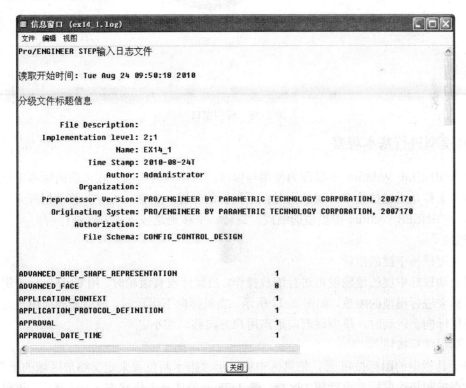

图 2-75　信息窗口

# 2.5　模型操作与设置

要建立一个模型，必须首先清楚它将以什么样的方式显示，或者以什么样的颜色显示，或者显示比例到底有多大，因此，模型操作及其相关设置就是必需的了。为了便于说明，用户可以选择本书配套资源中的 benggai.prt 模型进行观察，该模型如图 2-76 所示。

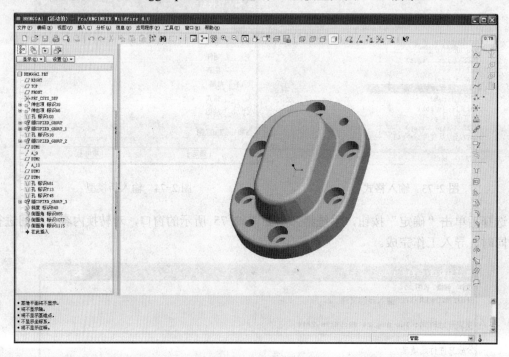

图 2-76　模型窗口

## 2.5.1　对模型进行基本观察

Pro/ENGINEER Wildfire 中鼠标的使用与以前的版本大为不同。在以前的版本中模型的缩放、旋转、平移是通过按住 Ctrl 键的同时按下鼠标的左键、中键、右键并移动鼠标来实现的，而在 Pro/ENGINEER Wildfire 中模型的缩放、旋转、平移则是按下述方法进行的。

### 1．缩放

（1）利用鼠标中键的滚轮

直接滚动鼠标中键的滚轮便可进行缩放操作。当鼠标没有滚轮时，用 Ctrl+鼠标中键然后上下拖动鼠标来进行模型的缩放，如图 2-77 所示。当鼠标向下运动时，模型逐渐向用户方向移动放大；当鼠标向上运动时，模型逐渐向远离用户方向移动缩小。

（2）利用图标按钮 🔍

选择工具栏中的图标按钮 🔍，信息区中将提示"指示两位置来定义缩放区域的框"。在窗口中通过点击和拖动鼠标来设置放大区域，图 2-78 即为选择工作状态。当选择后，该模型将向用户方向移动放大。

（3）利用图标按钮🔍

选择工具栏中的图标按钮🔍，该模型将向远离用户方向移动缩小。

（4）利用图标按钮▣

选择工具栏中的图标按钮▣，将调整视图中心和比例，使整个零件拟合显示在视图边界内。

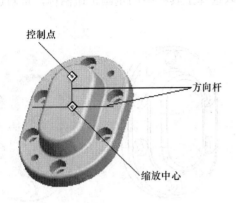

图 2-77　模型的缩放

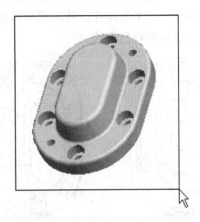

图 2-78　选择模型

## 2. 旋转

直接按住鼠标中键不放，然后拖动鼠标便可完成模型的旋转操作，如图 2-79 所示。

## 3. 平移

按住 Shift 键的同时按住鼠标中键不放，然后拖动鼠标即可完成模型的平移操作，如图 2-80 所示，而在绘制工程图时，只需按住鼠标中键不放拖动鼠标即可完成操作。

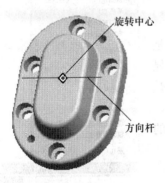

图 2-79　模型的旋转

图 2-80　模型的平移

## 4. 显示方式

（1）图标 🔲

选择工具栏中的线框按钮图标 🔲，以线框方式显示模型，结果如图 2-81 所示。

（2）图标 🔲

选择工具栏中的隐藏线按钮图标 🔲，以隐藏方式显示模型，结果如图 2-82 所示。

（3）图标 🔲

选择工具栏中的无隐藏线按钮图标 🔲，以非隐藏线方式显示模型，结果如图 2-83 所示，即被挡住的线条不显示。

（4）图标

选择工具栏中的着色按钮图标，以着色方式显示模型，这是默认设置，如图 2-84 所示。

（5）图标

如果在进行多次操作后使画面变得很乱，可以选择工具栏中的重画按钮图标，重新进行更新绘制，恢复到着色形式。

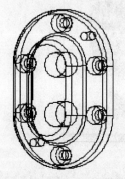
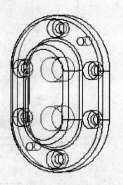
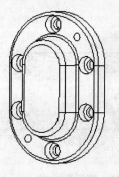

图 2-81　线框形式显示　　　图 2-82　隐藏线显示　　　图 2-83　非隐藏线显示　　　图 2-84　着色显示

## 2.5.2　模型显示设置

模型的显示可以通过选择"视图"主菜单中的"显示设置"下的"模型显示"命令进行，如图 2-85 所示。

系统显示如图 2-86 所示的对话框，它可以对模型的显示进行设置。

（1）"普通"选项卡

在图 2-86 中，选择"显示造型"中的显示类型，仍然是线框、阴影等显示模式。下面的"显示"域则决定了模型的显示内容。"颜色"决定了显示颜色，而"尺寸公差"决定了是否显示尺寸公差，选择它并应用的话，模型如图 2-87 所示，在右下角将出现公差范围等。如果选中"重定向时显示"中的"基准"复选框，则在模型移动的过程中将一直显示基准。

（2）"边/线"选项卡

在"边/线"选项卡中可以决定边显示质量和相切边的类型，如图 2-88 所示。

（3）"着色"选项卡

在"着色"选项卡中可以决定着色的质量和效果，如图

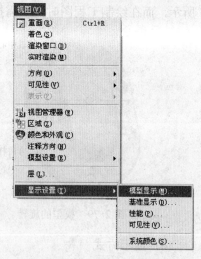

图 2-85　模型显示设置

2-89 所示。如果选中"带边"复选框，将在渲染模型上高亮显示边，如图 2-90 所示。用户还可以在"质量"框中进行质量等级的设定。

直接在模型上选择某个特征并不容易，可以借助模型树。在模型树上单击某个特征，则该特征将在模型上直接显示出来。通过观察就可以看到各特征的不同。

```
X.X    +-0.1
X.XX   +-0.01
X.XXX  +-0.001
ANG.   +-0.5
```

图 2-86 "模型显示"对话框　　　　图 2-87 显示公差

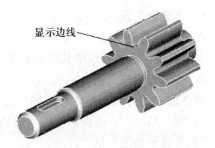

显示边线

图 2-88 边和线条设置　　图 2-89 着色设置　　图 2-90 模型显示带边的效果

### 2.5.3　基准显示

依次选择"视图"主菜单中的"显示设置"的"基准显示"命令,系统将弹出"基准显示"对话框,如图 2-91 所示,从该对话框中可以对基准的显示进行设置。

在"基准显示"对话框的"显示"栏中可以设置各项基准是否显示。当选项前面的复选框中出现钩号时表示选中该选项,系统将在模型中显示该项基准。单击 ▤ 按钮,则选中所有的复选框,将所有基准全部显示,如图 2-92 所示;单击 ▤ 按钮,则不选中任何复选框。此外在该对话框的"点符号"栏可以选择模型中点的显示符号,如叉、点、圆、三角和直角等符号。

图 2-91　"基准显示"对话框

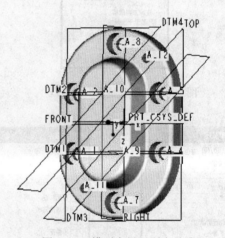

图 2-92　模型中显示所有基准

### 2.5.4　环境设置

这里所说的环境就是指 Pro/ENGINEER Wildfire 的显示、一些默认设置等。依次选择主菜单"工具"|"环境"命令,打开如图 2-93 所示的对话框。

**1."显示"区**

在对话框的上部为"显示"区,它可以控制基准平面、基准轴、点符号、坐标系等在图形窗口中是否显示。如果选中其前面的复选框,则该内容将显示,否则不显示。

**2."缺省操作"区**

对话框中间为缺省操作,例如当发生错误时以声音进行提示的"信息响铃",对显示进行保存的"保存显示",捕捉网格的"栅格对齐",对重生成进行备份的"制作再生备份"等。

**3."显示造型"区**

在对话框最下面可以进行显示线型、标准方向及相切边的选择。

图 2-93　"环境"对话框

（1）显示线型

显示线型如图 2-94 所示，它包含线框、隐藏线、无隐藏线和阴影 4 个选项。

（2）标准方向

标准方向如图 2-95 所示，它包括等轴测、斜轴测、用户定义 3 个选项。

（3）相切边

相切边如图 2-96 所示，它包括实线、不显示、双点划线、中心线以及灰色 5 种类型。

图 2-94　显示线型

图 2-95　标准方向

图 2-96　相切边

# 第**3**章

# 基本特征操作

## 3.1 概　述

Pro/ENGINEER 是一套基于特征的参数化实体造型系统，它具有很强的零件设计功能，本章将通过两个有代表性的零件实例来说明基本特征在零件设计中的应用。通过本章的学习，读者将具备零件设计主要的知识与技巧，能够很快地设计出优秀的 3D 零件实体模型。

**1. 零件设计基本步骤**

① 启动 Pro/ENGINEER，进入零件设计模式，输入零件名称。

② 从菜单管理器执行"加材料"特征命令，生成基体特征。

③ 在基体特征上添加或修改特征，完善零件设计。

④ 如果设计已经满意，则存盘退出，如果不满意，将继续修改或添加特征。

**2. 零件设计基本流程**

下面以如图 3-1 所示流程图的方式，简单、直观地描述了零件设计的基本过程。

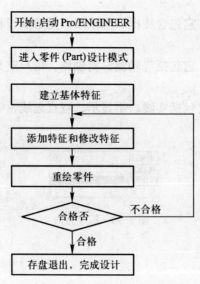

图 3-1　零件设计基本流程图

实际上，在零件设计的过程中，采用常规设计命令就可以完成大部分工作，所以，本书选择了具有代表性的零件造型，这样便于工程实践的理解。如果用户还需要更多的功能，需再重点学习有关的教材类书籍。本书的目的就是使用最常见的命令完成复杂造型。

## 3.2 设计实例1——齿轮油泵阀盖

图3-2所示的是一个齿轮油泵阀盖零件。它是一个类似跑道的底板，上面有隆起和多个孔。整个零件的几何形状可以利用基本特征来创建。

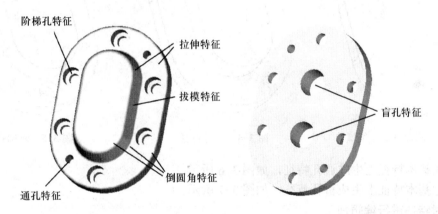

图3-2 齿轮油泵阀盖零件

### 3.2.1 模型结构分析

当拿到一张工程图或是一个零件样本时，首先应该去掉修饰部分，即圆角、倒角以及拔模斜面等，然后查看零件的对称性及工程图上的剖面图，在认识零件的过程中，仔细思考、规划零件特征的种类及其生成顺序。考虑对于每一个特征，采用什么造型手段，是使用实体特征还是使用曲面特征较为恰当，最后按照既定顺序采用恰当手段来生成零件特征。

这里所说的模型分析是指对模型进行三维建模过程中的顺序分析，不是工程设计中的结构分析。本书采用的方式都是这样，即分析零件模型造型，然后进行实际操作。这样便于用户理解。

从Pro/ENGINEER Wildfire的造型顺序看，在图3-2中已经标出的主要特征包括拉伸特征、阶梯孔特征、通孔特征、盲孔特征、拔模特征及倒圆角特征。去除拔模特征和倒圆角特征，可以发现该零件是具有对称性的，因此在创建时要充分利用其对称性。这决定了生成第一个特征要关于基准平面对称，然后其余特征是在其基础上的对称。

零件的设计过程简单介绍如下。

**1．建立基本特征**

绘制草图，利用拉伸等命令建立阀盖基本特征，如图 3-3 所示。

**2．生成构造特征**

① 在基本特征的基础上拉伸出实体，如图 3-4 所示。

② 对特征进行初步编辑。在基本特征上生成阶梯孔特征，如图 3-5 所示。

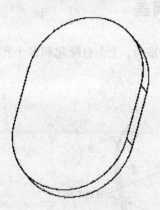 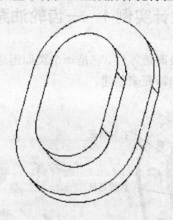 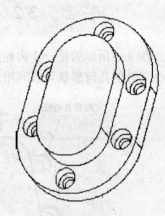

图 3-3　阀盖基本特征　　　　　　　图 3-4　拉伸特征　　　　　　　图 3-5　阶梯孔特征

③ 在基本特征上生成通孔特征，如图 3-6 所示。

④ 在基本特征上生成盲孔特征，如图 3-7 所示。

**3．对特征进行编辑加工**

对生成的特征体拔模及倒圆角特征，如图 3-8 所示。

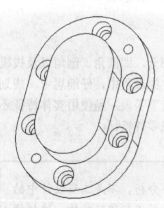 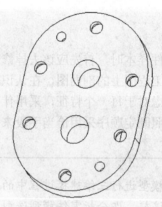 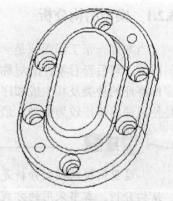

图 3-6　通孔特征　　　　　　　图 3-7　盲孔特征　　　　　　　图 3-8　拔模及倒圆角特征

### 3.2.2　建模操作步骤

**1．阀盖基本特征的创建**

（1）新建零件文件 fagai.prt

在 Pro/ENGINEER Wildfire 主界面中，从主菜单栏选择"文件"中的"新建"命令，系统弹出"新建"对话框,如图 3-9 所示。在"类型"栏中选中"零件"单选按钮,在"子类型"栏中选中"实体"单选按钮,然后在"名称"文本框中输入文件名字 fagai(也可以带有后缀.prt)。输入完毕后,单击"确定"按钮,进入 Pro/ENGINEER Wildfire 主界面。

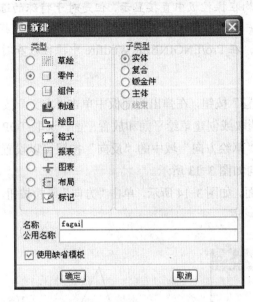

图 3-9 "新建"对话框

(2)创建拉伸特征

系统自动生成默认的基准平面,同时系统弹出菜单管理器。

① 从主菜单中依次选择"插入"|"拉伸"命令,或者单击"特征"工具栏中的"拉伸"按钮,系统显示"拉伸"操控板,如图 3-10 所示。

图 3-10 "拉伸"操控板

此时如果单击"选项"按钮,则系统弹出如图 3-11 所示的菜单。在"第 1 侧"中可以决定拉伸功能是形成单向功能还是对称式功能。如果选择单向的(除"对称"选项之外),则将在放置面的一侧生成特征;如果选择"对称"选项,则特征将在放置面的两侧对称生成特征,两侧特征相对放置面的高度为输入高度值的一半。

在"选项"菜单的"第 1 侧"中选择"盲孔"命令,单向生成拉伸特征。

图 3-11 "选项"菜单

**说明**　　图 3-10 是操控板，它是 Pro/ENGINEER Wildfire 的基本功能，遵循通用对话框的一切规则，它的对象是特征操作，但是，它的选项则显得有些特殊。一般来说，所输入的基本参数均在操控板中直接显示，但是对于特殊的选项操作，则以弹出式菜单的形式显示，用户需要在菜单所提供的各种下拉列表中选择。同时，也可以修改直接显示的一些参数。在 Pro/ENGINEER Wildfire 中操控板和对话框操作同时存在，所以需要注意。

② 单击操控板中"放置"按钮，在弹出的面板中单击"定义"按钮，系统会弹出如图 3-12 所示的对话框，提示用户选取或创建草绘平面和放置平面。选取 TOP 为草绘平面，系统提示选择拉伸的生成方向。单击"草绘方向"域中的"反向"按钮可以设置拉伸方向，这里单击"反向"按钮，其箭头显示方向如图 3-13 所示。

③ 选取草绘视图放置面。如图 3-14 所示，单击"方向"下拉按钮，可以选择视图方向，在此接受默认选项。

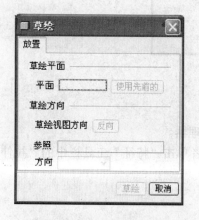

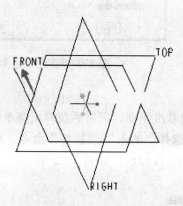

图 3-12　"草绘"对话框　　　　　　图 3-13　基本特征的生成方向　　　　图 3-14　"方向"菜单

④ 单击图 3-12 中的"草绘"按钮，进入草绘模式，图形窗口如图 3-15 所示。为草绘选取水平或垂直参考。注意，二者必须垂直或者水平。选取工作区中正交的两条线，进入截面设置阶段，也就是绘制截面草图阶段。

⑤ 现在开始草图设计。单击图形窗口右侧草绘器工具栏中的创建直线按钮 ＼ 的扩展菜单按钮 ▼，单击创建中心线按钮 ┋ 并在绘图区中绘制几条中心线，如图 3-16 所示。它们作为辅助线为后续作图做准备，其具体尺寸可以任意，下面可以进行精确定位。

⑥ 单击草绘工具栏中的尺寸标注按钮 ↦，然后分两次分别选择两条水平中心线，用鼠标中键确定尺寸位置，结果如图 3-17 所示。

⑦ 单击草绘器工具栏中的修改尺寸按钮 ⟋，选择尺寸，弹出"修改尺寸"对话框，如图 3-18 所示。在文本框中输入新的尺寸值，单击确定按钮 ✓。修改后的结果如图 3-19 所示。

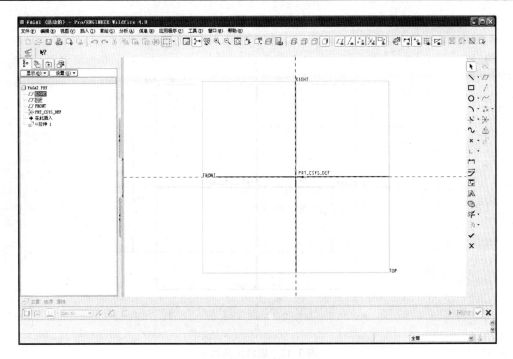

图 3-15    草图窗口

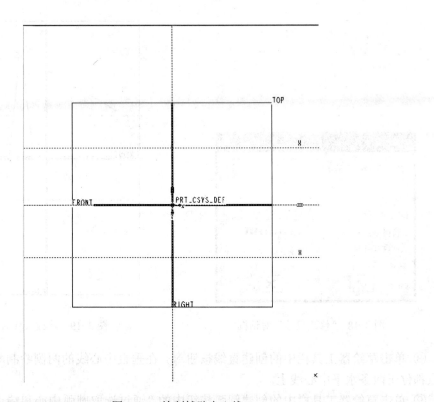

图 3-16    绘制辅助中心线

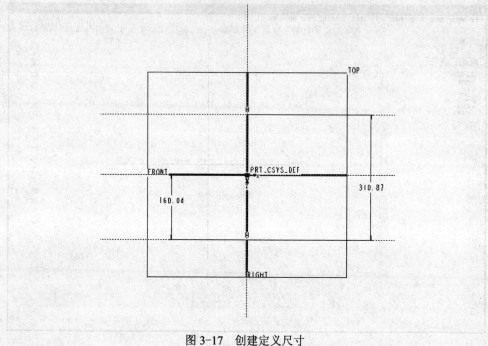

图 3-17  创建定义尺寸

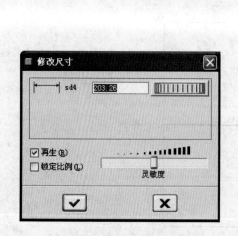

图 3-18  "修改尺寸"对话框

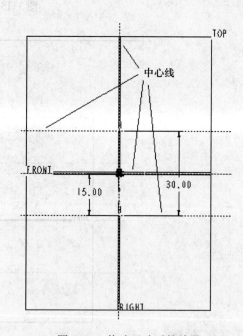

图 3-19  修改尺寸后的结果

⑧ 单击草绘器工具栏中的创建直线按钮\，在垂直中心线的两侧绘制两条垂直直线，其端点都位于两条水平中心线上。

⑨ 单击草绘器工具栏中的创建圆弧按钮中的"通过选取圆弧中心和端点来创建圆弧"按钮↷，绘制两个圆弧，首先选择圆弧中心对齐中心线的交点，两端分别对齐两条直线的端点。

⑩ 单击草绘器工具栏中的修改尺寸按钮⌐̶⃗，选择半径尺寸，在弹出的"修改尺寸"对话框中的文本框中输入新的尺寸值33，修改后的结果如图3-20所示。

**提示**　　可以看到，两条直线自动随着圆弧的尺寸定位而对称于垂直中心线，这是因为 Pro/ENGINEER Wildfire 是全关联的，同一个端点的位置由最后的尺寸确定。

⑪ 单击草绘器工具栏中的确定按钮✔，完成草图设计。

⑫ 在操控板的"输入深度"文本框中输入拉伸厚度为10，确定后单击✔按钮。

⑬ 单击工具栏中的"保存的视图列表"按钮⬚ᴿᴮ，选择"缺省方向"选项，查看生成的基本特征，其结果如图3-21所示。

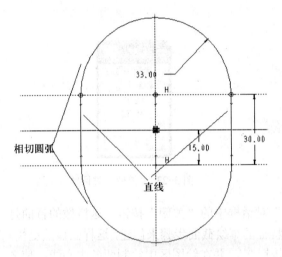

图 3-20　画完直线、圆弧并修改尺寸后的结果

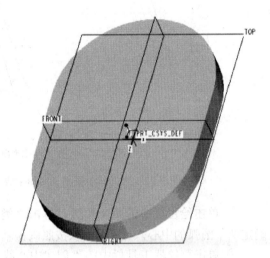

图 3-21　基本特征生成后的情况

至此阀盖基本特征的建模完成。

**说明**　　从上面的操作可以看到，拉伸操作可以在平面图形的基础上，按照给定的高度生成一个三维实体，但是，该操作是有一定的缺陷的，因为只能沿着垂直于草图的方向拉伸。要想生成拉伸方向可变的实体，还需要采用扫描命令。在后面要进行讲解。

**2．在基本特征上拉伸实体**

在基本特征上生成的实体也是拉伸特征，方法同上，只是草绘平面为基本特征的上表面。由于其步骤同基本特征一样，所以不再详细讲解。

具体操作步骤如下。

① 从主菜单中依次选择"插入"|"拉伸"命令，或者单击"特征"工具栏中的"拉伸"按钮⬚，系统显示"拉伸"操控板。

② 在"选项"菜单中选择"盲孔"命令，单向生成拉伸特征。

③ 单击"放置"面板中的"定义"按钮，选取阀盖特征的上表面为草绘平面。单击"草

绘方向"域中的"反向"按钮,其箭头显示方向如图3-22所示。

④ 在"方向"菜单中接受默认选项,单击"草绘"按钮,进入草绘模式。选取图形区中正交的两条线。

⑤ 进行草图设计。在"草绘"菜单中依次选择"边"|"使用"命令,系统显示"类型"对话框,如图3-23所示。它提供了可以选择的边的类型,包括单个的边、连接的多条边形成的链以及多条边形成的封闭环。

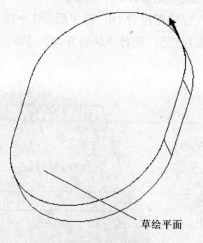

草绘平面

图3-22 选择草绘平面及实体生成方向

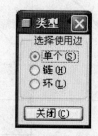

图3-23 "类型"对话框

⑥ 单击绘图区中的两个圆弧,单击"类型"对话框中的"关闭"按钮。这样做的目的是确定两个圆弧的中心,当然也可以按照阀盖基本特征的草绘截面步骤来创建,这样做显然更快。

⑦ 单击草绘器工具栏中的"创建中心线"按钮 ¦¦,并在绘图区中绘制两条中心线,使之对齐圆弧中心。它们作为辅助线为后续作图做准备,结果如图3-24所示。

⑧ 单击草绘器工具栏中的"通过选取圆弧中心和端点来创建圆弧"按钮 ◥,绘制两个圆弧,中心对齐前面选择的圆弧圆心,两端分别对齐两条中心线。

⑨ 单击草绘器工具栏中的"创建直线"按钮 ◥,绘制两条相切线。直线接近圆弧且出现字符T时,单击鼠标,即可生成相切线。

⑩ 单击草绘器工具栏中的"修改尺寸"按钮 ╤,选择圆弧半径尺寸。在弹出的"修改尺寸"对话框中的文本框中输入尺寸值18,修改后的结果如图3-25所示。

⑪ 拉伸特征截面属于封闭图形,所以要裁减掉多余的图元。单击草绘器工具栏中的"动态裁剪截面图元"按钮 ≠,选择最初选用的两个圆弧,裁剪掉这两个圆弧。

⑫ 单击草绘器工具栏中的确定按钮 ✓,完成草图设计。在操控板的"输入深度"文本框中输入拉伸厚度为14,确定后单击 ✓按钮。

⑬ 单击工具栏中的"保存的视图列表"按钮 □,选择"缺省方向"选项,查看生成的拉伸特征,其结果如图3-26所示。

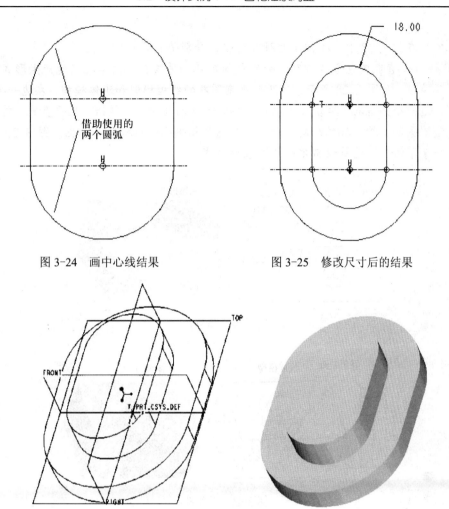

图 3-24　画中心线结果　　　　　图 3-25　修改尺寸后的结果

图 3-26　拉伸特征生成后的情况

至此拉伸特征的建模完成。

### 3．在基本特征上生成阶梯孔特征

下面将要生成的是孔特征，仍然以阀盖基本特征为草绘平面。阶梯孔特征是一样的，在进行创建的过程中，显然不能一个一个地建立孔特征，而是可以在创建一个后，通过复制、镜像等操作进行特征操作。

具体的生成步骤如下。

（1）生成第一个阶梯孔

① 从主菜单中依次选择"插入"|"孔"命令，或者单击构造特征菜单栏中的孔按钮，系统显示"孔"操控板，如图 3-27 所示。

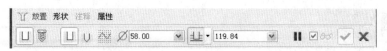

图 3-27　"孔"操控板

**说明**

在图 3-27 中，提供了两种孔特征，分别是直孔和标准孔。

a. 直孔中包含两种孔，分别是简单孔和草绘孔。简单孔只能产生形式单一的圆孔特征，如图 3-28 所示，为两个平直圆孔的线框模型和实体模型。左边一个为通孔、右边一个为盲孔。草绘孔可以产生各种形状的孔特征，包括产生平直孔。首先需要在绘图平面上绘制孔的纵向剖面，然后通过该剖面进行旋转而产生。图 3-29 所示就是一个草绘孔，这是最常用的绘制孔的方式。

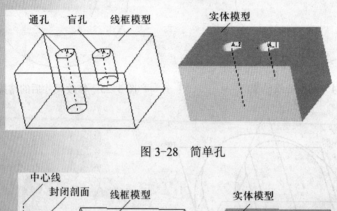

图 3-28　简单孔

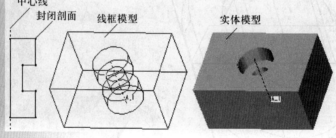

图 3-29　草绘孔

b. 标准孔。在标准孔中，可以分别绘制螺纹孔和间隙孔。

随着不同的孔类型，将出现不同的参数和定位方式等内容。

② 在"孔类型"选项组选择"草绘"选项，操控板如图 3-30 所示，单击"草绘"按钮，系统自动进入草绘模式。在草绘模式下，首先绘制中心线，然后只需绘制孔的半剖面就可以了，修改尺寸后的草绘结果如图 3-31 所示。

图 3-30　"草绘孔"操控板

绘制的截面图必须是封闭的。

③ 单击草绘器工具栏中的确定按钮 ✔，完成草图设计。

④ 单击操控板中的"放置"按钮，系统要求选取孔放置的"放置"选项。选择阀盖基本特征的上表面，在"类型"下拉框中选择"线性"选项。在"偏移参照"选项组中，系统要求选取第一个"线性参照"，选取 FRONT 基准平面，在"偏移距离"文本框中输入尺寸为 15。按住 Shift 键，再次单击"下一个参照"按钮，选取 RIGHT 基准平面，在"偏移距离"文本框中输入尺寸为 25。各个选项结果如图 3-32 所示。

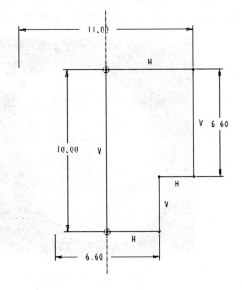

图 3-31 草绘孔结果

图 3-32 "放置"菜单中各个选项结果

⑤ 单击"预览特征几何"按钮 ☑∞ 进行预览，最后单击"确定"按钮 ✔，完成草绘孔特征的创建，结果如图 3-33 所示。

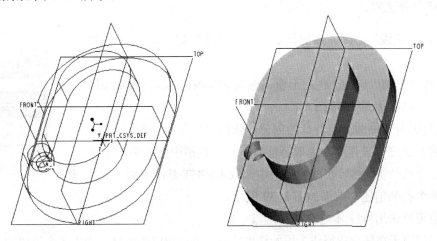

图 3-33 草绘孔特征创建后的结果

（2）复制生成的阶梯孔，得到其他侧面阶梯孔

在 4.2.1 模型结构分析一节中提到，该零件的特点是对称性。对于绘图软件来说，对称意

味着工作量的简化。下面创建其他阶梯孔特征就要用到这一特点。

具体操作步骤如下。

① 从主菜单中依次选择"编辑"|"特征操作"命令，系统弹出"特征"菜单，选择"复制"选项，如图 3-34 所示。依次选择"镜像"|"选取"|"独立"|"完成"命令，系统显示"选取特征"菜单，如图 3-35 所示。

② 系统要求选取要进行复制操作的特征，用户可以从图形窗口中选取刚才生成的孔特征，或是从模型树中选取，图形对象将高亮显示。为了说明清楚，采用了渲染效果，如图 3-36 所示。

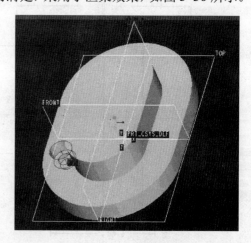

图 3-34　"复制特征"菜单　　图 3-35　"选取特征"菜单　　　　　图 3-36　选择的孔特征

**提示**
　　　随着作图的进一步深入，特征会越来越多，有时会显得很乱，如果直接从图形窗口中直接选取特征，不仅不好找，而且容易选错，而从模型树中选取特征不仅很方便而且很直观。

③ 选择"完成"命令，系统显示"设置平面"菜单，如图 3-37 所示。

④ 选择"平面"选项，在图形窗口选取 FRONT 平面，即完成镜像复制操作，结果如图 3-38 所示。

⑤ 进行另外一侧两个孔特征的创建。依旧采用复制镜像的操作，按照上面的方法进行操作。在选取特征时，从模型树中选取第一个孔特征和第二个孔特征，然后在图形窗口中选取 RIGHT 基准平面，从而完成另外两个孔的创建，结果如图 3-39 所示。

图 3-37　"设置平面"菜单

这里也可以采用特征阵列的方式。

特征阵列用于将任意特征作为原始样本特征，通过指定阵列尺寸产生多个类似的子特征。特征阵列完成之后，父特征和子特征成为一个整体，用户可以将它们作为一个特征进行相关操作，如删除、修改等。Pro/ENGINEER 主要提供了两种类型的特征阵列：尺寸阵列和参考阵列。

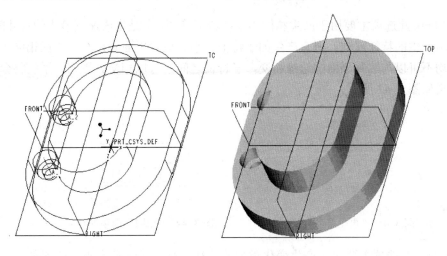

图 3-38  特征复制结果

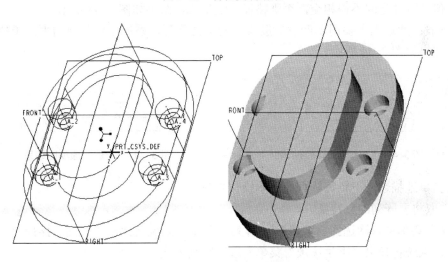

图 3-39  特征复制结果

① 尺寸阵列：是通过指定参数化的原始样本特征定位尺寸作为阵列尺寸控制特征阵列的产生。一旦在一个方向上指定尺寸增量之后，系统会输入在这个方向上的总实体数（包括父特征）。

② 参照阵列：是在已有的特征阵列的基础上产生的特征阵列。创建参照阵列时，其原始样本特征的参照基准必须相对于已有特征阵列的原始样本特征，否则参照阵列不能生成，即此种类型的阵列只有当新阵列的父特征参照现有的父特征时才能使用。

特征阵列位于"编辑"主菜单中。首先选择要阵列的父特征，从主菜单中依次选择"编辑"|"阵列"命令，系统将弹出"阵列"操控板，如图 3-40 所示。单击"选项"按钮，系统显示"再生选项"菜单，如图 3-41 所示。共有 3 种阵列选项：相同、可变和一般。

图 3-40  "阵列"操控板

①　相同：此选项主要用于产生相同类型的特征阵列，它是生成速度最快的尺寸阵列选项。使用此选项产生的特征阵列，所有产生的子特征大小、放置平面必须与父特征相同。此外，任何子特征均不可以与放置平面的边缘相交，子特征之间不可以相交。否则，系统将会显示错误信息。结果如图 3-42 所示。

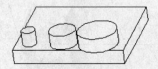

图 3-41　"再生选项"菜单　　　　　　　图 3-42　"相同"选项的结果

②　可变：此选项主要用于产生变化类型的特征阵列，子特征大小、放置平面无需与父特征相同，但子特征之间不得相交，否则特征不能生成。结果如图 3-43 所示。

③　一般：此选项主要用于产生一般类型的特征阵列，系统不作任何约束，子特征之间也可相交。结果如图 3-44 所示。

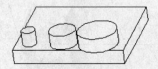

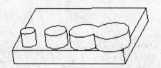

图 3-43　"可变"选项的结果　　　　　　图 3-44　"一般"选项的结果

下面简单地描述一下特征阵列的基本操作步骤。

①　选取将要阵列的父特征。

②　从主菜单中依次选择"编辑"|"阵列"命令，系统将弹出"阵列"操控板，单击"选项"按钮，系统将弹出"再生选项"菜单，选取阵列方式。

③　在操控板的"尺寸"菜单中选取尺寸增量方式。

④　在特征中选取阵列尺寸，然后再输入增量尺寸数值、编辑关系式和表等。

⑤　确定阵列数目。确定增量尺寸后，系统要求输入阵列数目，在其中输入阵列特征数目（包括父特征）即可。

⑥　单击"确定"按钮 ✔，完成特征阵列操作。

（3）进行两个边孔的创建

这两个边孔同刚创建的阶梯孔之间的位置关系并不是很明确，它们的创建有两种方法：按照上边介绍的草绘孔方法来生成；选取复制特征操作中的"移动"来生成边孔。对于第二种方法将在 4.3 节的实例讲解中详细介绍，这里采用第一种方法，目的是巩固草绘的基础。

草绘孔的纵向剖面如图 3-29 所示。在"孔"操控板中，选取第一个"线性参照"为 FRONT 基准平面，距离为 40。选取第二个"线性参照"为阀体基本特征的左端平面，距离为 33，如图 3-45 所示。完成草绘孔特征的创建，结果如图 3-46 所示。

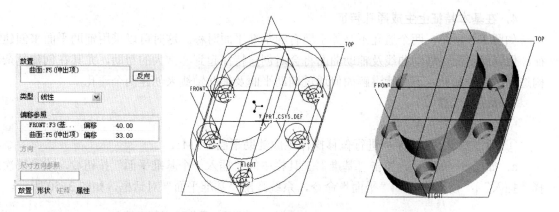

图 3-45  "放置"菜单中各个选项结果          图 3-46  草绘孔特征创建后的结果

 提示

　　对于选择左端平面，可以通过视图工具栏中的"保存的视图列表"按钮 🔲，选择 LEFT 视图并选择即可，如图 3-47 所示，然后返回到默认视图中。

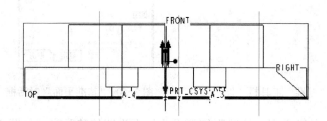

图 3-47  左视图

对刚刚生成的边孔进行复制镜像操作，结果如图 3-48 所示。
至此阶梯孔特征的建模完成。

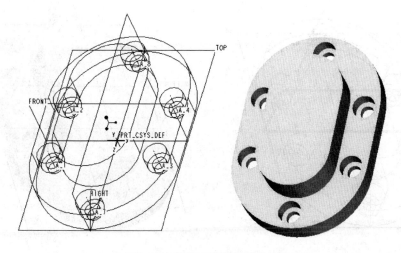

图 3-48  阶梯孔特征创建结果

#### 4．在基本特征上生成通孔特征

如图 3-6 所示，两个通孔不是关于现有的基准平面对称。这时可以采用辅助平面来创建特征。做辅助平面、辅助曲线及辅助曲面将会对创建特征起到非常大的帮助，尤其在创建复杂结构造型时更是如此。下面就讲解如何通过辅助平面及辅助轴线来创建两个通孔。

具体操作步骤如下。

（1）生成各种基准

① 通过对 FRONT 平面进行偏移操作生成辅助平面 DTM1。

a．如图 3-49 所示，单击"基准"工具栏中的"插入一个基准平面"按钮□，或是依次选择"插入"|"模型基准"|"平面"命令，系统弹出"基准平面"对话框，如图 3-50 所示。

图 3-49　"基准"工具栏　　　　　图 3-50　"基准平面"对话框

b．选取 FRONT 基准平面。这时系统要求为该面设置偏移距离，如图 3-50 所示，同时在图形窗口中显示当前指定方向的箭头指向，如图 3-51 所示。在"平移"文本框中输入偏移值为15，确定后单击"确定"按钮。辅助平面 DTM1 创建完成，结果如图 3-52 所示。

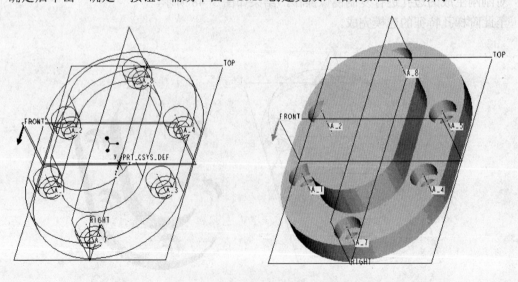

图 3-51　当前指定方向的箭头指向

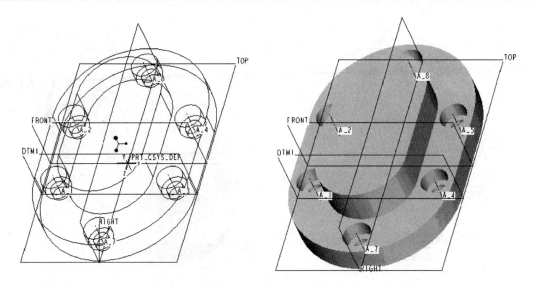

图 3-52 生成辅助平面 DTM1

**提示**

生成方法不是唯一的，也可以通过单击"偏移"文本并选取"穿过"选项，分别选取 A_1 和 A_4 轴线来生成辅助平面 DTM1。

② 生成辅助轴线 A_9。

a. 单击"基准"工具栏中的"基准轴"按钮 ，或是依次选择主菜单"插入"|"模型基准"|"轴"命令，系统弹出"基准轴"对话框，如图 3-53 所示。

图 3-53 "基准轴"菜单

b. 按住 Shift 键，选取 DTM1 平面和 RIGHT 基准平面，结果如图 3-54 所示。

③ 生成辅助平面 DTM2。辅助平面 DTM2 的生成方法很多。可以参照 DTM1 的生成过程来创建，不过输入偏距值时要注意箭头的指向，指向如果与目标相反，那么就输入负值；可以选取穿过 A_2 轴线和 A_5 轴线来创建；可以通过选取 DTM1 辅助平面进行偏移，只是偏距值要发生变化，其偏距值仍然为 15，结果如图 3-55 所示。

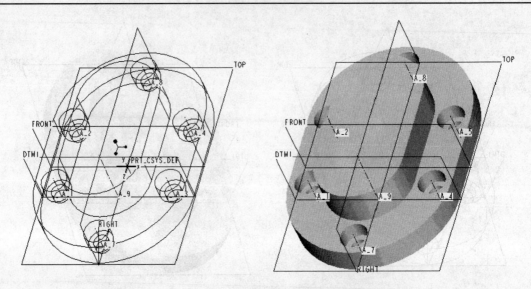

图 3-54　生成辅助轴线 A_9

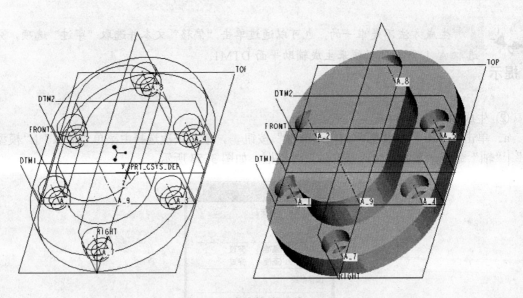

图 3-55　生成辅助平面 DTM2

④ 生成辅助轴线 A_10。辅助轴线 A_10 的创建方法可以参照辅助轴线 A_9 的创建方法。结果如图 3-56 所示。

⑤ 生成辅助平面 DTM3。

a. 单击"基准"工具栏中的"基准平面"按钮 □，系统弹出"基准平面"对话框。

b. 选取 DTM1 辅助平面，然后按住 Shift 键，在图形窗口中选取辅助轴线 A_9，此时"基准平面"对话框如图 3-57 所示。在"旋转"文本框中输入角度值为 45°，同时在图形窗口中显示当前指定方向的箭头指向，如图 3-58 所示。

c. 单击"确定"按钮，退出"基准平面"对话框。辅助平面 DTM3 创建完成，结果如图

3-59 所示。

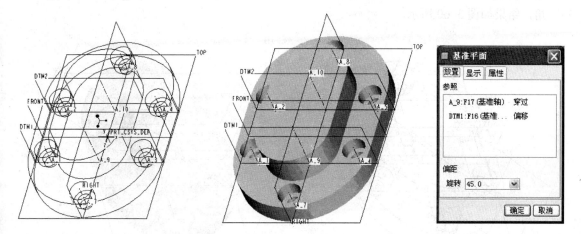

图 3-56 生成辅助轴线 A_10          图 3-57 "基准平面"对话框

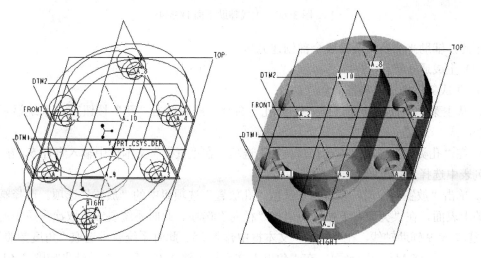

图 3-58 当前角度箭头的指向

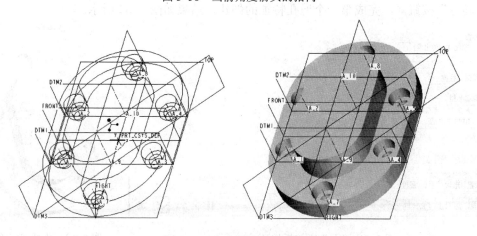

图 3-59 生成辅助平面 DTM3

⑥ 生成辅助平面 DTM4。参见辅助平面 DTM3 的创建方法，穿过 A_10，和 DTM2 成 45°角，结果如图 3-60 所示。

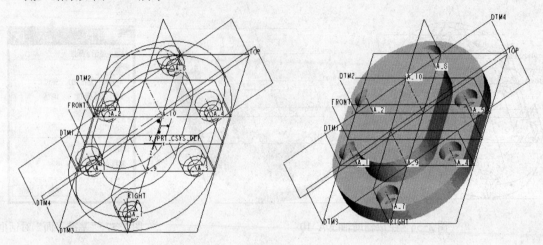

图 3-60　生成辅助平面 DTM4

至此，辅助平面及辅助轴线全部创建完毕

（2）生成通孔特征

① 生成第一个通孔特征。

a. 从主菜单中依次选择"插入"|"孔"命令，或者单击"孔"按钮，系统显示"孔"操控板。

b. 在"孔类型"选项组中选择"直孔"选项。在"直径"文本框中输入直径 5，在"深度"下拉列表中选择"穿过所有"选项。

c. 单击"放置"按钮，系统要求选取"孔放置"选项组中的"放置"选项。选择阀盖基本特征的上表面，在"类型"下拉框中选择"径向"选项。此时系统要求选取次参照中的"轴参照"，选取 A_9 辅助轴线，在"半径"文本框中输入 25。此时系统要求选取"角度参照"，按住 Shift 键，选取 DTM3 辅助平面，在"角度"文本框中输入 0。各个选项结果如图 3-61 所示。单击"确定"按钮，完成第一个通孔特征的创建，结果如图 3-62 所示。

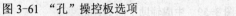

图 3-61　"孔"操控板选项

图 3-62　生成第一个通孔

② 生成第二个通孔特征。第二个通孔的创建过程与第一个通孔一样，各选项设置如图 3-63 所示。最后的结果如图 3-64 所示。

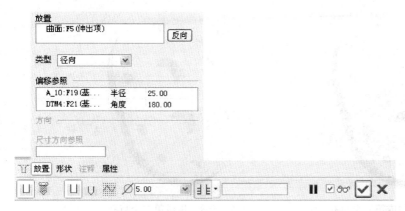

图 3-63 　"孔"操控板选项　　　　　　　　　图 3-64 　生成第二个通孔

至此通孔特征的创建完成。

### 5．在基本特征上生成盲孔特征

（1）生成第一个盲孔

① 从主菜单中依次选择"插入"|"孔"命令，或者单击构造特征工具栏中的"孔"按钮，系统显示"孔"操控板。

② 在默认"直孔"操控板列表中选择"草绘"方式，单击"草绘"按钮，系统自动进入草绘模式。在草绘模式下，首先绘制中心线，然后只需绘制孔的半剖面就可以了，修改尺寸后的草绘结果如图 3-65 所示。

③ 单击草绘器工具栏中的"确定"按钮，完成草图设计，返回"孔"操控板。

④ 单击"放置"按钮，选取阀盖基本特征的下表面，按住 Ctrl 键，选取 A_9 辅助轴线，此时"类型"下拉框自动选择"同轴"选项，如图 3-66 所示，创建结果如图 3-67 所示。

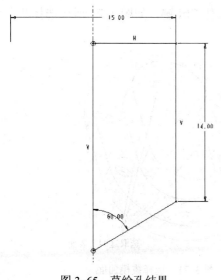

图 3-65 　草绘孔结果　　　　　　　　　　　图 3-66 　"孔"操控板选项

（2）生成第二个盲孔

借助 FRONT 基准平面复制镜像第一个盲孔特征，结果如图 3-68 所示。

　　图 3-67　生成第一个盲孔　　　　　　　　图 3-68　生成第二个盲孔

至此两个盲孔的创建完成。

**6．拔模**

现在需要在拉伸的实体上生成带有一定倾角的拔模体。具体操作步骤如下。

① 从主菜单中依次选择"插入" | "斜度"命令，系统弹出"拔模"操控板，如图 3-69 所示。

图 3-69　"拔模"操控板

② 单击"选项"按钮，弹出"拔模选项"菜单，选择"扭曲"方式。

③ 在第一个可选框中单击，选取阀盖基本特征的上表面。此时系统将显示拔模枢轴方向垂直于此平面，如图 3-70 所示。

④ 单击"参照"按钮，在"拔模曲面"框中单击，按住 Ctrl 键，如图 3-71 所示选择凸台侧面，操控板如图 3-72 所示。

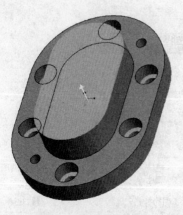
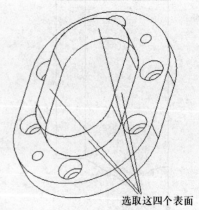

选取这四个表面

　　图 3-70　拔模方向　　　　　　　　　　图 3-71　选择拔模曲面

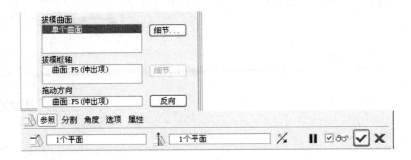

图 3-72　确定参照

⑤ 单击"角度"按钮，在其中输入–11.3。拔模方向如图 3-73 所示。

⑥ 单击✅按钮，完成拔模操作。

⑦ 单击工具栏中的"保存的视图列表"按钮📷，选取"缺省方向"选项，查看生成的拔模特征，其结果如图 3-74 所示。

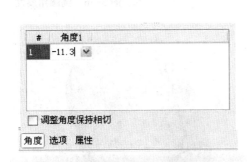

图 3-73　输入拔模角度

图 3-74　拔模特征生成结果

### 7．倒圆角

现在的实体都是带有棱边的，需要进行倒角处理。这里选择倒圆角操作。

具体操作步骤如下。

① 从主菜单中依次选择"插入"|"倒圆角"命令，或者单击构造特征工具栏中的"倒圆角"按钮↘，系统弹出"倒圆角"操控板，如图 3-75 所示。

② 选择"设置"选项，系统弹出"倒圆角组属性"菜单，如图 3-76 所示。在其中可以选择圆角的各种倒角方式，在此保留默认值。

③ 在图 3-75 中输入半径数值 3。

④ 在图形窗口中选择如图 3-77 所示的曲线链。

⑤ 单击"倒圆角"操控板中的"确定"按钮✅，完成倒圆角操作。

⑥ 单击工具栏中的"保存的视图列表"按钮📷，选择"缺省方向"选项，查看生成的倒圆角特征，其结果如图 3-78 所示。

⑦ 同理，生成其他倒圆角特征。位置及尺寸如图 3-79 所示。

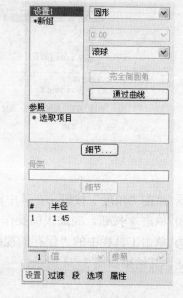

图 3-76　倒圆角属性

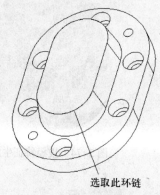

图 3-75　"倒圆角"操控板

选取此环链

图 3-77　选择相切链

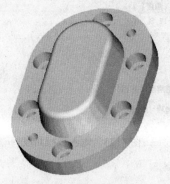

图 3-78　生成倒圆角特征

⑧ 最后单击工具栏中的"保存的视图列表"按钮，选择"缺省方向"选项，查看生成的阀盖特征，如图 3-80 所示。

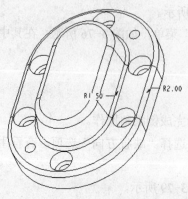

图 3-79　生成其他倒圆角特征

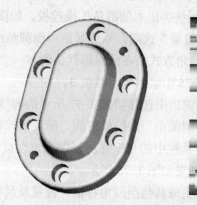

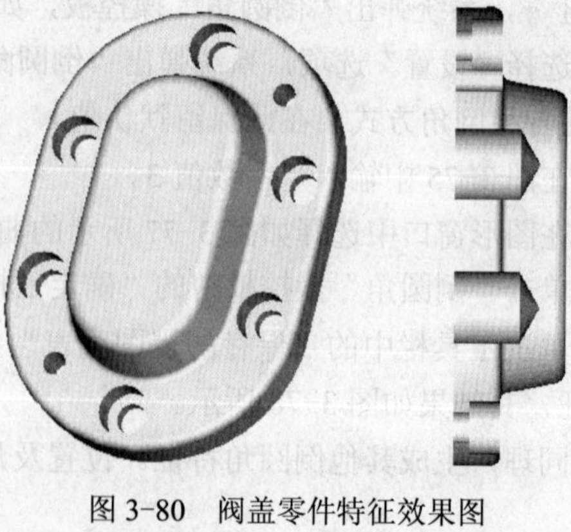

图 3-80　阀盖零件特征效果图

至此，阀盖零件的建模完成。

# 3.3 设计实例2——千斤顶顶盖

图 3-81 所示的是一个千斤顶的顶盖零件。很显然，其基本特征是旋转特征。

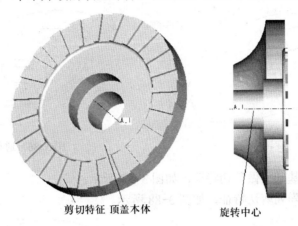

图 3-81 千斤顶顶盖

可见整个零件的几何形状可以利用基本特征来创建。

## 3.3.1 建模方法分析

如图 3-81 所示，顶盖零件可以采用以下两种方法来实现建模。

① 图 3-81 的主要特征为旋转特征和剪切特征。该零件具有旋转中心，因此在创建时可以直接绘制出其截面图，旋转得到实体特征，然后做剪切特征，再对其进行旋转阵列操作即可。

② 先得到旋转实体，然后进行孔特征操作，最后进行切剪特征的旋转阵列操作。

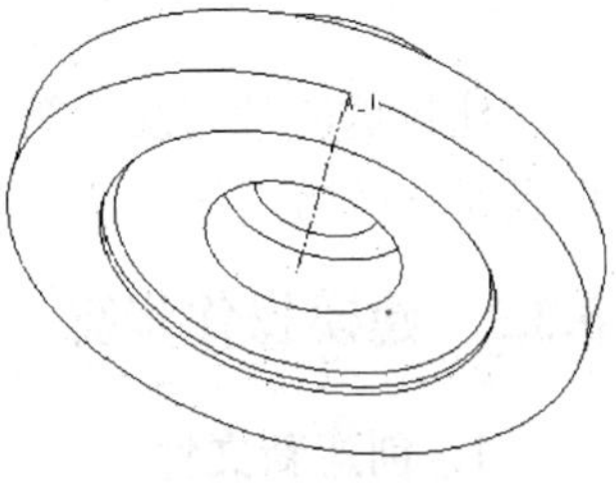

### 1. 方法 1

第一种方法的设计过程简单介绍如下。

① 建立旋转特征，如图 3-82 所示。

② 在基本特征的基础上做剪切特征，如图 3-83 所示。

③ 旋转阵列剪切特征，如图 3-84 所示。

图 3-82 旋转特征

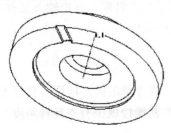

图 3-83 切剪特征

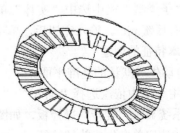

图 3-84 旋转阵列特征

### 2．方法 2

第二种方法的设计过程简单介绍如下。

① 建立旋转特征，如图 3-85 所示。

② 在基本特征上生成通孔特征，如图 3-86 所示。

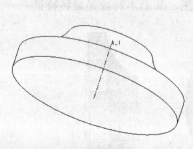 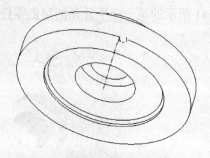

图 3-85　旋转特征　　　　　　　　　　　　　图 3-86　通孔特征

③ 在基本特征的基础上做剪切特征，如图 3-87 所示。

④ 最后完成旋转阵列剪切特征，如图 3-88 所示。

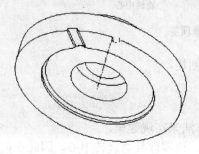 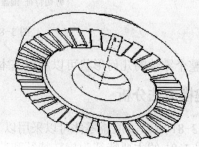

图 3-87　切剪特征　　　　　　　　　　　　　图 3-88　旋转阵列特征

比较这两种方法，第一种方法强调草绘能力，对草绘要求较高，第二种方法虽然步骤多，但是是比较常用的方法。在这里主要介绍第一种方法，第二种方法读者可以自己试着操作。

### 3.3.2　建模操作步骤

#### 1．创建新文件

新建零件文件 dinggai.prt。在 Pro/ENGINEER Wildfire 主界面中，选择主菜单"文件"中的"新建"命令，系统弹出"新建"对话框，如图 3-89 所示。在"类型"栏中选中"零件"单选按钮，在"子类型"栏中选中"实体"单选按钮，然后在"名称"框中输入文件名称 dinggai（也可以带有后缀.prt）。输入完毕后，单击"确定"按钮完成。

#### 2．基本特征的创建

系统自动生成默认的基准平面。

① 从主菜单中依次选择"插入"|"旋转"命令，或者单击构造特征工具栏上的"旋转"按钮 ，系统显示"旋转"操控板，如图 3-90 所示。在操控板上有"旋转角度"菜单，如图 3-91 所示。选定单向生成旋转特征。

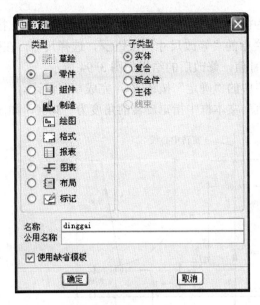

图 3-89 "新建"对话框

图 3-90 "旋转"操控板

② 单击"位置"按钮，然后单击"定义"按钮，系统弹出"草绘"对话框。选取 TOP 视图为草绘平面。系统显示旋转的生成方向，如图 3-92 所示。单击"草绘视图方向"右侧中的"反向"按钮，可调整旋转方向。

③ 系统提示选取草绘方向，在"方向"下拉菜单中采用默认选项，如图 3-93 所示。

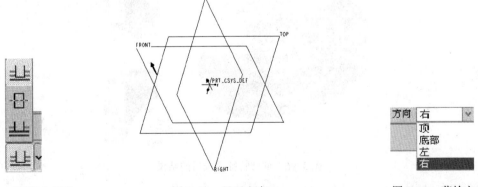

图 3-91 "属性"菜单          图 3-92 显示方向                图 3-93 草绘方向

④ 单击"草绘"按钮，进入草绘模式，选取图形窗口中的两条基准线作为参照。

⑤ 进行草图设计。既然是旋转特征，那么就必须要有旋转中心，因此在进行旋转特征的创建时，先要确定旋转中心线，从而避免在绘制完截面后忘记绘制旋转中心线。单击草绘器工具栏中的"创建中心线"按钮，在绘图区中绘制旋转中心线，使之对齐基准中心。

⑥ 单击草绘器工具栏中的"创建直线"按钮 ╲ 和"创建圆弧"按钮 ╲，进行草图绘制。

⑦ 单击草绘器工具栏中的"修改尺寸"按钮 ⇉，选择尺寸，在弹出的"修改尺寸"对话框的文本框中输入新的尺寸值，修改后的结果如图 3-94 所示。

⑧ 单击草绘器工具栏中的"确定"按钮 ✓，完成草图设计。

⑨ 在操控板的"角度"文本框中指定旋转的角度为"360"，如图 3-95 所示。

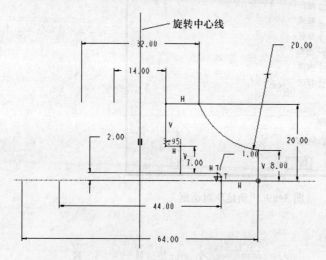

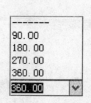

图 3-94    画完中心线并修改尺寸后的结果          图 3-95    "角度"菜单

⑩ 单击"旋转"操控板中的"确定"按钮 ✓，完成旋转操作。

⑪ 单击工具栏中的"保存的视图列表"按钮 □⁸，选择"缺省方向"选项，查看生成的旋转特征，其结果如图 3-96 所示。

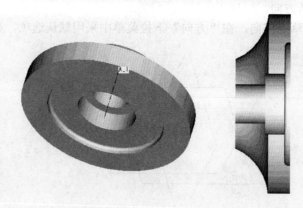

图 3-96    旋转特征完成后的结果

至此旋转特征的建模完成。

**3．在基本特征上做剪切特征**

接下来创建剪切特征，具体步骤如下。

① 从主菜单中依次选择"插入"|"拉伸"命令，系统显示"拉伸"操控板，单击"去除材料"按钮 ◿，进行剪切操作，如图 3-97 所示。同以前出现的"拉伸"操控板相比，添加了

剪切特征的方向确定按钮。单击"拉伸方式"按钮，如图 3-98 所示。选定默认的单侧方式，单向生成剪切特征。

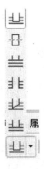

图 3-97 "拉伸"操控板　　　　　　　　　图 3-98 "属性"菜单

② 选取旋转实体的下表面为草绘平面，确定拉伸方向，如图 3-99 所示。

③ 进入草绘模式，为草绘选取正交的两条线。

④ 进行草图设计。在"草绘"主菜单中依次选择"草绘"|"边"|"使用"命令，系统显示"类型"对话框。单击绘图区中最外侧的两个圆弧，单击"类型"对话框中的"关闭"按钮，这样做的目的是借助两个已有的圆弧生成作图基准。单击草绘器工具栏中的"创建中心线"按钮 ，在绘图区中绘制一条中心线，使之对齐圆弧中心。它作为中心对称线。

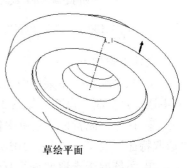

**草绘平面**

图 3-99 草绘平面及剪切的生成方向

⑤ 单击草绘器工具栏中的"创建直线"按钮 ，绘制两条线段，对称于中心线。

⑥ 单击草绘器工具栏中的"修改尺寸"按钮 ，选择两条线段间距尺寸，在弹出的"修改尺寸"对话框的文本框中输入新的尺寸值 4。

⑦ 截面必须是属于封闭图形，所以要裁减掉多余的图元，单击草绘器工具栏中的"动态裁剪截面图元"按钮 ，选择最初的两个圆弧，裁剪掉多余的圆弧部分。修改后的结果如图 3-100 所示。

⑧ 单击草绘器工具栏中的"确定"按钮 ，完成草图设计。

⑨ 在"输入深度"文本框中输入拉伸厚度为 1，确定后单击 按钮。

⑩ 单击工具栏中的"保存的视图列表"按钮 ，选择"缺省方向"选项，查看生成的剪切特征，其结果如图 3-101 所示。

**4．旋转阵列剪切特征**

（1）复制剪切特征

要创建旋转阵列，必须要使用径向放置方式创建角度尺寸的增量，先创建模型的角度尺寸，这样在创建阵列时才能在此角度尺寸上赋予尺寸增量。然而对于草图的特征（如加材料、剪切材料、沟槽或筋）来说，特征原本没有角度信息，因此，必须创建角度信息。这里采用的思路是对原有剪切特征进行复制操作，然后把它们定义成一个组，最后对该组进行旋转阵列操作，这样在进行旋转阵列时，就存在角度信息了。

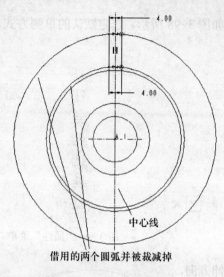

中心线

借用的两个圆弧并被裁减掉

图 3-100    修改尺寸后的结果

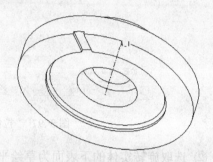

图 3-101    剪切特征生成后的结果

具体步骤如下。

① 从"编辑"主菜单中依次选择"编辑"|"特征操作"命令,系统弹出"特征"菜单。从中选择"复制"命令,如图 3-102 所示。

② 在"复制特征"菜单中依次选择"移动"|"选取"|"独立"|"完成"命令,系统显示"选取特征"菜单,如图 3-103 所示。

③ 系统要求选取要进行复制操作的特征。用户可以从图形窗口中选取刚才生成的剪切特征,或是从模型树中选取。

④ 依次选择"确定"|"完成"命令,系统显示"移动特征"菜单,如图 3-104 所示。

图 3-102    "复制特征"菜单        图 3-103    "选取特征"菜单        图 3-104    "移动特征"菜单

⑤ 选择"旋转"命令,系统弹出"选取方向"菜单,如图 3-105 所示。

⑥ 选择其中的"曲线/边/轴"命令。选取图形窗口中旋转特征的旋转中心线 A_1，系统显示"方向"菜单，如图 3-106 所示。同时在图形窗口中显示方向箭头的生成方向，如图 3-107 所示。这里选择"正向"命令。

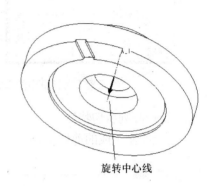

旋转中心线

图 3-105 "选取方向"菜单　　图 3-106 "方向"菜单　　图 3-107 箭头的生成方向

⑦ 系统弹出"输入旋转角度"文本框，如图 3-108 所示。输入旋转角度 15°，确定后单击✓按钮。

图 3-108 "输入旋转角度" 文本框

⑧ 选择"移动特征"菜单中的"完成移动"命令。这时系统弹出"组可变尺寸"菜单，如图 3-109 所示，同时显示"组元素"对话框，如图 3-110 所示。

图 3-109 "组可变尺寸"菜单　　　　图 3-110 "组元素"对话框

⑨ "组可变尺寸"菜单中列出了剪切特征的所有尺寸。当鼠标放置在任意尺寸上时，在图形窗口中都会显示该尺寸。用户可以复选任意尺寸来决定哪一个尺寸需要进行复制操作。在这里什么都不选，直接选择"完成"命令，复制所有尺寸。

⑩ 单击"组元素"对话框中的"确定"按钮，退出对话框。该对话框中的内容为复制尺寸的相关信息，如图 3-111 所示。

完成复制操作后的结果如图 3-112 所示。

图 3-111 "组元素"对话框中的内容

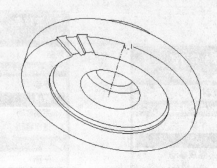

图 3-112 完成复制操作后的结果

（2）旋转阵列剪切特征

① 选取刚刚生成的剪切特征。

不要选取最初的切剪特征，它不存在角度特征信息。

② 从主菜单中依次选择"编辑"|"阵列"命令，系统将显示"阵列"操控板，如图 3-113 所示，同时在图形窗口中显示尺寸。

图 3-113 "阵列"操控板

③ 选取两个切剪特征之间的夹角，在图形窗口中将显示角度增量下拉列表框，如图 3-114 所示，输入尺寸增量 15，确定后按 Enter 键。

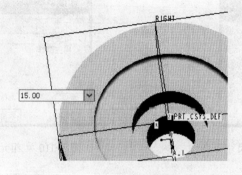

图 3-114 "阵列尺寸增量"菜单

④ 在"输入第一方向的阵列成员数"文本框中输入实例总数为 23，如图 3-115 所示，确定后单击☑按钮，完成旋转阵列操作，结果如图 3-116 所示。

图 3-115 "输入第一方向的阵列成员数"文本框

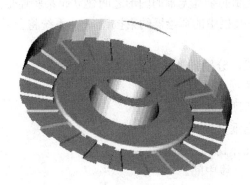

图 3-116 完成旋转阵列操作后的结果

至此千斤顶顶盖零件的建模完成。

## 3.4 命令总结与补充

对于实例讲解方面的书籍，即使再详细，也不可能包括所有的操作命令，因此，将在本节进行命令总结，并对未讲解到的一些命令进行补充说明。

### 3.4.1 命令总结

本章使用了构造基本特征的一些基本操作，分别包括以下几个。

① 草图绘制命令。包括直线命令，可以绘制中心线和实线；圆弧命令，可以绘制圆心和端点决定的圆弧；尺寸标注命令，可以对直径、半径、距离等尺寸进行标注；修改尺寸命令，对粗略绘制的各种尺寸进行精确更改；动态裁剪图元命令，对多余的草图元素进行删除。

未涉及的命令包括圆、矩形、点、样条曲线、草绘器约束。其中，绘图命令的提示都比较简单，可以自行学习。比较重要的草绘器约束命令将在 3.4.2 节中加以补充。

② 基准构造命令。包括基准平面的构造和基准轴的构造。

未涉及的命令包括基准线、基准点和坐标系。这些相对前两者应用机会较少，不再讲解。

③ 基本特征操作命令。包括特征的拉伸命令，可以通过绘制截面和确定拉伸方向来生成标准实体；旋转命令，可以通过绘制截面和确定旋转中心来生成标准实体；孔命令，可以绘制草绘孔和直孔；倒圆角命令，可以绘制圆角特征；剪切材料命令，可以对特征进行必要的修剪。

未涉及的命令包括倒角、扫描、混合、加强筋和抽壳操作。将在 3.4.2 中进行补充。

④ 特征操作。包括特征阵列命令，可以生成有规律的多个相同的特征实体；特征复制操作，可以进行镜像复制。

未涉及的命令包括调整阵列和复制的删除操作。比较简单，所以不再补充。

### 3.4.2 命令补充说明

#### 1．草绘器约束

约束的目的就是将所绘制的杂乱无章的图形之间建立起某些连带关系，从而实现精确的相对位置关系控制。单击草图工具栏中的草绘器约束按钮 ，系统将会弹出如图 3-117 所示的对话框。

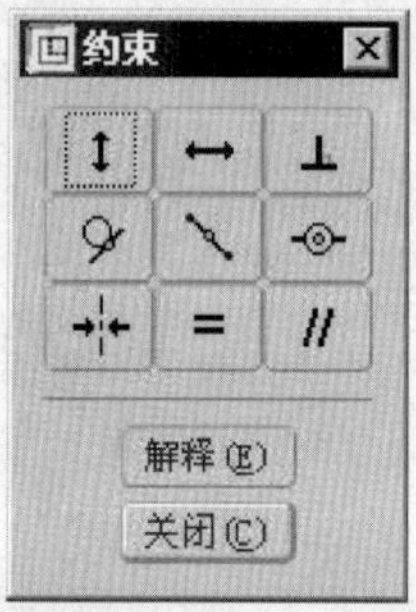

它提供了多种约束方式，分别列举如下。

① ↕ 铅直：使线或两顶点垂直。

② ↔ 水平：使线或两顶点水平。

③ ⊥ 垂直：使两图元垂直。

④ ❍ 相切：使两图元相切。

⑤ ＼ 中点：将点放在直线中间。

⑥ ◎ 同心：用于选取两点后，使两点重合。

⑦ ┉ 对称：使两点或顶点相对直线对称。

⑧ ＝ 相等：创建等长、等半径或等曲率的约束。

⑨ ∥ 平行：先后选取两直线，使选取的第二条直线平行于第一条直线。

图 3-117 约束类型

下面通过一个具体的操作实例讲解约束的应用关系，操作步骤如下。

① 首先绘制一个如图 3-118 所示的草图，包括两个圆、两个点、3 条直线，其具体尺寸可以不过多加以考虑。

② 练习铅直约束。单击 按钮，弹出如图 3-117 所示的对话框，单击 ↕ 按钮，然后选择直线 1，结果如图 3-119 所示。练习后，单击工具栏中撤销按钮 ，返回到原始状态，以下每个练习完成后均应作撤销操作。

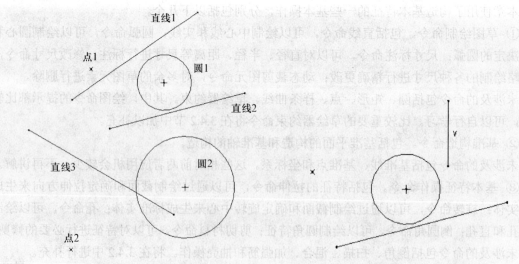

图 3-118 绘制的草图形式 图 3-119 直线 1 的铅直约束

③ 练习水平约束。在约束类型中单击 ↔ 按钮，然后选择直线 1，结果如图 3-120 所示。

④ 练习垂直约束。在约束类型中单击 ⊥ 按钮，然后选择直线 1 和直线 2，结果如图 3-121

所示。

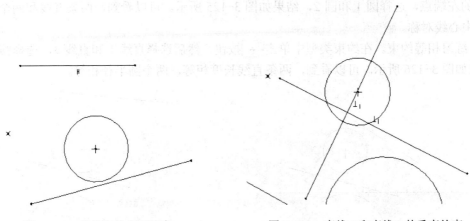

图 3-120 直线 1 的水平约束          图 3-121 直线 1 和直线 2 的垂直约束

⑤ 练习相切约束。在约束类型中单击 ⊙ 按钮，然后选择直线 1 和圆 1，结果如图 3-122 所示。

⑥ 练习中点约束。在约束类型中单击 ↔ 按钮，然后选择直线 1 和点 1，结果如图 3-123 所示。

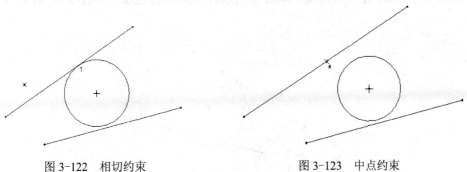

图 3-122 相切约束          图 3-123 中点约束

⑦ 练习同心约束。在约束类型中单击 ⊙ 按钮，然后选择圆 1 和圆 2，或者选择直线 1 和直线 2 的左端点，结果如图 3-124 所示。

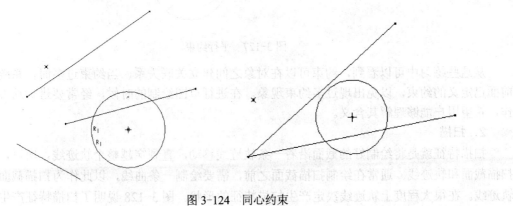

图 3-124 同心约束

⑧ 练习对称约束。绘制一条水平中心线，在约束类型中单击 ⼗⼁⼗ 按钮，然后选择直线 1 和直线 3 的左端点，选择圆 1 和圆 2，结果如图 3-125 所示。可以看到，两条直线和两个圆都分别相对中心线对称。

⑨ 练习相等约束。在约束类型中单击 ＝ 按钮，然后选择直线 1 和直线 3，选择圆 1 和圆 2，结果如图 3-126 所示。可以看到，两条直线长度相等，两个圆半径相等。

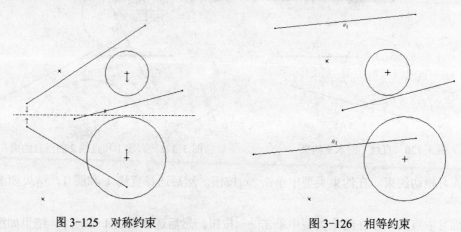

图 3-125    对称约束                       图 3-126    相等约束

⑩ 练习平行约束。在约束类型中单击 ∥ 按钮，然后选择直线 1 和直线 3，结果如图 3-127 所示。

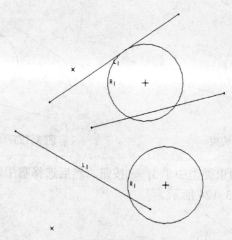

图 3-127    平行约束

从这些练习中可以看到，约束可以在对象之间建立关联关系，当约束过多时，系统将提示前面已定义的约束，以免出现过多约束现象。在进行草图绘制的时候，经常要进行这方面的操作，希望用户能够理解其含义。

**2．扫描**

扫描特征就是将绘制好的截面沿着一条轨迹线移动，直到穿越整个轨迹线，所以，必须有扫描截面和轨迹线。通常在绘制扫描截面之前，需要绘制一条曲线，以此作为扫描截面移动的轨迹线。在很大程度上轨迹线决定产生扫描特征的形状。图 3-128 说明了扫描特征产生的基本方法。

图 3-128 扫描特征产生的基本方法

下面是产生扫描特征的基本操作步骤。

① 新建零件文件，进入零件模式的实体选项。

② 选取产生扫描特征。在主菜单中依次选择"插入"|"扫描"|"伸出项"命令，系统弹出如图 3-129 所示的"扫描轨迹"菜单管理器和如图 3-130 所示的"伸出项：扫描"对话框。

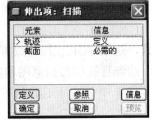

图 3-129 扫描轨迹　　　　图 3-130 "伸出项：扫描"对话框

③ 通过"草绘轨迹"绘制或选取扫描特征的轨迹线。

④ 选取扫描特征的属性，随着轨迹线状态的不同将显示不同的属性菜单。

⑤ 在草绘模式下绘制截面草图。

⑥ 在"伸出项：扫描"对话框中单击"关闭"按钮以完成基体特征的构造。

**3. 混合**

混合特征就是将多个剖面通过一定的方式连在一起从而产生的特征，所以，产生一个混合特征，将需要绘制多个剖面，剖面的形状与连接的方式决定了混合特征的基本形状。图 3-131 说明了混合特征产生的基本方法。产生混合特征有 3 种基本方式，即平行、旋转的和一般。

下面以平行方式说明其具体的操作过程。

① 新建实体零件文件。

② 在菜单管理器中依次选择"插入"|"混合"|"薄板伸出项"命令，系统弹出如图 3-132 所示的菜单。

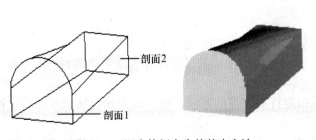

图 3-131 混合特征产生的基本方法　　　　图 3-132 混合选项菜单

③ 选取混合特征的产生方式、截面获取方式等。在这里选择"平行"|"规则截面"|"完成"命令。

④ 系统显示如图 3-133 所示的"属性"菜单和如图 3-134 所示的"伸出项"对话框，选择"光滑"|"完成"命令，即以光滑方式产生特征。

图 3-133　"属性"菜单

图 3-134　"伸出项"对话框

⑤ 进入草绘模式，选取 TOP 视图为放置平面，采用正向设置方向和默认方式。

⑥ 在草绘模式下绘制特征的截面草图和参照。

⑦ 通过"草绘"菜单中"特征工具"下的"切换剖面"选项进行不同截面间的切换。

⑧ 指定薄板特征产生的方向和厚度。

⑨ 指定两个剖面之间的距离。

⑩ 确认对特征所作的定义，如图 3-135 所示。

⑪ 在"伸出项"对话框中单击"确定"按钮，完成对特征的构造。

图 3-135　生成方式

**4. 筋**

筋主要是用作加强两个实体间的连接，它必须附在其他特征之上，并且特征截面必须是开放的。图 3-136 是生成的加强筋特征。

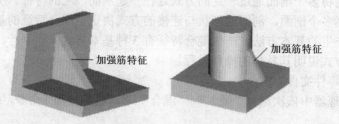

图 3-136　加强筋特征

具体的生成过程如下。

① 在欲生成加强筋特征的地方生成一个基准面。

② 依次选择"插入"|"筋"命令，选取生成的基准面作为截面草图的绘图平面，并选取绘图平面的定位参考面。

③ 绘制截面草图，成功后再指定特征产生的方向，随后输入加强筋的厚度，这样就可生成加强筋特征。

完成后，系统将以绘图平面为中心，在绘图平面的左右两侧方向对称地进行拉伸，因此特征呈左右对称形式。

## 5. 壳

对于箱体或薄壳类零件，当需要产生一个外壳时，使用壳特征操作比较方便。壳特征就是通过删除实体内部的材料，使特征形成中空形状，并根据输入的厚度而保留特征的外部材料，因此壳特征操作也是切剪材料的操作。

如图 3-137 所示，选取上表面作为删除曲面，中间部分是通过壳特征操作而形成的。

在产生壳特征时，首先必须选取删除曲面，如图 3-137 中的上表面。删除的表面可以是一个，也可以是多个，系统将以选取的表面开始删除。只要与选取表面有结合的特征，都将呈薄壳形状。其次是输入壳体的厚度。接着定义有特殊厚度要求的表面。最后确认对特征所作的定义即可产生壳体特征。

图 3-137　抽壳特征

## 6. 倒角

熟悉工艺加工的用户对倒角并不陌生，因为在零件设计中倒角的应用也比较广泛。倒角可以改善零件的造型，有时还是工艺上的要求，如图 3-138 所示。

倒角特征分为两类：一类是针对于边进行倒角，如图 3-138（a）所示；一类是针对于顶角进行倒角，如图 3-138（b）所示。

在菜单管理器中依次选择"插入"｜"倒角"命令之后，系统将弹出倒角级联菜单，其中有"边倒角"和"拐角倒角"两个命令。不论是对什么对象进行倒角，倒角都是属于切剪材料的特征操作。最后设置倒角的标注形式，输入倒角尺寸，在操控板中单击"确定"按钮，确定特征定义。

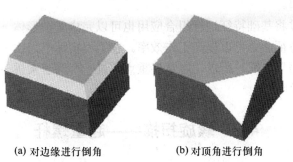

(a) 对边缘进行倒角　　　　(b) 对顶角进行倒角

图 3-138　倒角在零件设计中的应用

# 第4章

# 高级特征操作

## 4.1 概　述

在第 3 章基本特征中，已经学习了拉伸、旋转、扫描、混合、孔、壳、倒圆角等命令，然而如果用户需要建立更为复杂的零件模型时，仅仅使用以上特征还远远不够，Pro/ENGINEER 为此提供了零件模型的高级特征。

在主菜单栏的"插入"菜单中存在着"扫描混合"、"螺旋扫描"、"可变剖面扫描"等命令，如图 4-1 所示，通过这些高级特征命令，可以建立比较复杂的实体模型。

实际上，用户通过将基础特征进行组合应用也可以完成复杂形体操作，但是使用高级特征命令可以提高工作效率。在工程实际中，比较常用的是"螺旋扫描"特征，所以，本章将重点通过一个例子来讲解，其他特征则补充说明。

图 4-1　选择"高级"特征

## 4.2　螺旋扫描——起重螺杆

图 4-2 所示的是一个千斤顶机构中的起重螺杆零件。

图 4-2 中给出了各个特征的名称，下面将就这些名称进行讲解。

### 4.2.1　模型结构分析

当拿到这个零件样本时，首先去掉编辑修饰部分，即圆角、倒角及拔模斜面等，然后查看零件的对称性及工程图上的截面图。在图 4-2 中已经标示出该零件的主要特征，即旋转拉伸特征、盲孔特征、通孔特征、螺旋扫描特征及倒角特征。去除倒角特征，该零件的基础特征是可以运用"旋转"得到的，而其余特征都是在其基础上生成的。

零件的设计过程简单介绍如下。

### 1．建立起重螺杆基础特征

如图 4-3 所示，通过绘制草图然后旋转的方式生成。

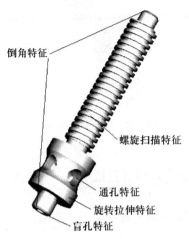

倒角特征

螺旋扫描特征

通孔特征
旋转拉伸特征
盲孔特征

图 4-2  起重螺杆零件

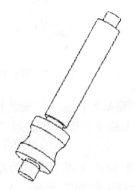

图 4-3  起重螺杆基础特征

### 2．在基础特征的基础上生成通孔

① 如图 4-4 所示，利用"孔"特征生成孔。

② 复制生成其他通孔特征，如图 4-5 所示。

### 3．在基础特征上生成倒角特征

如图 4-6 所示，利用"倒角"命令生成倒角特征。

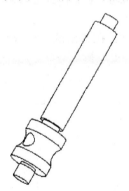

图 4-4  通孔特征

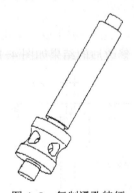

图 4-5  复制通孔特征

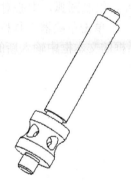

图 4-6  倒角特征

### 4．在基础特征上生成盲孔特征

如图 4-7 所示，利用"孔"特征生成盲孔。

### 5．生成螺纹

最后利用螺旋扫描特征，生成螺纹，如图 4-8 所示。

## 4.2.2  具体操作步骤

### 1．建立起重螺杆基础特征

（1）新建零件文件 qizhongluogan.prt

该操作在前面章节中已讲过，不再赘述。

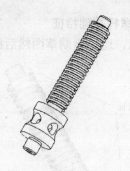

图 4-7　盲孔特征　　　　　　　　　　图 4-8　螺旋扫描特征

（2）创建基础特征（即旋转特征）

① 从主菜单栏中依次选择"插入"|"旋转"命令，或者直接单击主工作区右侧工具条中的"旋转"按钮 ，系统将显示"旋转"操控板。

② 选取 TOP 基准平面作为草绘平面，TOP 基准平面上将出现一个箭头，如图 4-9 所示，该箭头指示特征创建的方向。

③ 进入草绘模式后，为草绘选取水平或垂直的参照线。

④ 进行草图设计。单击草绘器工具栏中的"创建中心线"按钮，在绘图区中绘制两条水平中心线和一条垂直中心线，其中各有一条中心线对齐基准中心。它们作为旋转中心线和辅助线为后续作图做准备。

⑤ 单击草绘器工具栏中的"创建直线"按钮，绘制直线。

⑥ 单击草绘器工具栏中的创建圆弧按钮中的"通过选取圆弧中心和端点来创建圆弧"按钮，绘制圆弧，中心对齐中心线。

⑦ 单击草绘器工具栏中的"修改尺寸"按钮，单击相应的尺寸，在弹出的"修改尺寸"对话框的文本框中输入新的尺寸值，修改后的结果如图 4-10 所示。

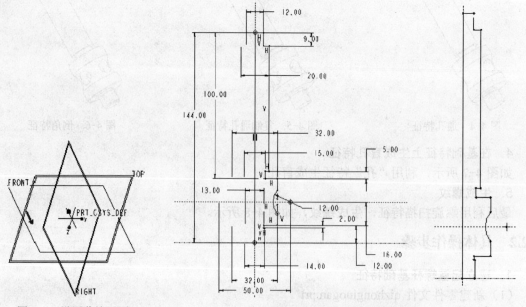

图 4-9　设置草绘平面　　　　　　　　　图 4-10　修改尺寸后的结果

⑧ 单击草绘器工具栏中的"确定"按钮✔，完成草图设计。

⑨ 在"旋转"操控板上单击"变量"按钮 ⫧，并在其右边的文本编辑框中输入特征的旋转角度 360°，如图 4-11 所示。

⑩ 最后单击"旋转"操控板上的"确定"按钮✔创建旋转特征，即起重螺杆的基础特征。

⑪ 单击"视图"工具栏中的"保存的视图列表"按钮 ⯊，并选择"标准方向"选项，查看生成的旋转特征，其结果如图 4-12 所示。

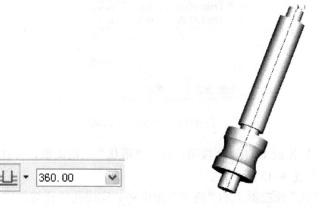

图 4-11　输入旋转角度　　　图 4-12　旋转特征生成后的情况

至此螺杆基础特征的建模完成。

### 2. 生成通孔

在模型中可以看到，在螺杆的下端是两个通孔，其具体参数相同，只是方位不同而已，所以，可以首先生成一个孔，然后通过特征复制方式生成第二个通孔。

具体的操作步骤在上一章中详细讲过，下面只列出各步骤。

（1）生成第一个通孔

① 从主菜单栏中依次选择"插入" | "孔"命令，或者直接单击工具栏中的"孔"按钮 ⯊，系统将显示"孔"操控板。

② 在"孔"操控板中单击"直孔"按钮 ⫧，并在"直径"文本框中输入直径为 11，"深度一"下拉列表中单击"穿透"按钮 ⧧，如图 4-13 所示。

图 4-13　设置孔的直径与深度

③ 单击"孔"操控板上的 放置 按钮，打开"放置"上滑面板，如图 4-14 所示。同时信息区提示"选取曲面、轴或点来放置孔"，即要求选取孔的主参照，此时即可选择 TOP 基准平面作为孔的主参照，并在"类型"列表中选择"线性"选项。

④ 然后在"偏移参照"组框中单击"选取 2 个项目"处，此时信息区提示"最多选取 2 个参照，例如平面、曲面、边或轴，以定义孔偏距"，即系统要求选取孔的位置参照，首先选取 FRONT 基准平面作为第一个参照，在"距离"文本框中输入尺寸为 28 并按 Enter 键；接着按

住 Ctrl 键并选取 RIGHT 基准平面第二个参照，在"距离"文本框中输入尺寸为 0 并按 Enter 键。各个选项结果如图 4-14 所示。

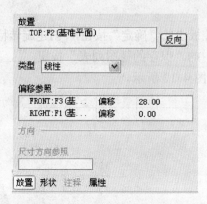

图 4-14　"放置"上滑面板

⑤ 单击"孔"操控板上的 形状 按钮，打开"形状"上滑面板，并在"侧 2"下拉列表中选择"穿透"选项，如图 4-15 所示。

⑥ 最后单击"孔"操控板上的"确定"按钮 ✓，完成孔特征的创建，结果如图 4-16 所示。

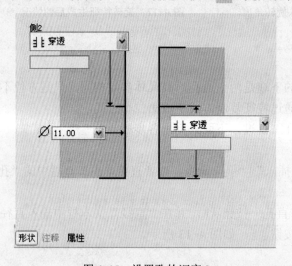

图 4-15　设置孔的深度 2

图 4-16　孔特征创建

（2）复制生成通孔特征

① 从主菜单栏中依次选择"编辑"|"特征操作"命令，此时菜单管理器弹出"特征"菜单，如图 4-17 所示。

② 依次选择"复制"|"移动"|"选取"|"独立"|"完成"命令，如图 4-18 所示，系统显示"选取特征"菜单，如图 4-19 所示。

③ 选取要进行复制操作的特征。可以从图形窗口中选取刚生成的通孔特征，或者从模型树中选取。

④ 选择"完成"命令，系统显示"移动特征"菜单，如图 4-20 所示。

图 4-17　"特征"菜单　　　　图 4-18　"复制特征"菜单　　　　图 4-19　"选取特征"菜单

⑤ 选择"旋转"命令，弹出"选取方向"菜单，如图 4-21 所示。

⑥ 选择"曲线/边/轴"命令，选取主工作区中旋转特征的旋转中心线 A_1，系统显示"方向"菜单，如图 4-22 所示，同时在主工作区中显示方向箭头的生成方向，如图 4-23 所示。

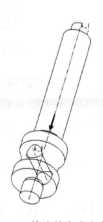

图 4-20　"移动特征"菜单　　图 4-21　"选取方向"菜单　　图 4-22　"方向"菜单　　图 4-23　箭头的生成方向

⑦ 选择"正向"命令，系统弹出"输入旋转角度"文本框，如图 4-24 所示。输入旋转角度 90°，确定后单击 ☑ 按钮。

图 4-24　"输入旋转角度"文本框

⑧ 选择"移动特征"菜单中的"完成移动"命令，系统弹出如图 4-25 所示的"组可变尺寸"菜单及"组元素"对话框，如图 4-26 所示。

⑨ "组可变尺寸"菜单中列出了孔特征的所有尺寸。当鼠标放置在任意尺寸上时，在主工作区中都会显示该尺寸。用户可以复选任意尺寸来决定哪一个尺寸需要进行复制操作。此处直接选择"完成"命令，复制所有尺寸。

⑩ 此时"组元素"对话框如图 4-27 所示，该对话框中的内容为复制尺寸的相关信息。最

后单击"组元素"对话框中的"确定"按钮，退出对话框，完成复制操作后的结果如图 4-28 所示。

图 4-25　"组可变尺寸"菜单　　　　图 4-26　"组元素"对话框

图 4-27　"组元素"对话框中的内容　　　　图 4-28　完成复制操作后的结果

### 3. 在基础特征上生成倒角特征

① 从主菜单栏中依次选择"插入"|"倒角"|"边倒角"命令，或者单击工具条中的"倒角"按钮，系统将显示"倒角"操控板，如图 4-29 所示。

② 在"布置类型"下拉列表中选择"45×D"选项，然后在其右侧的"D"文本编辑框中输入倒角的尺寸"1"。

③ 单击"倒角"操控板上的 集按钮，系统弹出"集"上滑面板，如图 4-30 所示，同时信息区提示"选取一条边或一个边链以创建倒角集"，即要求用户选出一条或多条边来倒角。

图 4-29　"倒角"操控板　　　　　　　图 4-30　"集"上滑面板

④ 选取如图 4-31 所示的边。

⑤ 最后单击"倒角"操控板上的"确定"按钮 ✔，完成倒角操作，结果如图 4-32 所示。

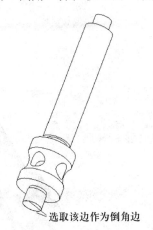

选取该边作为倒角边

图 4-31 选取倒角边

图 4-32 完成一个倒角特征结果

剩下的一个倒角的创建过程与刚才一样，只是 D 值为 1.5，结果如图 4-33 所示。

**4. 在基础特征上生成盲孔特征**

① 从主菜单栏中依次选择"插入"|"孔"命令，或者直接单击工具栏中的"孔"按钮 ⬚，系统将显示"孔"操控板。

② 在"孔"操控板中单击"直孔"按钮 ⊔，并在其右侧单击"草绘"按钮，此时"孔"操控板如图 4-34 所示。

图 4-33 完成倒角特征后的结果

图 4-34 "孔"操控板

③ 在"孔"操控板上单击"草绘"按钮 ▦，系统自动进入草绘模式。在草绘模式下，首先绘制中心线，然后绘制孔的半截面，修改尺寸后的草绘结果如图 4-35 所示。单击草绘器工具栏中的"确定"按钮 ✔，完成草图设计。

④ 单击"孔"操控板上的 放置 按钮，打开"放置"上滑面板，同时信息区提示"选取曲面、轴或点来放置孔"，即要求选取孔的主参照，此时即可选择 FRONT 基准平面作为孔的主参照，按住 Ctrl 键，将 A_1 轴作为孔的次参照，此时"类型"列表中自动选择"同轴"选项。完成后，"放置"上滑面板中的各个选项结果如图 4-36 所示。

⑤ 最后单击"孔"操控板上的"确定"按钮 ✔，完成草绘孔特征的创建，结果如图 4-37 所示。

**5. 生成螺纹**

螺纹的生成要使用螺旋扫描特征。具体操作步骤如下。

（1）进入"螺旋扫描"特征菜单

从主菜单栏中依次选择"插入"|"螺旋扫描"|"切口"命令，系统显示菜单管理器，并出

现"属性"菜单，如图4-38所示，同时弹出"切剪：螺旋扫描"对话框，如图4-39所示。

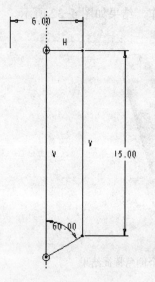

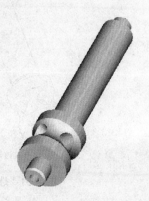

图4-35 草绘孔结果　　　图4-36 "孔"对话框各个选项结果　　　图4-37 草绘孔特征创建后的结果

（2）设置扫描特征

① 在"属性"菜单中依次选择"常数"|"穿过轴"|"右手定则"|"完成"命令。

② 信息区提示设置草绘平面，此时选取 TOP 基准平面作为草绘平面，菜单管理器将弹出"方向"菜单。

③ 系统提示"选取查看草绘平面的方向"，此时选择"方向"菜单中的"正向"命令即可，其箭头显示方向如图4-40所示。

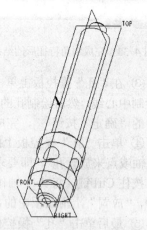

图4-38 "选取特征"菜单　　　图4-39 "切剪：螺旋扫描"对话框　　　图4-40 箭头的生成方向

④ 系统提示选取草绘视图，此时选择"草绘视图"菜单中的"缺省"命令即可。

（3）绘制螺纹草图

① 进行草图设计。在绘图区中绘制一条垂直中心线，使之对齐基准中心。它将作为螺旋中心线。

② 在主菜单栏中依次选择"草绘"|"边"|"使用"命令，或者直接单击草绘器工具栏中的"使用边"按钮 □，系统将显示"类型"对话框，如图 4-41 所示。

③ 单击绘图区中螺杆的一条边，单击"类型"对话框中的"关闭"按钮。这时在主工作区中显示出螺旋扫描的生成方向，但是它的方向与需要的方向相反。

④ 单击草绘器工具栏中的"动态裁剪截面图元"按钮 ✗，单击最初借用的那条边，裁剪掉多余的部分，箭头消失。

⑤ 单击草绘器工具栏中的"直线"按钮 ＼，绘制一条线段，其中一个端点与原借用线段的端点重合，另一个端点略长一些。箭头方向与最初方向相反。

⑥ 单击草绘器工具栏中的"修改尺寸"按钮 ➙，单击线段的长度尺寸，在弹出的"修改尺寸"对话框的文本框中输入新的尺寸值"90"。

修改尺寸后的结果如图 4-42 所示。

⑦ 单击草绘器工具栏中的"确定"按钮 ✓，完成草图设计。

（4）确定螺纹节距

在"输入节距值"文本框（如图 4-43 所示）中输入"4"，确定后单击 ✓ 按钮。

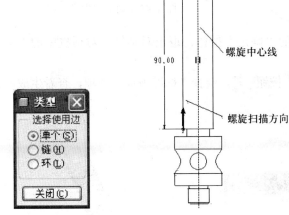
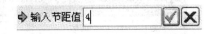

图 4-41 "类型"对话框　　图 4-42 修改尺寸后结果　　图 4-43 "输入节距值"文本框

（5）绘制螺纹截面

① 进入草绘模式，选取工作区中正交的两条线作为参照。

 **注意**

选择参照的两个参考一定要是在两个特征上，包括基准平面。

② 单击草绘器工具栏中的"直线"按钮 ＼，绘制闭合正方形。

③ 单击草绘器工具栏中的"修改尺寸"按钮 ➙，单击两条线段间距尺寸，在弹出的"修改尺寸"对话框的文本框中输入新尺寸值"2"，结果如图 4-44 所示。

④ 单击草绘器工具栏中的"确定"按钮 ✓，完成草图设计。

（6）实现切剪材料操作

① 此时信息区提示"箭头点指向要删除的区域。选取反向或确定",即要求用户选择切剪的生成方向,同时弹出"方向"菜单。此处用户选择"方向"菜单中的"正向"命令即可,其箭头显示如图 4-45 所示。

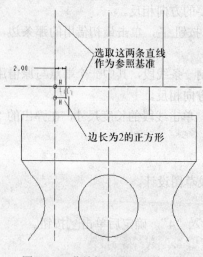

选取这两条直线作为参照基准

边长为2的正方形

图 4-44  草绘螺纹截面后的结果

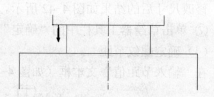

图 4-45  切剪的生成方向

② 单击"切剪:螺旋扫描"对话框中的"确定"按钮,退出对话框。对话框中的内容为切剪特征的相关信息,如图 4-46 所示。

③ 单击工具栏中的"保存的视图列表"按钮 ，选择"标准方向"选项,查看生成的螺旋扫描特征,其结果如图 4-47 所示。

至此千斤顶起重螺杆的建模完成。

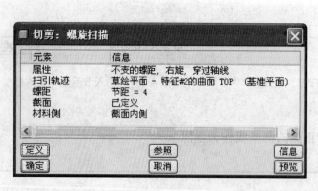

图 4-46  "切剪:螺旋扫描"对话框中的内容

图 4-47  螺旋扫描特征生成后的结果

## 4.3  弹 簧 设 计

弹簧是常见的一种弹性元件,在机械设计中经常遇到。由于其扫描曲线是空间曲线,所以在制作过程中比较复杂。

## 4.3.1  设计思路与方法

本节将绘制如图 4-48 所示的弹簧。从图中可以看出，它的两端带有弹簧钩，主体是一个螺旋特征，弹簧钩与主体曲线是相切关系。在制作这个模型的过程中，可以通过定义螺旋线来确定主体的扫描曲线，然后绘制弹簧钩并连接这几条曲线，随后通过扫描混合操作生成实体。

零件设计过程简单介绍如下。

① 建立螺旋扫描曲线，如图 4-49 所示，通过草绘基准曲线的方式生成。

② 生成弹簧钩曲线，如图 4-50 所示，通过草绘曲线的方式生成。

③ 建立弹簧钩与螺旋扫描曲线的连接线段，如图 4-51 所示，通过草绘基准曲线的方式生成。

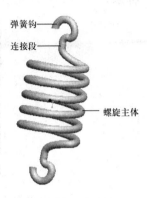

图 4-48  弹簧

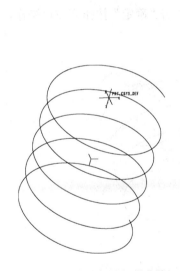 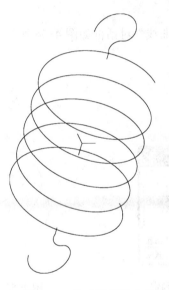 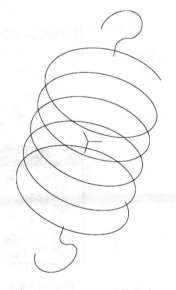

图 4-49  生成螺旋扫描曲线        图 4-50  生成弹簧钩曲线        图 4-51  生成连接曲线

④ 通过"继承"方式将其组合成一条完整的曲线。

⑤ 通过扫描混合的方式生成实体，结果如图 4-48 所示。

## 4.3.2  设计过程

### 1. 建立螺旋扫描曲线

① 在基准特征工具栏上单击"插入基准曲线"按钮～，系统弹出如图 4-52 所示的菜单管理器。

② 选择"从方程"|"完成"命令，系统要求选择方程参照的坐标系。在此选择系统默认坐标系。

③ 系统弹出如图 4-53 所示的菜单管理器，要求用户确定坐标系类型，这里采用笛卡儿坐

标系。

图 4-52　曲线选项

图 4-53　设置坐标类型

④ 系统弹出记事本窗口，输入如下所示方程代码并保存退出。

x = 4 * cos ( t *(5*360))

y = 4 * sin ( t *(5*360))

z = 10*t

⑤ 保存文件并确定，此时"曲线"对话框如图 4-54 所示，单击"确定"按钮完成该操作，结果如图 4-55 所示。

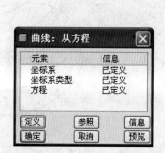

图 4-54　曲线选项确定

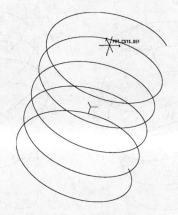

图 4-55　生成螺旋扫描曲线

### 2. 生成弹簧钩曲线

① 单击"草绘曲线"按钮，系统弹出"草绘"对话框。

② 选择 TOP 面作为草绘平面，单击"草绘"按钮，进入草绘环境，如图 4-56 所示。可以看到，在这个图形中，螺旋线是相对于 FRONT 面一侧生成的，而弹簧钩则是对称于该曲线的中间位置的，所以需要确定放置对称线的位置。

③ 依次选择"分析"|"测量"|"距离"命令，系统弹出如图 4-57 所示的对话框，选择螺旋线的两个端点，测量结果为 10。

④ 在距离 FRONT 面为 5 的位置绘制水平中心线。在螺旋线一侧绘制弹簧钩曲线，如图 4-58 所示。绘制的具体数值在此不再给出，读者可以自行确定，只要保证形状类似即可。单击"确定"按钮退出。结果如图 4-59 所示。

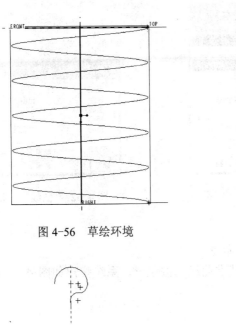

图 4-56 草绘环境

图 4-57 测量距离

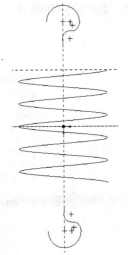

图 4-58 草绘弹簧钩

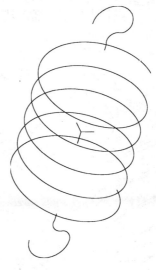

图 4-59 生成曲线

### 3. 建立弹簧钩与螺旋扫描曲线的连接线段

① 在基准特征工具栏上单击"插入基准曲线"按钮～，系统弹出如图 4-52 所示的菜单管理器。

② 选择"经过点"｜"完成"命令，系统弹出如图 4-60 所示的菜单管理器，要求选择连接点。在此选择弹簧钩与螺旋曲线相近端点。

③ 选择"完成"命令，然后在"曲线"对话框中选中"相切"复选框并单击"定义"按钮，系统弹出如图 4-61 所示的菜单管理器。选择弹簧钩曲线，令箭头指向螺旋线。单击"正向"按钮后选择螺旋曲线，令箭头指向螺旋线内侧。完成后选择"完成/返回"命令，此时"曲线"对话框如图 4-62 所示。

④ 单击"确定"按钮，完成连接，结果如图 4-63 所示。

重复上面的步骤，连接另一端的弹簧钩曲线。结果如图 4-64 所示。

图 4-60　连接类型

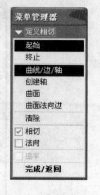

图 4-61　定义相切

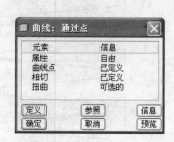

图 4-62　"曲线"对话框

⑤ 将各曲线合并。

a. 依次选择"应用程序"｜"继承"命令。

b. 在基准特征工具栏上单击"插入基准曲线"按钮～，系统弹出如图 4-65 所示的菜单管理器。

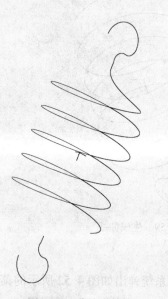

图 4-63　草绘弹簧钩

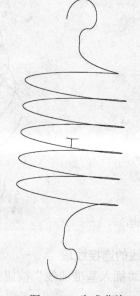

图 4-64　生成曲线

图 4-65　继承零件

c. 选择"复合"｜"完成"命令，系统弹出如图 4-66 所示的菜单。

d. 选择"精确"｜"完成"命令，系统弹出如图 4-67 所示的菜单。

e. 按住 Ctrl 键，选择各曲线，选择"完成"命令。

f. 此时"曲线"对话框如图 4-68 所示。单击"确定"按钮，完成组合。

**4. 通过扫描混合的方式生成实体**

① 选择主菜单"应用程序"｜"标准"命令，返回标准模式。

② 依次选择主菜单"插入"｜"扫描混合"命令，系统弹出如图 4-69 所示的操控板。

图 4-66　曲线类型

图 4-67　链

图 4-68　"曲线"对话框

图 4-69　"扫描混合"操控板

③ 单击"实体"按钮口，然后单击"参照"按钮，以定义扫描方向。单击所完成的曲线，其他均保持默认值。

④ 单击"剖面"按钮，如图 4-70 所示，开始绘制剖面。

a. 在"截面位置"列表上单击，然后在曲线上选择起点截面，这里选择一个端点。

b. 单击"草绘"按钮，进入草绘环境。绘制如图 4-71 所示的截面并确定。

c. 单击"插入"按钮，然后在曲线上选择结束截面，这里选择另一个端点。

d. 单击"草绘"按钮，进入草绘环境。绘制如图 4-72 所示的截面并确定。

图 4-70　定义剖面

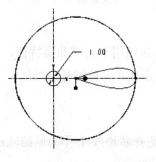

图 4-71　起始剖面

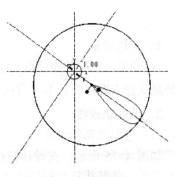

图 4-72　结束剖面

⑤ 单击操控板上"确定"按钮☑，结果如图 4-73 所示。

至此，弹簧制作完成。

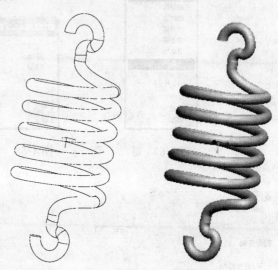

图 4-73 生成弹簧

## 4.4 可变剖面扫描

"可变剖面扫描"特征是通过一个可变化的剖面沿着轨迹线和轮廓线进行扫描操作而形成实体模型。与"扫描"比较，此剖面沿轨迹线和轮廓线扫描，剖面形状会随之作相应变化，并且剖面可以与轨迹线不垂直。

欲建立"可变剖面扫描"实体或曲面，应先建立一个新的零件并建立默认基准面，然后在主菜单中依次选择"插入"｜"可变剖面扫描"命令，或者单击绘图区右侧"基础特征"工具栏中的 按钮，此时系统将出现"可变剖面扫描"操控板，如图 4-74 所示。

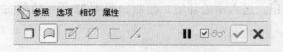

图 4-74 "可变剖面扫描"操控板

### 1. 属性设置

"可变剖面扫描"操控板上的 按钮用于建立曲面特征，该按钮在默认状态下被选中（即系统默认建立曲面特征）； 按钮用于建立实体特征。

### 2. 选取轨迹线

（1）选取原始轨迹线

如图 4-75 所示，在设计窗口中选择轨迹线 1 作为原始轨迹线，此时轨迹线 1 的一端出现一个箭头，该箭头指示扫描轨迹的方向。

（2）选取链

接着按住 Ctrl 键，并如图 4-76 所示依次选择轨迹线 2、轨迹线 3、轨迹线 4 以及轨迹线 5 作为扫描的链。

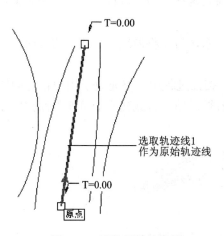

图 4-75　选取原始轨迹线

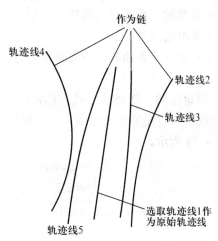

图 4-76　选取链

（3）剖面控制

单击特征操作面板上的"参照"按钮，此时系统将弹出如图 4-77 所示的"参照"上滑面板。

图 4-77　"参照"上滑面板

在图 4-77 所示的"参照"上滑面板中，"轨迹"组框显示用户刚才选取的轨迹线，如原点（原始轨迹线）、链 1、链 2、链 3、链 4 等，其右侧的 X、N 复选框分别用于设置 X 轨迹线与原始轨迹线。如图 4-77 所示，"原点"右侧的 N 复选框被选中，则表示该可变剖面扫描特征的扫描剖面是垂直于原始轨迹线。当用户选中 X 复选框，则将该轨迹线设置为 X 轨迹线，此时系统将认为选中的轨迹线是草绘剖面的 X 轴方向，这样便指定了剖面 X 轴的扫描轨迹。

"剖面控制"下拉列表中有 3 个选项，分别为"垂直于轨迹"、"垂直于投影"、"恒定法向"，其功能如下。

① 垂直于轨迹。选择该方式，则特征剖面在整个扫描过程中始终垂直于用户指定的原始轨迹。

② 垂直于投影。选择该方式后，用户需要指定方向参照。当用户选取一个基准面或平面作为方向参照时，系统自动将其法向指定为投影方向。这样在扫描过程中，特征剖面垂直于用户选取的基准面或平面。

当用户选取一条曲线、边或轴作为方向参照时，系统自动将曲线、边或轴的方向指定为投影方向。

③ 恒定法向。选择该方式，则特征剖面在整个扫描过程中始终垂直于用户指定的轨迹线（该轨迹线不一定是原始轨迹线，可以是用户选取的链）。用该方式建立的可变剖面扫描实体特征如图 4-78 所示。

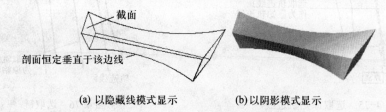

(a) 以隐藏线模式显示          (b) 以阴影模式显示

图 4-78    以"恒定法向"方式建立可变剖面扫描实体特征

（4）水平 / 垂直控制

"水平 / 垂直控制"下拉列表中有两个选项，分别为"X 轨迹"与"自动"。系统默认选项为"自动"选项，表示特征剖面的 X 与 Y 轴方向是由系统自动确定的；当用户指定了 X 轨迹线后，该项变为"X 轨迹"选项，表示特征剖面的 X 轴方向是由用户指定的 X 轨迹线确定的。

（5）起点的 X 方向参照

"起点的 X 方向参照"选项用于设置原始轨迹线起始点的 X 轴方向的参照。

（6）绘制剖面

完成以上轨迹线的设置后，单击"可变剖面扫描"操控板上的"剖面"按钮，系统将自动进入剖面的草绘平面，此时剖面原点位于原始轨迹线的起始点，并且在该原点处出现水平中心线与竖直中心线，其中水平中心线通过 X 轨迹线的端点。如图 4-79 所示绘制特征的剖面（图 4-80 为剖面与轨迹线的关系），完成后单击 ✔ 按钮即可返回操控板。

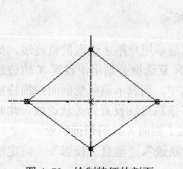

图 4-79    绘制特征的剖面

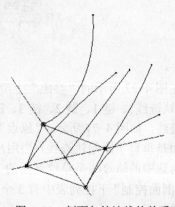

图 4-80    剖面与轨迹线的关系

最后单击操控板上的 ☑ ∞ 按钮可以进行预览，单击 ✔ 按钮即可建立可变剖面扫描特征，如图 4-81 所示。

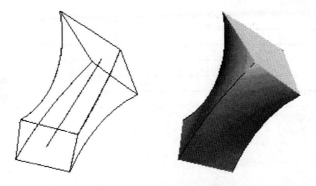

图 4-81　建立的可变剖面扫描特征

# 第**5**章

# 关系式

## 5.1 概　　述

Pro/ENGINEER Wildfire 提供了关系式的功能，用户可以利用尺寸符号或参数符号将关系式表达出来。在 Pro/ENGINEER Wildfire 中，除了可以利用参数控制尺寸外，还可以进一步通过编辑关系式来控制零件和装配件的设计。因此，关系式是进行零件和装配件设计的一个重要工具。

通过使用关系式，可以控制零件模型中尺寸之间存在的依赖关系或装配过程中各部件之间的链接关系等，从而可以方便地设计出一系列不同的产品。当完成零件或装配件关系式的编辑后，对零件设计来说，如果改变其中某一尺寸，则与该尺寸存在关系式的其他尺寸将作相应的变化；对装配件设计来说，如果改变其中的零件，则与其对应的零件将发生相应的变化，同时装配体自动更新。关系式可以用来提供某一尺寸值，或者是当加工的条件违反了关系的限制时，用户将得到系统的警示。

本章将通过具体的应用实例来介绍关系式的使用方法，目的是让用户在短时间内掌握如何使用关系式这一重要工具，以便于以后更好、更快地去创建零件或装配件。

### 5.1.1 关系式类型及参数符号

#### 1. 关系式类型

在 Pro/ENGINEER Wildfire 中，常用的关系式类型有以下两种。

（1）相等类型

相等类型的关系式常用于尺寸或参数的赋值。例如：

d1 = 4.75

d5 = d2*(SQRT(d7/3.0+d4)

（2）比较类型

比较类型的关系式常用于条件限制或逻辑判断，比较操作符号两边的大小，由该类型关系式判断得到 TRUE 或 FALSE 值。例如：

条件限制：　(d1+d2)>(d3+d5)

逻辑判断：　IF (d1+2.5)>=d7

若返回值为 FALSE，则用户将得到警示。

> 返回比较型关系式的结果时，0 代表 FALSE，1 代表 TRUE。

### 2. 参数符号

在关系式中将出现各种各样的参数符号，其代表意义如下所示。

（1）尺寸符号

① d#：零件模式下的零件尺寸。

② d#：：#：装配模式下的零件尺寸。

③ rd#：参考尺寸。

④ sd#：草绘尺寸。

例如，图 5-1 中的符号 d1、d2、d3、$\phi$d0、$\phi$d4 以及 $\phi$d5 为零件模式下的零件尺寸。

（2）公差符号

① tpm#：正负对称式公差的符号。

② tp#：正公差符号。

③ tm#：负公差符号。

例如，图 5-2 中的符号 $\phi$d80tpm80 中的 tpm 为正负对称式公差符号，符号 d79$^{tp79}_{tm79}$ 中的 tp 为正公差符号，tm 为负公差符号。

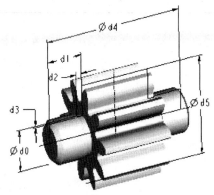

图 5-1　零件模式下的零件尺寸符号

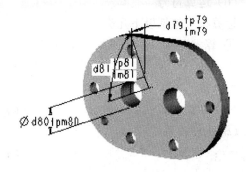

图 5-2　公差符号

（3）阵列数符号

p#：阵列特征中某方向的阵列数。

例如，图 5-3 中的符号 p45 为阵列特征中圆周方向的阵列数。切换尺寸符号后如图 5-4 所示，可见阵列数符号 p45 代表阵列数 9。

（4）自定义参数符号

由用户自己定义的参数，例如 Length、Height、Width 等。

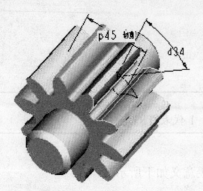

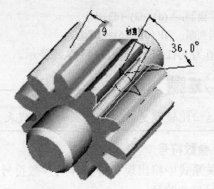

图 5-3　阵列数符号　　　　　　　　　　图 5-4　切换尺寸符号后的阵列数

**注意**

自定义参数符号必须以字母开头，不能出现非字母或非数字型的字符，同时不能用系统保留的参数名。

（5）注释符号

/*：说明关系式的内容与意义等。例如：

/*　d0 is length,d1 is width

**注意**

注释符号必须置于注释内容之前。

（6）运算符号

运算符号包括以下几类。

① 算术运算符。

$+$：加　　　　　　　　　　　　　$-$：减

$*$：乘　　　　　　　　　　　　　$/$：除

$\wedge$：幂　　　　　　　　　　　　　()：括号

② 比较关系符号。

$==$：等于　　　　　　　　　　　$>$：大于

$<$：小于　　　　　　　　　　　$>=$：大于等于

$<=$：小于等于　　　　　　　　　$!=$，$<>$，$\sim=$：不等于

③ 逻辑运算符号。

$\&$：与(and)　　　　　　　　　　$|$：或(or)

$\sim$，$!$：非(not)

例如：

(d1+d2)>(d3+d5)& (d1+2.5)>=d7

当条件(d1+d2)>(d3+d5)与(d1+2.5)>=d7 均成立时，该关系式将返回一个 TRUE 值。

（7）数学函数符号

| | |
|---|---|
| sin()：正弦函数 | cos()：余弦函数 |
| tan()：正切函数 | asin()：反正弦函数 |
| acos()：反余弦函数 | atan()：反正切函数 |
| sinh()：双曲正弦函数 | cosh()：双曲余弦函数 |
| tanh()：双曲正切函数 | sqrt()：平方根函数 |
| log()：以 10 为底的对数函数 | ln()：自然对数函数 |
| exp()：e 的指数函数 | abs()：绝对值函数 |

ceil()：大于输入实数的最小整数

floor()：小于输入实数的最大整数

例如：

ceil(2.1)=3　　　　　　　　　　　　　floor(-2.1)= -3

三角函数的单位为度（°）。

（8）赋值符号

＝：将该符号右边的表达式赋值给左边的参数。

例如：

d5 = d2*(SQRT(d7/3.0+d4)

符号左边只能存在一个参数。

（9）系统常量符号

| | |
|---|---|
| PI：圆周率，PI=3.14159 | G：重力加速度，G=9.8 m/s$^2$ |
| C1：默认常数，C1=1.0 | C2：默认常数，C2=2.0 |
| C3：默认常数，C3=3.0 | C4：默认常数，C4=4.0 |

圆周率 PI 及重力加速度 G 的值不能修改，而默认常数 C1 、C2、C3 及 C4 的值可以修改。

## 5.1.2　添加关系式的过程

利用关系式对零件或装配件进行设计时，用户需要添加相应的关系式。要添加关系式，用户必须进入关系式的编辑操作环境。

如图 5-5 所示，在主菜单栏中依次选择"工具"｜"关系"命令，此时系统弹出"关系"窗口，如图 5-6 所示。在该窗口中可以进行关系式的各项操作，如输入、编辑、校验、排序关系式等。

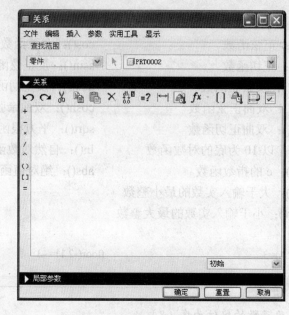

图 5-5　命令选取流程　　　　　　　　图 5-6　"关系"窗口

在图 5-6 的"关系"窗口中,"关系"栏的文本编辑框用于输入关系式。在输入关系式之前,用户首先需要了解零件特征的各个参数(直接双击零件的特征即可查看该特征的各个参数),然后根据设计要求确定各个参数之间的关系,完成后即可在文本编辑框中输入该关系式。

例如,图 5-7 所示的"关系"对话框中输入了关系式"d23=360/p24"。

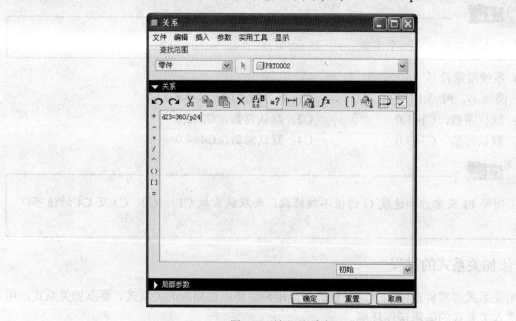

图 5-7　输入关系式

下面对"关系"对话框中的各个按钮做简要的讲解。

① ↶（撤销）按钮：用于撤销最后一步操作。

② ↷（恢复）按钮：用于恢复最后一步的撤销操作。

③ ✂（剪切）按钮：用于剪切选中的内容。

④ 📋（复制）按钮：用于复制选中的内容。

⑤ 📋（粘贴）按钮：用于将剪切或复制的内容粘贴到指定的位置。

⑥ ✕（删除）按钮：用于删除选中的内容。

⑦ 📏（尺寸切换）按钮：用于切换尺寸的显示模式。

⑧ =?（计算）按钮：用于查看表达式或尺寸参数的数值。单击该按钮，系统将弹出"评估表达式"对话框，如图 5-8 所示，在"表达式"文本编辑框中输入相应的表达式或尺寸参数，然后单击"评估"按钮，系统将在"结果"列框中显示其结果数值。

⑨ ↦（从主窗口选取尺寸参数）按钮：用于从主窗口中选取相应的尺寸参数。

⑩ 🔒（将关系设置为对参数和尺寸的单位敏感）按钮：将关系与单位直接挂钩，不需要转换计算。

⑪ *fx*（插入函数）按钮：用于插入系统提供的函数。单击该按钮，系统将弹出"插入函数"对话框，如图 5-9 所示，从中选择相应的函数即可。

图 5-8　"评估表达式"对话框

图 5-9　"插入函数"对话框

⑫ [ ]（从列表中插入参数名称）按钮：用于从零件已有参数列表中选取相应的尺寸参数，将打开如图 5-10 所示的对话框，进行选择即可。

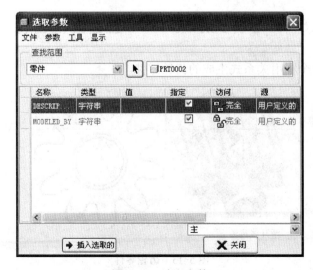

图 5-10　选取参数

⑬ （从可用值列表中选取单位）按钮：将可以直接选择系统可以提供的单位，系统将弹出如图 5-11 所示的对话框，进行选择即可。

⑭ ▤（排序）按钮：用于排序关系式。如果排序成功，系统将弹出提示排序成功的对话框。

⑮ ☑（校验）按钮：用于校验用户输入的关系式。如果校验成功，即输入的关系式不存在任何语法错误，系统将弹出如图 5-12 所示的"校验关系"对话框。

图 5-11　选取单位　　　　　　　图 5-12　"校验关系"对话框

### 5.1.3　关系式的顺序及修改

输入关系式的顺序是很重要的，因为 Pro/ENGINEER 会按照连续顺序来计算关系。系统计算关系之后，会检查所有的关系，查看其是否仍然有效。如果无效，系统会发出警告，所以在创建模型时，要注意关系输入的顺序。

在设计循环过程中，模型的设计意图常常会发生变化。这可能会使已经写好的关系变得不正确，Pro/ENGINEER 会自动提示用户，更正那些由于删除了有关联参数特征而可能导致不正确的关系。系统允许自动删除关系或将关系注释出来。

## 5.2　零件关系式 1——直齿圆柱齿轮

图 5-13 所示为一个利用关系式生成的齿轮零件。

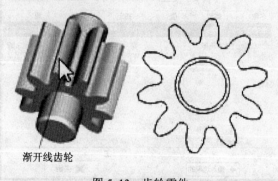

渐开线齿轮

图 5-13　齿轮零件

### 5.2.1　模型结构分析

　　该零件是齿轮油泵上的一个零件，去除倒角特征、倒圆角特征外，剩下的结构特征由两部分组成：一部分是齿轮的轮坯部分；另一部分是渐开线轮齿部分。第一部分对于我们来说已经很容易来创建了，关键在于第二部分。由于齿轮的齿形轮廓线是渐开线，而渐开线由它自己的数学方程式决定，因此，创建的时候就要遵循严格的数学方程式，所以就要采用关系式来实现。

　　零件的设计过程简单介绍如下。

**1．建立齿轮基础特征**

采用旋转特征操作，结果如图 5-14 所示。

**2．在基础特征的基础上生成倒角特征**

利用倒角特征操作对基础特征进行倒角，结果如图 5-15 所示。

**3．生成渐开线齿廓**

① 利用草图关系式生成渐开线，结果如图 5-16 所示。

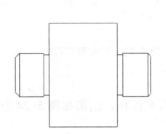
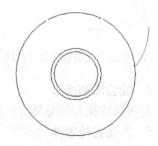

图 5-14　齿轮基础特征　　　　　图 5-15　倒角特征　　　　　图 5-16　创建一条渐开线

② 生成齿轮的齿根圆及基圆，如图 5-17 所示。

③ 镜像第一条渐开线，如图 5-18 所示。

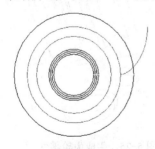
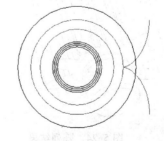

图 5-17　齿根圆及基圆特征　　　　　　图 5-18　镜像第一条渐开线

④ 移动复制渐开线，如图 5-19 所示。

⑤ 再次移动复制渐开线，如图 5-20 所示。

⑥ 生成齿轮被剪切部分曲线，如图 5-21 所示。

⑦ 根据剪切部分曲线生成切剪特征，如图 5-22 所示。

⑧ 进行倒圆角处理，如图 5-23 所示。

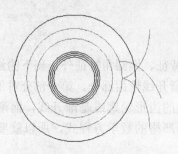
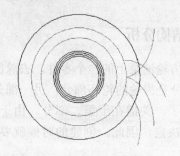

图 5-19　移动复制渐开线　　　　　图 5-20　再次移动复制渐开线

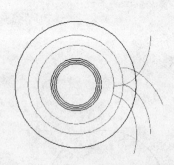
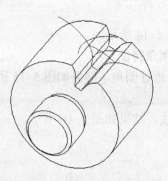
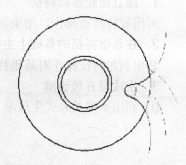

图 5-21　生成齿轮被剪切部分曲线　　图 5-22　生成剪切特征　　图 5-23　生成倒圆角特征

#### 4．轮齿阵列操作

对剪切特征和倒圆角特征进行阵列操作，结果如图 5-24 所示。

#### 5．生成齿轮零件

把辅助曲线隐藏起来，最终生成齿轮零件，如图 5-25 所示。

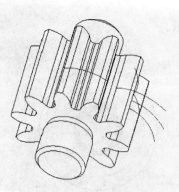
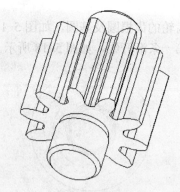

图 5-24　阵列结果　　　　　图 5-25　生成齿轮零件

### 5.2.2　齿轮零件建模的具体操作步骤

#### 1．建立齿轮基础特征

（1）新建零件文件 chilun.prt

（2）创建基础特征（即旋转特征）

单击"新建"对话框的"确定"按钮后，系统进入零件设计模式，同时自动生成默认的基准平面。此时用户即可开始创建基础特征（即旋转特征），具体的操作如下。

① 从主菜单栏中依次选择"插入"|"旋转"命令，或者直接单击绘图区右侧"基础特征"工具栏中的"旋转"按钮 ，系统将显示"旋转"操控板。

② 选取 TOP 基准平面作为草绘平面。进入草绘模式，选取绘图参照。

③ 进行草图设计。绘制一条垂直中心线，使之对齐基准中心。它将作为旋转中心线。

④ 绘制直线并进行尺寸修改，结果如图 5-26 所示。

⑤ 单击草绘器工具栏中的"确定"按钮 ，完成草图设计。返回"旋转"操控板。

⑥ 在"旋转"操控板中单击"变量"按钮 ，并在其右侧的文本编辑框中将"角度"设置为 360°。

⑦ 最后单击"旋转"操控板中的"确定"按钮 ，即可创建基础特征（即旋转特征）。

（3）查看生成的旋转特征

单击工具栏中的"保存的视图列表"按钮 ，并选择"标准方向"选项，查看生成的旋转特征，其结果如图 5-27 所示。

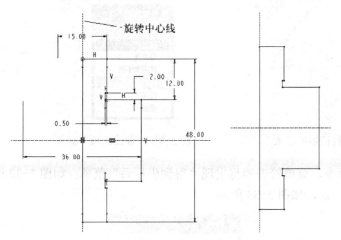

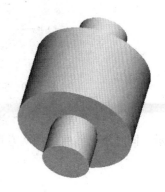

图 5-26　画完直线并修改尺寸后的结果　　　　图 5-27　旋转特征生成后的情况

至此齿轮基础特征的建模完成。

**2．在基础特征的基础上生成倒角特征**

① 从主菜单栏中依次选择"插入"|"倒角"|"边倒角"命令，或者单击工具栏中的"倒角"按钮 ，系统将显示"倒角"操控板。

② 在"布置类型"下拉列表中选择"45×D"选项，然后在其右侧的"D"文本编辑框中输入倒角的尺寸"1.5"，并按 Enter 键。

③ 单击"倒角"操控板上的 集按钮，系统弹出"集"上滑面板，系统要求用户选出一条或多条边来倒角。

④ 选取如图 5-28 所示的边。

⑤ 最后单击"倒角"操控板上的"确定"按钮 ，完成倒角操作，结果如图 5-29 所示。

⑥ 剩下的一个倒角的创建过程与刚才一样，只是 D 值为 1，结果如图 5-30 所示。

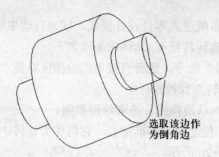

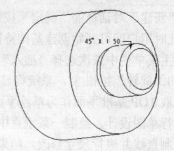

图 5-28　选取倒角边　　　　　　　　图 5-29　完成一个倒角特征

### 3. 生成渐开线齿廓

（1）生成渐开线

① 单击"基准"工具栏中的"基准曲线"按钮 ∼ ，或是依次选择"插入"|"模型基准"|"曲线"命令，系统将弹出菜单管理器，同时出现"曲线选项"菜单，如图 5-31 所示。

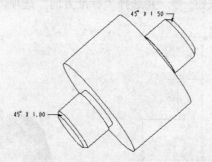

图 5-30　完成倒角特征后的结果　　　　　图 5-31　"曲线选项"菜单

② 选择"从方程"|"完成"命令，菜单管理器将出现"得到坐标系"菜单，如图 5-32 所示，同时弹出"曲线：从方程"对话框，如图 5-33 所示。

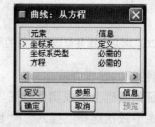

图 5-32　"得到坐标系"菜单　　　　　图 5-33　"曲线：从方程"对话框

③ 选取主工作区中的坐标系 PRT_CSYS_DEF，菜单管理器弹出"设置坐标类型"菜单，如图 5-34 所示。

④ 选择坐标系类型为"笛卡儿"选项，它有 X、Y、Z 3 种形式。系统弹出命名为 rel.ptd 的记事本文本，如图 5-35 所示，要求用户进行编辑。现在开始关系式的创建和编辑。

在文本的开始部分，系统自动用注释语句给出一个关系式的例子。现在该文本中输入以下关系式：

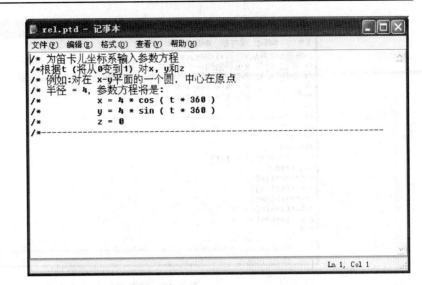

图 5-34 "设置坐标类型"菜单　　　　　图 5-35 名为 rel.ptd 的记事本文本

```
ms=3
zs=10
alfa=20
r=(ms*zs*cos(alfa))/2
ang=t*90
s=(PI*r*t)/2
xc=r*cos(ang)
yc=r*sin(ang)
x=xc+(s*sin(ang))
y=yc-(s*cos(ang))
z=0
```

下面对语句逐一进行解释。

a. ms=3——这是齿轮的模数，ms 是用户自定义的变量。

b. zs=10——这是齿轮的齿数。

c. alfa=20——这是齿轮的压力角角度。

d. r=(ms*zs*cos(alfa))/2——这是齿轮的基圆半径。

e. ang=t*90——这是渐开线展开的角度，这里 t 是 0 到 1 之间的数，也就是说 ang 是 1/4 圆。

f. s=(PI*r*t)/2——这是 1/4 圆周的周长。

g. xc=r*cos(ang)——这是半径上一点在 x 轴上的投影。

h. yc=r*sin(ang)——这是半径上一点在 y 轴上的投影。

i. x=xc+(s*sin(ang))——这是渐开线上一点在 x 轴上的投影。

j. y=yc-(s*cos(ang))——这是渐开线上一点在 y 轴上的投影。

k. z=0——z 方向上的位移为 0。

编辑后的关系式如图 5-36 所示。

```
📄 rel.ptd – 记事本
文件(F)  编辑(E)  格式(O)  查看(V)  帮助(H)
/*根据t (将从0变到1) 对x, y和z
/* 例如:对在 x-y平面的一个圆, 中心在原点
/* 半径 = 4, 参数方程将是:
/*             x = 4 * cos ( t * 360 )
/*             y = 4 * sin ( t * 360 )
/*             z = 0
/*----------------------------------------------------------------
ms=3
zs=10
alfa=20
r=(ms*zs*cos(alfa))/2
ang=t*90
s=(PI*r*t)/2
xc=r*cos(ang)
yc=r*sin(ang)
x=xc+(s*sin(ang))
y=yc-(s*cos(ang))
z=0
                                                    Ln 20, Col 1
```

图 5-36    编辑后的关系式

选择记事本文本"文件"菜单中的"保存"命令,保存所作的修改。最后选择"文件"菜单中的"退出"命令完成对关系式的创建。

⑤ 单击"曲线:从方程"对话框中的"确定"按钮,退出该对话框。这时"曲线:从方程"对话框中的内容为曲线的相关信息,如图 5-37 所示。完成插入曲线操作后的结果如图 5-38 所示。

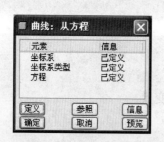

图 5-37    "曲线:从方程"对话框

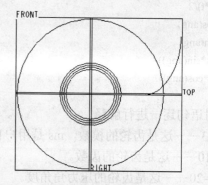

图 5-38    生成渐开线

（2）生成齿轮的齿根圆及基圆

① 单击"基准"工具栏中的"草绘基准曲线"按钮，或是依次选择"插入"|"模型基准"|"草绘曲线"命令,系统将弹出"草绘"对话框,同时信息区提示"选取一个平面或曲面以定义草绘平面",此时用户即可选取 FRONT 基准平面作为草绘平面。

② 直接单击"草绘"对话框中的"草绘"按钮,系统将进入草绘模式。

③ 单击草绘器工具栏中的"创建圆"按钮〇,单击并在绘图区中分别绘制两个圆,同时使之圆心都对齐基准中心。然后对尺寸进行修改,其中大圆（即基圆）的直径为 28.191,小圆（即齿根圆）的直径为 22.5,结果如图 5-39 所示。

④ 单击草绘器工具栏中的"确定"按钮✔,完成草图设计。

⑤ 完成草绘曲线操作后的结果如图 5-40 所示。

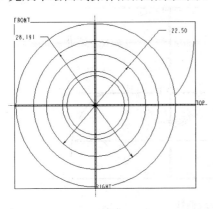

图 5-39    修改结果

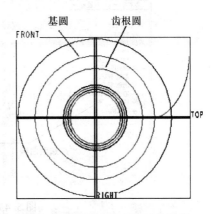

图 5-40    完成草绘曲线后的结果

（3）镜像第一条渐开线

① 从主工作区或者模型树中选取前面绘制的渐开线曲线，完成后该曲线以红色显示（即处于选中状态）。

② 从主菜单栏中依次选择"编辑"|"镜像"命令，或者直接单击主工作区右侧"特征编辑"工具栏中的"镜像"按钮 ，系统将弹出"镜像"操控板，如图 5-41 所示。

③ 信息区提示"选取要相对于其进行镜像的平面"，即要求用户选取镜像平面，此时用户即可在主工作区或模型树中选取 TOP 基准平面作为镜像平面。

④ 最后单击"镜像"操控板上的"确定"按钮 即可完成镜像操作，结果如图 5-42 所示。

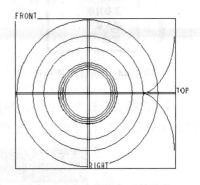

图 5-42    完成镜像之后的结果

图 5-41    "镜像"操控板

（4）移动复制渐开线

① 从主工作区或者模型树中选取刚刚镜像得到的渐开线曲线，如图 5-43 所示，完成后该曲线以红色显示（即处于选中状态）。

② 从主菜单栏中依次选择"编辑"|"特征操作"命令，系统将弹出"特征"菜单，如图 5-44 所示。

③ 在"特征"菜单上选择"复制"命令，如图 5-45 所示，依次选择"移动"|"独立"|"完成"命令，系统弹出如图 5-46 所示的菜单。

④ 选取镜像线，并选择"完成"命令，系统弹出如图 5-47 所示的菜单。

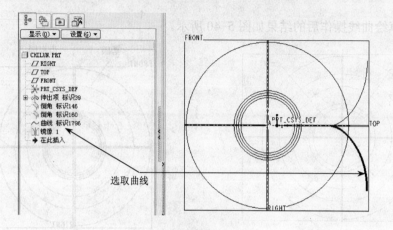

图 5-43　选取渐开线曲线

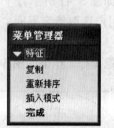

图 5-44　"特征"操控板

图 5-45　复制特征菜单

图 5-46　选取特征菜单

⑤ 选择"旋转"命令，在展开菜单中选择"曲线/边/轴"命令，选取主工作区中旋转特征的旋转中心线 A_1，此时在主工作区中显示方向箭头，如图 5-48 所示。

图 5-47　移动特征菜单

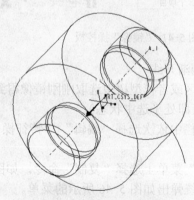

图 5-48　显示方向箭头

⑥ 选择"反向"命令，使主工作区中显示的箭头反向，然后继续选择"正向"命令，并在文本框中输入移动的角度值"16.2921"，如图 5-49 所示，然后按 Enter 键。

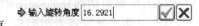

图 5-49 输入旋转角度

⑦ 选择"完成移动"命令，在如图 5-50 所示的对话框中单击"确定"按钮，完成后主工作区中的模型如图 5-51 所示。

⑧ 最后删除镜像线，结果如图 5-52 所示。

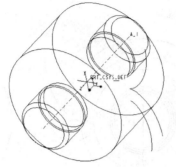
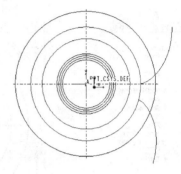

图 5-50 "组元素"对话框　　　图 5-51 主工作区中的模型　　　图 5-52 完成移动后的情况

（5）生成齿轮被剪切部分曲线

① 单击"基准"工具栏中的"草绘基准曲线"按钮，或是依次选择"插入"|"模型基准"|"草绘曲线"命令，系统将弹出"草绘"对话框，同时信息区提示"选取一个平面或曲面以定义草绘平面"，此时用户即可选取 FRONT 基准平面作为草绘平面。

② 进入草绘模式，在主菜单栏中依次选择"草绘"|"边"|"使用"命令，或者直接单击草绘器工具栏中的"使用边"按钮，系统显示"类型"对话框。然后单击绘图区中的两个圆弧，即齿根圆和齿顶圆，还有创建的曲线，最后单击"类型"对话框中的"关闭"按钮。

③ 单击草绘器工具栏中的"直线"按钮，绘制两条相切线，直线接近两条渐开线时，当出现字符 T 时单击鼠标，即可生成相切线。

④ 单击草绘器工具栏中的"动态裁剪截面图元"按钮，单击最初借用的特征，只剩下被剪切部分。修改后的结果如图 5-53 所示。

⑤ 单击草绘器工具栏中的"确定"按钮，完成草图设计。完成草绘曲线操作后的结果如图 5-54 所示。

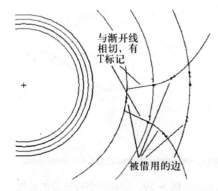
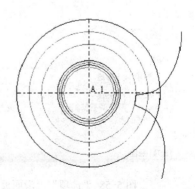

与渐开线相切，有 T 标记

被借用的边

图 5-53 单击使用边及画完相切线后的结果　　　图 5-54 完成草绘曲线后的结果

（6）根据剪切部分曲线生成切剪特征

① 从主工作区或者模型树中选取刚刚生成的齿轮被剪切部分的曲线，如图 5-55 所示，完成后该曲线以红色显示（即处于选中状态）。

② 从主菜单栏中依次选择"插入"|"拉伸"命令，或者直接单击绘图区右侧"基础特征"工具栏中的"拉伸"按钮，模型如图 5-56 所示，直接将所生成的曲线作为截面曲线，同时系统将弹出"拉伸"操控板，如图 5-57 所示。

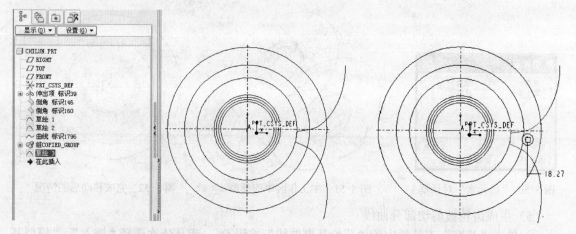

图 5-55　选取齿轮被剪切部分的曲线　　　　　图 5-56　"截面选取"对话框

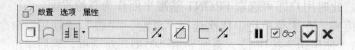

图 5-57　"拉伸"操控板

③ 在"拉伸"操控板上单击"去除材料"按钮。

④ 单击"拉伸"操控板上的"选项"按钮，系统将弹出"选项"上滑面板，然后在该上滑面板中将"第 1 侧"与"第 2 侧"选项都设置为"穿透"，如图 5-58 所示。

⑤ 最后单击"拉伸"操控板上的"确定"按钮　即可完成拉伸切剪特征，结果如图 5-59 所示。

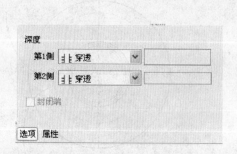

图 5-58　"选项"上滑面板

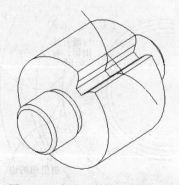

图 5-59　完成切剪特征后的结果

（7）进行倒圆角处理

① 从主菜单栏中依次选择"插入"|"倒圆角"命令，或者单击工具栏中的"倒圆角"按钮 ，系统将显示"倒圆角"操控板，如图 5-60 所示。

图 5-60 "倒圆角"操控板

② 在"倒圆角"操控板的文本编辑框中输入圆角半径数值"1.20"，并按 Enter 键。

③ 在主工作区中依次选取图 5-61 所示的边。

④ 最后单击"倒圆角"操控板上的"确定"按钮 即可完成倒圆角特征，结果如图 5-62 所示。

选取这两条边进行倒角操作

图 5-61 选择边

图 5-62 倒圆角特征生成结果

### 4．阵列操作

阵列操作在前面的章节中已经详细介绍，读者可以对一个一个的阵列，先阵列剪切特征，再阵列倒圆角特征。这里将介绍一个技巧，就是先把剪切特征和倒圆角定义成一个组，然后对这个组进行阵列操作。

（1）创建组 GEAR

① 按住 Shift 键，在模型树上选取剪切特征和倒圆角特征。

② 依次选择"编辑"|"组"命令，创建一个局部组 Local_group，如图 5-63 所示。

③ 在组名上单击，输入组的名字"GEAR"并确定，如图 5-64 所示。

（2）选取命令选项

从主菜单栏中依次选择"编辑"|"特征操作"命令，系统弹出菜单管理器，同时出现"特征"菜单。

（3）复制组 GEAR

① 在图 5-65 所示的"特征"菜单中依次选择"复制"|"移动"|"选取"|"从属"|"完成"命令，系统将弹出"选取特征"菜单，如图 5-66 所示。此时用户即可在模型树中选取刚刚

创建的组 GEAR，然后选择"完成"选项，系统弹出"移动特征"菜单，如图 5-67 所示。

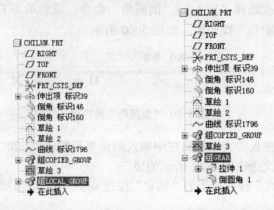

图 5-63 创建一个局部组　　　图 5-64 "组"菜单

图 5-65 "复制特征"菜单　　图 5-66 "选取特征"菜单　　图 5-67 "移动特征"菜单

② 选择"移动特征"菜单的"旋转"命令，并在弹出的"选取方向"菜单中选择"曲线/边/轴"命令，然后在主工作区中选取轴线 A_1。

③ 系统弹出"方向"菜单，选择其中的"正向"命令，然后在信息区输入旋转角度"36"，如图 5-68 所示，并单击 ✔ 按钮。

④ 选择"移动特征"菜单的"完成移动"命令，菜单管理器将弹出"组可变尺寸"菜单，如图 5-69 所示，直接选择"完成"命令即可，最后单击图 5-70 所示的"组元素"对话框中的"确定"按钮即可完成复制组 GEAR 的操作，结果如图 5-71 所示。

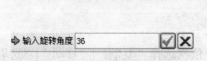

图 5-68 输入旋转角度　　　　　图 5-69 "组可变尺寸"菜单

（4）对组进行阵列操作

① 从模型树中选取刚刚创建的组 COPIED_GROUP_1，如图 5-72 所示，完成后该特征以红色显示（即处于选中状态）。

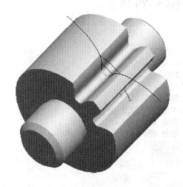

图 5-70 "组元素"对话框　　图 5-71 完成复制组 GEAR 后的模型　　图 5-72 选取组 COPIED_GROUP_1

② 从主菜单栏中依次选择"编辑"|"阵列"命令，或者直接单击工具栏中的"阵列"按钮，系统将弹出"阵列"操控板。此时主工作区中的模型如图 5-73 所示。

③ 在图 5-73 中选取角度尺寸 36.0°，并在弹出的文本编辑框中输入数值"36"，如图 5-74 所示，然后按 Enter 键。

④ 在"阵列"操控板的"1"文本编辑框中输入阵列数"9"，如图 5-75 所示。

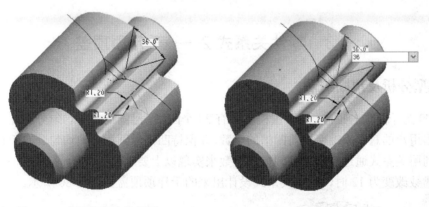

图 5-73 主工作区中的模型　　　　　图 5-74 设置阵列尺寸

图 5-75 输入阵列数

⑤ 最后单击"阵列"操控板上的"确定"按钮 ✔ 即可完成阵列操作，结果如图 5-76 所示。

#### 5. 生成齿轮零件

最后要把辅助的渐开线曲线隐藏掉，使绘图区整洁。

① 在模型树中选中第 1 条曲线，完成后其背景变为蓝色（表示处于选中状态），然后按住 Ctrl 键，依次选取需要隐藏的曲线。

② 右击选中的曲线，系统将弹出如图 5-77 所示的快捷菜单，此时选择"隐藏"命令即可将以上选中的曲线隐藏起来，结果如图 5-78 所示。

至此齿轮零件的建模完成。

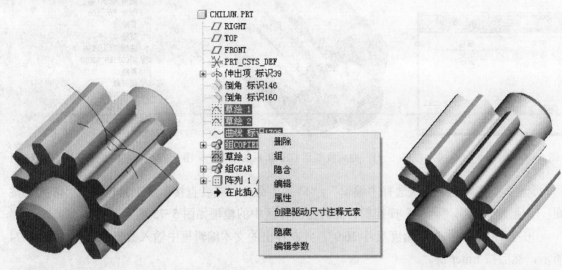

图 5-76　完成阵列后的模型　　　　图 5-77　出现快捷菜单　　　　图 5-78　最终生成齿轮零件

# 5.3　零件关系式 2——千斤顶顶盖

## 5.3.1　模型分析及预期结果

图 5-79 为千斤顶的顶盖。该顶盖模型共有 24 个凹槽，沿圆周方向均匀分布在顶盖的顶面。现需要根据用户的意图来改变顶盖凹槽的个数，并保持凹槽沿圆周方向均匀分布于顶面的特点，此时可以利用关系式通过控制顶盖凹槽的个数来实现以上要求。

当凹槽数改变为 12 时，利用关系式设计出来的千斤顶顶盖如图 5-80 所示。

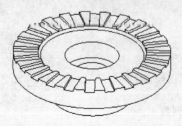
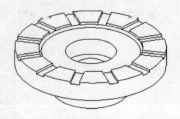

图 5-79　千斤顶的顶盖模型　　　　　图 5-80　修改凹槽数后的顶盖模型

### 5.3.2  模型操作步骤

#### 1．打开千斤顶顶盖模型

选择系统主菜单中的"文件"｜"打开"命令，或者单击工具栏的 按钮，打开本书配套资源中的 dinggai.prt 文件。

#### 2．显示凹槽的特征尺寸

用鼠标左键在主窗口的顶盖模型中直接双击凹槽特征，此时顶盖模型中将显示凹槽的特征尺寸，如图 5-81 所示。

#### 3．显示凹槽的特征参数

Pro/ENGINEER Wildfire 系统中，每一个特征尺寸都对应着一个特征参数，因此用户可以将图 5-81 中的特征尺寸转换为相应的特征参数。在系统的主菜单栏中依次选择"信息"｜"切换尺寸"命令，此时在主窗口的顶盖模型中显示凹槽的特征参数，如图 5-82 所示，其中 d23 为沿圆周方向阵列凹槽时的增量特征参数，p24 为凹槽的阵列个数特征参数。

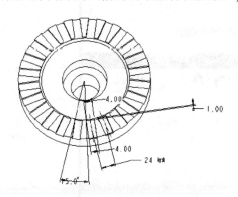

图 5-81  显示凹槽的特征尺寸

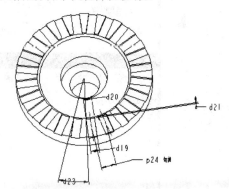

图 5-82  显示凹槽特征参数

如果需要将凹槽的特征参数切换为其相应的特征尺寸，同样在系统的主菜单栏中依次选择"信息"｜"切换尺寸"命令即可。

#### 4．添加关系式

（1）选择命令

在主菜单栏中依次选择"工具"｜"关系"命令，系统弹出"关系"对话框。

（2）选取顶盖模型的凹槽特征

在"关系"对话框的"查找范围"下拉列表中选择"特征"选项，系统将弹出"选取"对话框，此时即可在主窗口中选取顶盖模型的凹槽，如图 5-83 所示。完成后顶盖模型将显示凹槽的特征参数，如图 5-84 所示。

（3）输入关系式

此时用户即可在"关系"栏的文本编辑框中输入特征参数的关系式"d23=360/p24"，如图 5-85 所示，其中 d23 为沿圆周方向阵列凹槽时的增量特征参数，360 是圆周的度数，p24 为凹槽的阵列个数特征参数。通过该关系式能够确保当用户任意改变凹槽的阵列个数（即 p24）时，得到的凹槽都沿圆周方向均匀分布于顶盖的顶面。

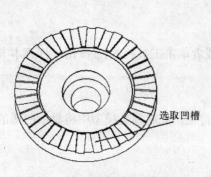
图 5-83　选取顶盖模型的凹槽

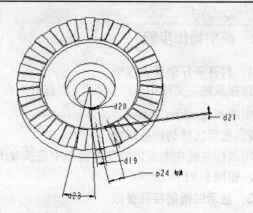
图 5-84　显示凹槽特征参数

图 5-85　输入关系式

（4）完成操作

完成以上关系式的输入后，单击"关系"对话框中的"确定"按钮，即可完成关系式的输入，同时关闭"关系"对话框。

到此为止，前面输入的关系式 d23=360/p24 开始生效，其作用是确保阵列生成的凹槽沿圆周方向均匀分布于顶盖的顶面。此时如果修改阵列的个数，则凹槽的位置发生变化，但其始终保持沿圆周方向均匀分布于顶盖顶面的特点。

**5．修改凹槽的阵列个数**

① 用鼠标左键在主窗口的顶盖模型中直接双击凹槽特征，此时顶盖模型中显示凹槽的特征尺寸。

② 在主菜单栏中依次选择"信息"|"切换尺寸"命令，此时在主窗口中的顶盖模型将显示凹槽的特征参数。

③ 在主窗口中选中特征参数 p24，该参数将以红色显示，表示处于选中状态，然后在主菜单栏中依次选择"编辑"|"值"命令，此时特征参数 p24 处出现如图 5-86 所示的文本编辑框（其默认值为当前凹槽的阵列个数 24），在该文本编辑框中输入特征参数 p24 的新值，然后按 Enter 键即可。

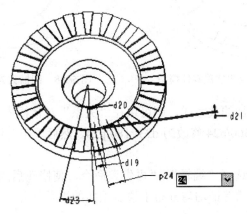

图 5-86　出现文本编辑框

　注意

用户也可以在主窗口中直接双击特征参数 p24，同样也会出现图 5-86 所示的文本编辑框，在该文本编辑框中输入特征参数 p24 的新值，然后按 Enter 键即可。

　注意

如果此时在主窗口中选取特征参数 d23，则系统将在信息区提示"DINGGAI 中的尺寸由关系 d23=360/p24 驱动"，即警告用户特征参数 d23 是由关系式 d23=360/p24 驱动的，不允许直接修改该特征参数的参数值。可见添加关系式后，系统只允许用户修改驱动特征参数，例如本例的特征参数 p24。

④ 在图 5-86 所示的文本编辑框中将凹槽的阵列个数"24"改为"12"，即将特征参数 p24 的参数值设置为"12"，然后按 Enter 键，完成修改凹槽阵列个数的操作。

⑤ 在主菜单栏中依次选择"编辑"|"再生"命令，重新生成顶盖零件模型，此时重新生成的顶盖零件模型如图 5-87 所示。从该图可见，顶盖中共有 12 个凹槽，它们沿圆周方向均匀分布于顶盖的顶面。

如果将特征参数 p24 的参数值设置为"6"，则在主菜单栏中依次选择"编辑"|"再生"命令后得到新的顶盖零件模型如图 5-88 所示。

### 6. 编辑关系式

① 当用户需要重新编辑关系式时，可以再次在主菜单栏中选择"工具"|"关系"命令，

将"关系"对话框打开，此时已经添加的关系式将显示于对话框的"关系"栏中。

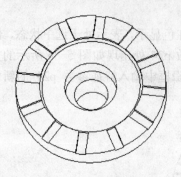

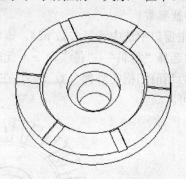

图 5-87　重新生成的顶盖零件模型　　　　　　图 5-88　凹槽数为 6 的顶盖零件模型

② 如果需要修改已添加的关系式，则可以在"关系"对话框中直接对该关系式进行编辑。例如将本例的关系式 d23=360/p24 修改为 d23=180/p24，然后单击对话框的"确定"按钮，关闭"关系"对话框。

③ 在主菜单栏中依次选择"编辑"|"再生"命令，使修改后的关系式生效。此时千斤顶的顶盖如图 5-89 所示，凹槽特征均匀分布于顶盖顶面的半圆部分。

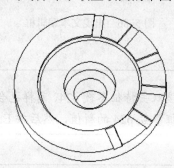

图 5-89　重新生成后的顶盖零件模型

### 7．修改特征参数的名称

用户可以修改系统提供的特征参数名称，例如将本例的特征参数 p24 改为 pattern_number，d23 改为 pattern_increment，以便于区别各个特征参数。

① 在主窗口的模型中双击凹槽特征，此时系统显示凹槽的特征参数。如果显示特征尺寸，则可以在主菜单栏中依次选择"信息"|"切换尺寸"命令，将其切换为特征参数。

② 在主窗口中选中特征参数 p24，该参数将以红色显示，表示处于选中状态，然后在主菜单栏中依次选择"编辑"|"属性"命令，系统将弹出"尺寸属性"对话框。

③ 在"尺寸属性"对话框中选择"尺寸文本"选项卡，系统将打开"尺寸文本"选项卡，如图 5-90 所示。

④ 将"名称"文本编辑框中的文本"p24"修改为"pattern_number"即可，然后单击该对话框中的"确定"按钮，关闭"尺寸属性"对话框。这样便完成了特征参数名称的修改。

⑤ 以同样方法将特征参数 d23 改为 pattern_increment。此时主窗口的顶盖模型如图 5-91 所示。

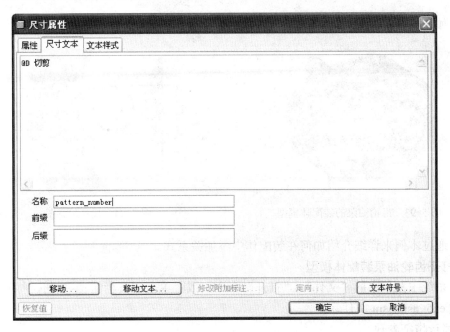

图 5-90 "尺寸文本"选项卡

⑥ 在主菜单栏中再次选择"工具"|"关系"命令，此时"关系"对话框如图 5-92 所示。从该图可以看到特征参数 p24 、d23 分别变为了 pattern_number、pattern_increment。

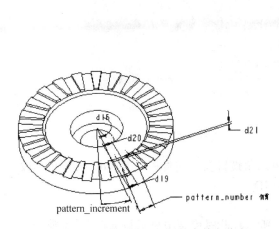

图 5-91 模型中出现新的参数名称

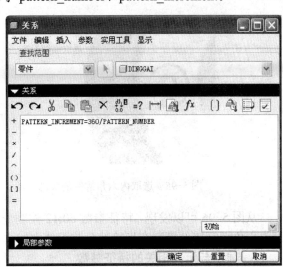

图 5-92 "关系"对话框

## 5.4 装配体表达式——齿轮油泵

图 5-93 为齿轮油泵的装配体模型，现需要通过关系式来控制 $\phi D$ 与 $\phi d$ 之间的大小关系，即 $\phi D$ 改变时 $\phi d$ 也随即作相应的改变，其中 $\phi D$ 为泵盖上沉孔的直径，$\phi d$ 为内六角螺钉头部

的直径，如图 5-94 所示。

图 5-93　齿轮油泵的装配体模型

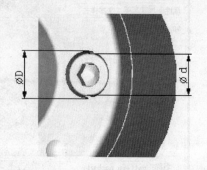

图 5-94　尺寸示意图

下面通过本例来详细介绍如何在装配体中添加关系式。

**1．打开齿轮油泵装配体模型**

选择系统主菜单中的"文件"|"打开"命令，或者单击工具栏的 按钮，打开本书配套资源中的 ex5_asm.asm 文件。

**2．显示特征参数**

在主窗口中双击内六角螺钉的头部，如图 5-95 所示，此时内六角螺钉模型中显示相关的特征参数，如图 5-96 所示。如果显示特征尺寸，则可以在主菜单栏中依次选择"信息"|"切换尺寸"命令，将其切换为特征参数。

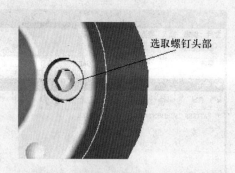

选取螺钉头部

图 5-95　选取内六角螺钉的头部

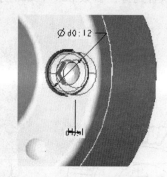

图 5-96　显示特征参数

从图 5-96 可以发现，特征参数 d0:12 控制着内六角螺钉头部的直径，其中 d0:12 中的"12"为内六角螺钉零件模型在齿轮油泵装配体中的内存 ID。

**3．显示与沉孔相关的特征参数**

在主窗口中双击泵盖的沉孔内壁，如图 5-97 所示，此时模型中显示与沉孔相关的特征参数，如图 5-98 所示。

从图 5-98 可以发现，特征参数 d53:8 控制着泵盖上沉孔的直径，其中 d53:8 中的"8"为泵盖零件模型在齿轮油泵装配体中的内存 ID。

**4．选取命令选项**

在主菜单栏中依次选择"工具"|"关系"命令，系统将弹出"关系"对话框。在"关系"栏的文本编辑框中输入关系式"d0:12=d53:8–1"，该关系式用于控制内六角螺钉头部直径与泵

盖上沉孔直径之间的大小关系。

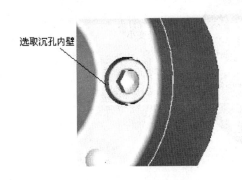

图 5-97 选取泵盖的沉孔内壁

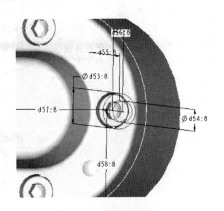

图 5-98 显示特征参数

完成以上关系式的输入后，单击对话框中的"校验"按钮 ☑，系统将弹出"校验关系"对话框，提示系统已经成功校验了以上关系式，即该关系式不存在任何语法错误。

单击对话框的"确定"按钮，关闭"关系"对话框。

**5. 修改泵盖上沉孔的直径**

① 在主窗口中双击泵盖的沉孔内壁，此时模型中显示与沉孔相关的特征参数。

② 选取特征参数 d53:8，如图 5-99 所示，该参数将以红色显示，表示处于选中状态，然后在主菜单栏中依次选择"编辑"|"值"命令，此时特征参数 d53:8 处出现文本编辑框（其默认值为当前沉孔的直径"11"），如图 5-100 所示。

③ 在图 5-100 所示的文本编辑框中将沉孔的直径"11"改为"10"，即将特征参数 d53:8 的参数值设置为"10"，然后按 Enter 键，完成修改泵盖上沉孔的直径的操作。

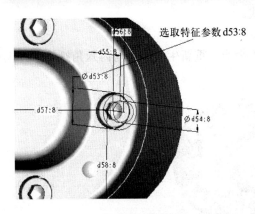

图 5-99 选取特征参数 d53:8

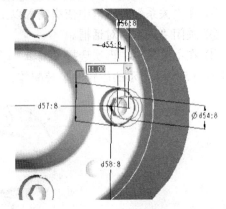

图 5-100 出现文本编辑框

**6. 再生零件模型**

在主菜单栏中依次选择"编辑"|"再生"命令，此时系统自动重新生成泵盖与内六角螺钉零件模型，完成后得到的齿轮油泵装配体模型如图 5-101 所示。从中可见，内六角螺钉头部的直径同时也发生了变化，其值为"9"。

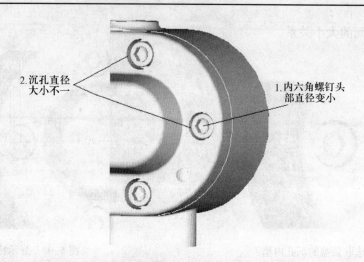

2.沉孔直径
大小不一

1.内六角螺钉头
部直径变小

图 5-101　重新生成泵盖与内六角螺钉后的情况

然而，图 5-101 中泵盖上沉孔的直径大小不一，其原因是控制这些沉孔直径的特征参数之间不存在任何关系。为了使这些沉孔的直径大小一致，需要用户添加以下关系式：

$$d8:8=d53:8$$
$$d15:8=d53:8$$
$$d29:8=d53:8$$
$$d36:8=d53:8$$
$$d59:8=d53:8$$

其中，$d8:8$、$d15:8$、$d29:8$、$d36:8$ 和 $d59:8$ 分别是其余 5 个沉孔的直径特征参数。

具体的操作方法如下。

① 打开"关系"对话框。

② 在"关系"对话框中依次输入以上关系式。

③ 关闭"关系"对话框。

④ 在主菜单栏中再次选择"编辑"|"再生"命令，重新生成泵盖与内六角螺钉零件模型，得到如图 5-102 所示的齿轮油泵装配体。

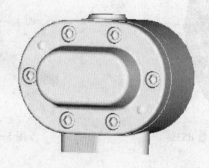

图 5-102　重新生成后的齿轮油泵装配体

从图 5-102 可见，泵盖上沉孔的直径大小一致，同时沉孔的直径改变时内六角螺钉头部的直径也随之变化，其值总是等于沉孔的直径减去 1。

# 第 6 章

## 零件库

Pro/ENGINEER 作为一个功能强大的设计软件，具有零件库设计功能。建立零件库能使用户在零件设计时提高工作效率，因此用户有必要了解和掌握零件库的建立与维护等操作。本章将通过实例来介绍零件库的应用，用户通过使用零件库可以复制一系列相似的零件，从而提高零件设计的效率。

## 6.1 零件库概述

Pro/ENGINEER 提供了建立零件库的功能，即在零件设计时，如果某些零件非常相似（例如标准零件或者特征相似的零件），则不必对每个零件都从头到尾、一个一个特征地设计，用户通过一个原型零件就可以建立一系列的零件。由这些零件组成的集合就称为零件库。如果用户预先建立了一个零件库，那么在设计相应的零件时就可以直接从该零件库中调出合适的零件。

建立零件库的过程比较简单，通过选择"族表"命令即可。"族表"命令位于"工具"主菜单下，如图 6-1 所示。建立零件库后，当用户打开该零件库的父零件文件时，系统将会提示用户选取零件库中的零件，此时用户可以从中选取合适的零件即可将该零件调出。当用户保存该零件时，其零件库中所有的零件都会保存到硬盘中。

图 6-1 "工具"菜单

选择"工具"主菜单中的"族表"命令，系统将弹出"族表"窗口，如图 6-2 所示，在该窗口中可以进行零件库的各种操作，例如添加、验证、预览、锁定、复制子零件等。

下面就对"族表"窗口中工具栏的各个按钮分别进行介绍，该工具栏如图 6-3 所示。

① ✄ 按钮。该按钮用于剪切用户指定的单元。

② 🖹 按钮。该按钮用于复制用户选定的单元。

③ 🖺 按钮。该按钮用于粘贴用户先前复制的单元。

④ 🖽 按钮。该按钮用于按指定的增量复制用户选定的实例（子零件），即阵列实例（子零件），它与特征中的阵列功能相似。默认情况下，该按钮变灰，处于不可选状态。当用户选定零

件库中的实例（子零件）时，该按钮显亮，处于可选状态。在进行复制时，系统将要求选择可改变的尺寸，接着要求输入尺寸增量和复制的数目，然后系统将自动复制指定数目的实例（子零件）到零件库中。

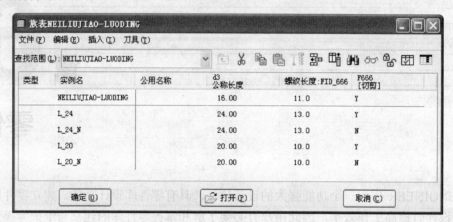

图 6-2 "族表"窗口

图 6-3 "族表"窗口的工具栏

⑤ 按钮。该按钮用于在用户指定的位置添加新的实例（子零件）。例如，选中实例（子零件）L_24_N，然后单击 按钮，此时系统将自动添加实例（子零件）NEW_INSTANCE，如图 6-4 所示，其各项参数值默认与实例（子零件）相同。

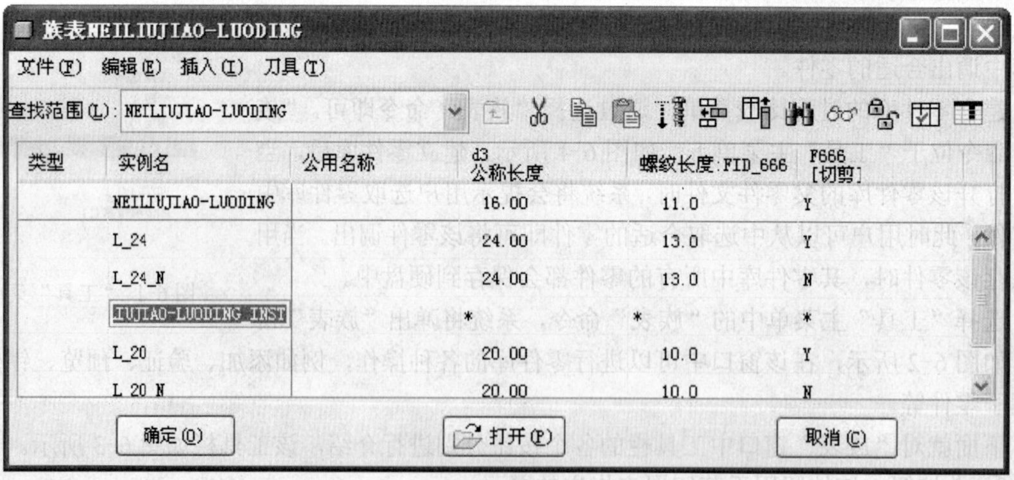

图 6-4 添加的实例（子零件）NEW_INSTANCE

⑥ 按钮。该按钮用于建立零件库，例如添加零件库的各个项目。单击该按钮，系统将弹出"族项目"窗口，如图 6-5 所示，从中可以选择零件库的各个项目，如尺寸、特征、参数等。

⑦ 按钮。该按钮用于在当前零件库中查找符合一定要求的实例（子零件）。单击该按钮，

系统将弹出"搜索"对话框,如图6-6所示,用户可以在该对话框设置要查找的实例(子零件)的特征,完成后系统将自动根据用户的设置在零件库中查找符合要求的实例(子零件)。

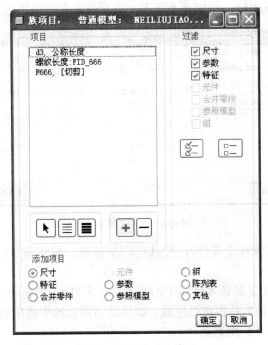

图6-5 "族项目"窗口

⑧ 按钮。该按钮用于预览用户建立的实例(子零件)。用户选中零件库中的实例(子零件)后,单击该按钮系统将弹出"预览"对话框,如图6-7所示,从中可以观察实例(子零件)的模型。如果发现实例(子零件)中存在不满意处,用户可以及时对该实例(子零件)进行调整修改。

图6-6 "搜索"对话框

图6-7 "预览"对话框

⑨ 按钮。该按钮用于锁定或打开指定零件的写入保护状态。默认情况下,零件库中实

例（子零件）的参数是可以修改的，并且系统将自动保存修改后的数据，如果使用该按钮将零件锁定，那么系统不保存修改的数据。实例（子零件）锁定后，将会发现在锁定的实例（子零件）的名字前面有一个🔒图标，如图6-8所示，表示该零件已经被锁定。

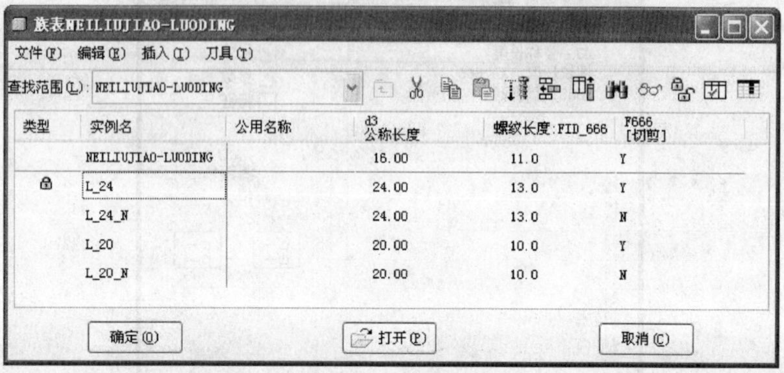

图6-8    出现🔒图标

当用户选中锁定的实例（子零件），并且单击🔓按钮，则其前面的🔒图标将消失，表示该零件已经被解锁。

⑩ 🔲按钮。该按钮用于验证零件库中的实例（子零件）。单击该按钮，系统将重新计算用户建立的每个实例（子零件）是否可以生成。如果能够成功地生成所有实例（子零件），那么系统将产生一个记录文件，其后缀名为".tst"。

⑪ 🔲按钮。该用于在 Excel 中编辑、修改当前的零件库。单击该按钮，系统自动进入 Microsoft Excel，如图6-9所示。在 Excel 中可以编辑、修改当前的零件库，其表中前两行是系统的一些提示，"！GENERIC"为零件库的原型零件，原型零件的参数不能修改。每个实例（子零件）的名字必须以字母或数值开头，并在零件族中是唯一的，标有"*"符号的表示将使用默认值。

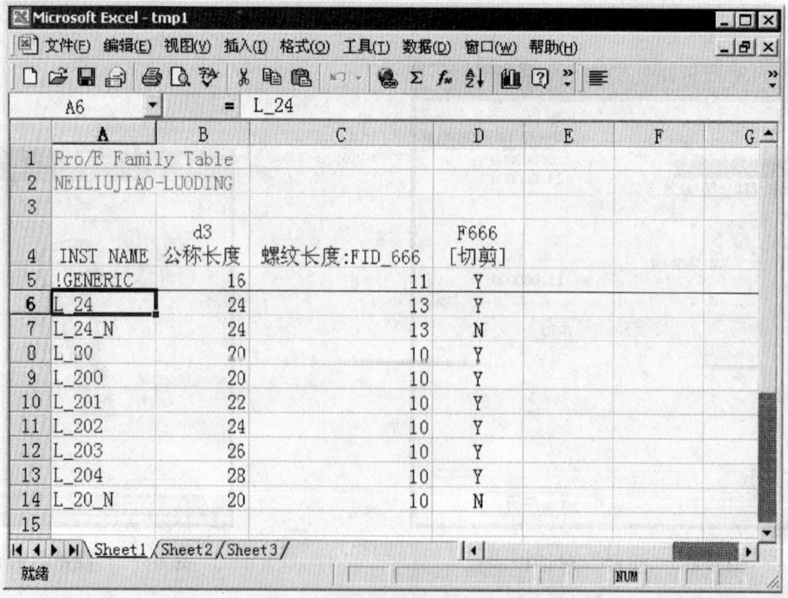

图6-9    进入 Microsoft Excel

## 6.2 零件库实例——内六角螺钉

### 6.2.1 建立零件库

下面将通过一个应用实例来详细介绍建立零件库的基本方法和操作步骤。

图 6-10 为齿轮油泵中的内六角螺钉零件，本节将为该零件建立零件库，使其标准化和系列化。零件库建立后，用户可以从中选取多个公称长度不一的内六角螺钉零件。

首先将配套资源中的 neiliujiao-luoding.prt 文件复制到当前工作目录中。

**1. 打开内六角螺钉的原型零件**

选择系统主菜单栏的"文件"|"打开"命令或者直接单击 按钮，在弹出的"文件打开"对话框中选取配套资源中的 neiliujiao-luoding.prt 文件，并单击 打开(O) 按钮即可打开该文件。此时主窗口显示内六角螺钉的原型零件模型，如图 6-10 所示。

**2. 修改公称长度参数的名称**

① 显示公称长度的尺寸。在如图 6-11 所示处双击内六角螺钉的拉伸特征，此时系统将会显示这该特征所有的尺寸，如图 6-12 所示，由该图可见内六角螺钉原型零件的公称长度为 16.00。

图 6-10 内六角螺钉原型零件　　图 6-11 选取拉伸特征　　图 6-12 显示拉伸特征的尺寸

② 显示公称长度的参数。选择主菜单栏的"信息"|"切换尺寸"命令，如图 6-13 所示。此时系统将会以参数形式显示内六角螺钉拉伸特征的所有尺寸，如图 6-14 所示。由该图可见，d3 是控制该内六角螺钉公称长度的参数。

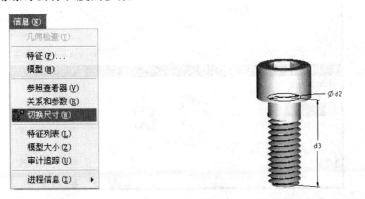

图 6-13 选取"切换尺寸"命令选项　　图 6-14 以参数形式拉伸特征的尺寸

③ 修改参数的名称。单击 d3，然后在模型树中该特征上右击，选择"属性"命令，系统弹出"尺寸属性"对话框。选择"尺寸文本"选项卡，该对话框如图 6-15 所示。将"名称"中的 d3 修改为"公称长度"。

④ 直接按 Enter 键接受输入的名称，完成后主窗口的零件模型如图 6-16 所示。

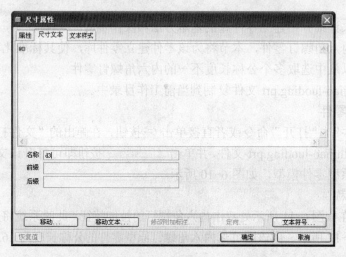

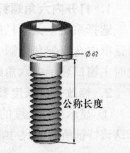

图 6-15　输入新的特征参数名称　　　　　　　图 6-16　主窗口的零件模型

### 3. 添加螺纹长度参数

（1）显示参数

① 选择"工具"主菜单中的"关系"命令，系统弹出如图 6-17 所示的"关系"对话框。

图 6-17　"关系"对话框

　　在"查找范围"下拉列表中选择"特征"选项,此时系统弹出"选取"窗口。然后如图 6-18 所示单击螺纹特征,系统弹出"选取截面"菜单和"指定"菜单。

　　② 选择"指定"菜单的"轮廓"命令,如图 6-19 所示,并选择"选取截面"菜单的"完成"命令,此时主窗口的零件模型如图 6-20 所示。

图 6-18　选取螺纹特征

图 6-19　选择"轮廓"命令

图 6-20　显示螺纹特征

　　由图 6-20 可见,内六角螺钉的螺纹长度是由参数 d28 与 d29 控制的,所以必须添加关系式"d28＝螺纹长度＋d29"来控制螺纹的长度。

　　(2)添加螺纹长度参数

　　在"关系"对话框中依次选择"参数"|"添加参数"命令,在"局部参数"下拉列表中选择"实数"选项,并在"名称"栏中输入螺纹长度参数的名称"螺纹长度",将其默认值设置为 11,如图 6-21 所示。

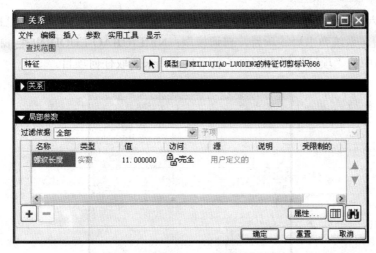

图 6-21　输入螺纹长度参数的名称

　　(3)添加关系式

　　① 在"关系"列表中输入关系式"d28＝螺纹长度＋d29",如图 6-22 所示。

　　② 单击"确定"按钮或直接按 Enter 键,结束关系式的添加。

### 4. 打开"族表"窗口

选择"工具"菜单下的"族表"命令,此时系统自动弹出如图 6-2 所示的"族表

NEILIUJIAO-LUODING"窗口。

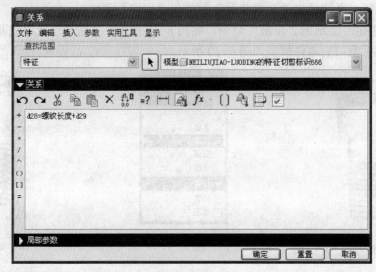

图6-22　输入关系式

 **提示**　　由于目前零件库中尚未存在零件，因此"**族表 NEILIUJIAO-LUODING**"窗口出现"此模型当前没有族表设计变量"等语句，其中该窗口中的 按钮用于在所选行插入新的实例（又称子零件）， 按钮用于在列表中添加尺寸参数或者特征参数列。当前状态下只有这两个按钮亮显，为可选按钮，其余按钮均默认。

**5. 添加内六角螺钉公称长度尺寸参数、螺纹长度参数以及螺纹特征等项目**

单击 按钮，系统弹出"族项目，普通模型：NEILIUJIAO-LUODING"窗口，如图 6-23所示。此时窗口中的"项目"栏为空白，表示目前尚未选取任何项目。

图6-23　"族项目，普通模型：NEILIUJIAO-LUODING"窗口

① 选取内六角螺钉公称长度尺寸参数。如图 6-24 所示，单击内六角螺钉，然后选取"公称长度"参数，如图 6-25 所示。此时图 6-26 所示窗口的"项目"栏出现"d3，公称长度"。

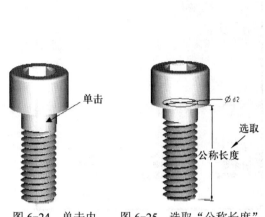

图 6-24　单击内
六角螺钉

图 6-25　选取"公称长度"
参数

图 6-26　"族项目，普通模型：
NEILIUJIAO-LUODING"窗口

② 选择螺纹长度参数。

a. 选中"添加项目"栏的"参数"单选按钮，表示接下来要添加参数项目，此时系统弹出"选取参数"对话框。

b. 选择"查找范围"下的"特征"选项，然后在图形窗口中单击螺纹，窗口中出现"螺纹长度"选项，如图 6-27 所示。单击"插入选取的"按钮，然后单击"关闭"按钮，此时图 6-26 所示窗口的"项目"栏出现"螺纹长度"。

图 6-27　选中"螺纹长度"选项

③ 选取螺纹特征。选中"添加项目"栏的"特征"单选按钮，表示接下来要添加特征项目。此时单击内六角螺钉的螺纹特征，如图 6-28 所示，并单击"确定"按钮，然后单击"完成"按钮，则在窗口的"项目"栏出现"F666，[切剪]"。

完成以上操作后，"族项目，普通模型：NEILIUJIAO-LUODING"窗口如图 6-29 所示。最后单击 确定 按钮，完成项目的添加。此时系统弹出"族表 NEILIUJIAO-LUODING"窗口，如图 6-30

所示，窗口显示了内六角螺钉原型零件的名称、用户选取的参数和各参数值。

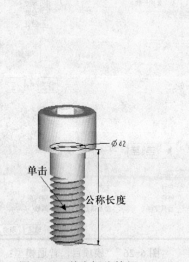

图 6-28　单击螺纹特征

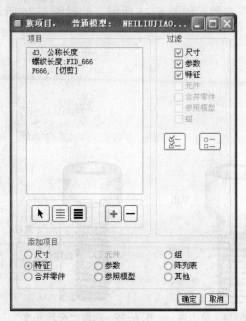

图 6-29　"族项目，普通模型：NEILIUJIAO-LUODING"窗口

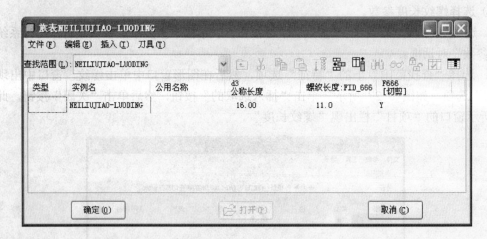

图 6-30　"族表 NEILIUJIAO-LUODING "窗口

### 6．增加新的实例（子零件）

单击图 6-30 所示窗口的  按钮可以添加新的实例（子零件），其默认名称为
"NENLIUJIAO-LUODING_INST"，用户可以对该实例（子零件）作相应的编辑，如图 6-31 所示。例如创建一个名为"L_24"、公称长度为 24、螺纹长度为 13、存在螺纹特征的内六角螺钉，则可以作如图 6-31 所示的编辑。

在该零件库中依次添加实例（子零件）L_24、L_20、L_20_N，实例（子零件）的各项参数如图 6-32 所示。

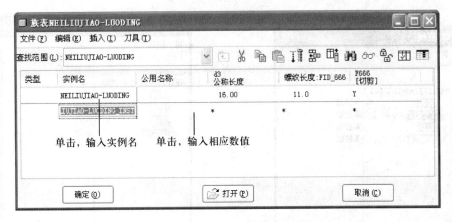

图 6-31　实例（子零件）的编辑

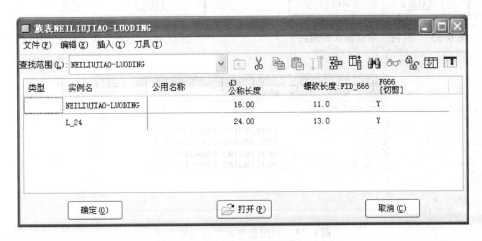

图 6-32　创建实例（子零件）L_24

单击"族表 NEILIUJIAO-LUODING"窗口中的  按钮，完成零件库的建立，并选择系统主菜单栏的"文件"|"保存"命令或直接单击  按钮，保存内六角螺钉文件 neiliujiao-luoding.prt。

## 6.2.2　验证子零件

当建立了零件库后，需要系统重新进行计算，验证零件库中的每个实例（子零件）是否能够生成。

单击"族表 NEILIUJIAO-LUODING"窗口工具栏中的  按钮，系统将弹出"族树"对话框，如图 6-33 所示，该对话框用于核实零件库的每个实例（子零件）是否可以生成。

单击"族树"对话框中的  按钮，系统将自动逐个地进行校验，当零件能够成功生成时，就在其后面对应"校验状态"栏中显示"成功"字样，如图 6-34 所示。此时系统在当前目录下产生一个名为"neiliujiao-luoding.tst"的记录文件，利用记事本可以将该记录文件打开，如图 6-35 所示。如果零件不能够生成，则显示"失败"字样。由图 6-35 可见，上一节建立的零件库中的零件 L_20 不成功，其余均能够成功生成。

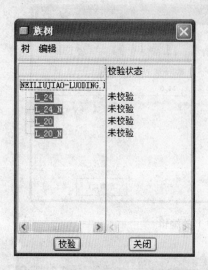

图 6-33  "族树"对话框（校验前）

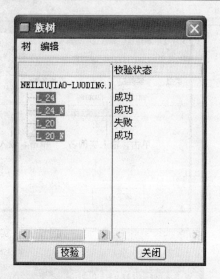

图 6-34  "族树"对话框(校验后)

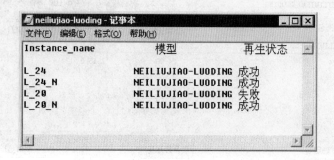

图 6-35   利用记事本打开记录文件

### 6.2.3   预览子零件

验证零件库中的实例（子零件）后，用户可以预览该零件库中的任意实例（子零件），从中可以观察实例（子零件）的模样。如果发现实例（子零件）中存在不满意处，用户可以及时对该实例（子零件）进行调整修改。

"族表 NEILIUJIAO-LUODING"窗口工具栏中的 ∞ 按钮用于预览零件库中的实例（子零件），其具体操作步骤如下。

单击窗口"实例名"列中的实例（子零件）的名称，使之背景变为蓝色，然后单击对话框中的 ∞ 按钮，系统将对实例（子零件）的参数进行计算，并弹出"预览"对话框，如图 6-36 所示。

图 6-36 显示的零件模型为零件库中的名为"L_24"的实例（子零件）。单击"预览"对话框中的关闭按钮结束实例（子零件）的预览。

使用同样的方法可以预览零件库中的名为"L_24_N"的实例（子零件），其零件模型如图 6-37 所示。显然，该实例（子零件）模型中不存在螺纹特征，因为该实例（子零件）在"F666 [剪切]"栏下的值是"N"，表示不添加螺纹特征。

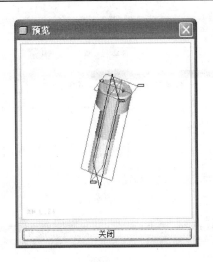

图 6-36 预览实例（子零件）L_24

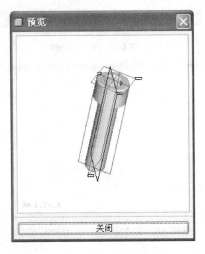

图 6-37 预览实例（子零件）L_24_N

## 6.2.4 复制子零件

在零件库中可以复制已有的零件，这与特征中的阵列功能相似，该功能可以同时复制零件和改变特征的尺寸。

例如要复制零件库中的实例（子零件）L_20，其具体步骤如下。

① 单击窗口 "实例名" 列中的实例（子零件）L_20，如图 6-38 所示，使之激活。然后单击 按钮，系统将弹出"阵列实例"对话框，单击 "实例名" 列中的实例（子零件）L_20，如图 6-39 所示。

| 类型 | 实例名 | 公用名称 | d3 公称长度 | 螺纹长度:FID_666 | F666 [切剪] |
|---|---|---|---|---|---|
| | NEILIUJIAO-LUODING | | 16.00 | 11.0 | Y |
| | L_24 | | 24.00 | 13.0 | Y |
| | L_24_N | | 24.00 | 13.0 | N |
| | L_20 | | 20.00 | 10.0 | Y |
| | L_20_N | | 20.00 | 10.0 | N |

图 6-38 单击实例（子零件）L_20

② 在"阵列实例"对话框的"数量"文本框中输入零件复制的数目 5，单击"项目"栏中的"d3，公称长度"行，使之背景变为蓝色。接着单击该图中的 按钮，并在"增量"文本框中输入公称长度的增量 2，表示根据实例（子零件）L_20 的公称长度变化来复制 5 个实例（子零件），它们的公称长度逐个增加 2。此时对话框如图 6-40 所示，单击 确定 按钮，系统将根据用户设置的数值自动产生 5 个实例（子零件）。

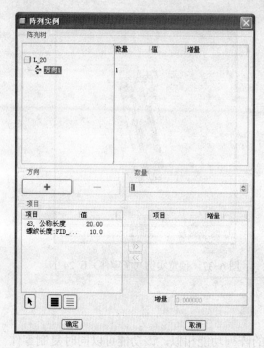

图 6-39 "阵列实例"对话框 1 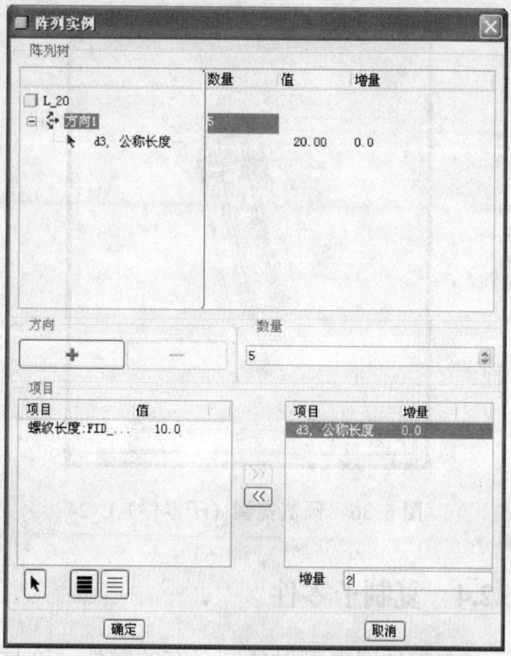　　　　　　图 6-40 "阵列实例"对话框 2

③ 此时"族表 NEILIUJIAO-LUODING"窗口如图 6-41 所示。从该窗口可以看到已经增加了 5 个实例（子零件），其名称是在实例（子零件）L20 的后面依次加一个数字，即 L_200、L_201、L_202、L_203、L_204。

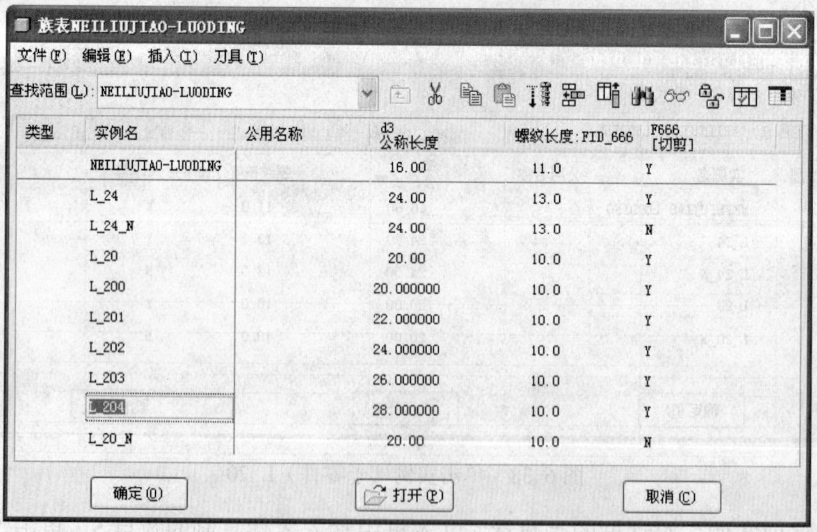

图 6-41 "族表 NEILIUJIAO-LUODING"窗口

从复制的实例（子零件）可以看出，在公称长度尺寸方向每增加两个单位就生成一个实例（子零件）。

当然，用户同样可以对这些复制出来的实例（子零件）进行验证和预览。

### 6.2.5 删除子零件

当用户认为零件库中的某些子零件已经没有任何用处，则可以删除这些子零件，以便维护零件库。

例如，要删除零件库中的实例（子零件）L_20_N，其具体步骤如下。

① 右击"族表 NEILIUJIAO-LUODING"窗口"实例名"列中的实例（子零件）L_20_N，使之背景变为蓝色，处于可编辑状态，同时系统弹出浮动式菜单。

② 选择该菜单中的"删除行"命令，如图 6-42 所示，可以将实例（子零件）L_20_N 从零件库中删除。

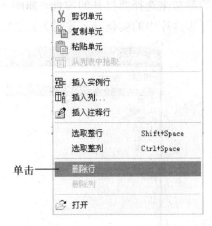

图 6-42 选取"删除行"选项

### 6.2.6 锁定子零件

在零件库中，用户可以锁定已经完成编辑的实例（子零件），以防止对该实例（子零件）进行误操作。当实例（子零件）处于锁定状态时，用户不能对该子零件进行修改，例如对该实例（子零件）名称或者各项参数进行的修改、编辑等操作都将会失败。如用户确实需要修改这样的实例（子零件），则必须对其进行解锁。

例如要锁定零件库中的实例（子零件）L_20，其具体步骤如下。

① 单击窗口"实例名"列中的实例（子零件）L_20，使之背景变为蓝色，处于可编辑状态，然后单击窗口中的 按钮，此时在实例（子零件）L_20 的前面出现 图标，该图标表示当前实例（子零件）L_20 处于锁定状态。

② 如果再次对实例（子零件）L_20 做相同的操作，则其前面的 图标将消失，此时实例（子零件）L_20 解除锁定。

**注意**

① 如果选定处于锁定状态的实例（子零件）L_20，然后单击"族表 NEILIUJIAO-LUODING"窗口中的 按钮（该按钮用于在 Excel 软件中编辑零件库），在 Excel 中强行对处于锁定状态的实例（子零件）L_20 进行各项参数修改,如修改公称长度，则系统将弹出操作失败信息

② 不能对零件库中的原型零件 NEILIUJIAO-LUODING 进行锁定操作，因为系统默认零件原型处于锁定状态，对其进行编辑修改将失败。

### 6.2.7 打开子零件

当零件库建立完成后，零件库中的实例（子零件）都可以像一般零件一样打开并使用，其具体操作步骤如下。

① 依次选择主菜单栏的"文件"｜"打开"命令，或者直接单击工具栏的 按钮，系统弹出"文件打开"对话框，选中 neiliujiao-luoding.prt 文件，并单击 打开⑩ 按钮。系统将弹出"选取实例"对话框，如图 6-43 所示，该对话框用于选择打开零件库中的零件。

②"选取实例"对话框有两个选项卡，分别为"按名称"和"按参数"选项卡，其中"按名称"选项卡用于通过零件的名字来选择要打开的零件，"按参数"选项卡用于通过零件中设置的参数来选择要打开的零件，如图6-44所示。在其中选取L_24，并单击 打开⑩ 按钮即可打开零件库中的实例（子零件）L_24。

图6-43　"按名称"选项卡　　　　　　　　图6-44　"按参数"选项卡

使用同样的方法可打开其他的零件。

## 6.2.8　产生加速文件

建立零件库后，用户每次打开零件库中的零件时，系统都将重新计算产生的所有特征，这样会花费很长的时间。为此，Pro/ENGINEER提供了加速文件，它将保存零件库中的信息，这样可以减少加载零件的时间。在零件模式中加速文件的后缀名为".xpr"，而在装配模式中加速文件的后缀名为".xas"。此外，系统还可以产生零件库的索引文件，其后缀名为".idx"。

### 1．产生索引文件

打开文件 neiliujiao-luoding.prt，并在"选取实例"对话框中选择"普通模型"选项，即可打开零件库的原型零件。然后依次选择"文件"|"实例操作"|"更新索引"命令，如图6-45所示。

此时系统提示用户输入索引文件的路径，如图6-46所示，输入该文件的路径后单击 ✔ 按钮或按Enter键。接着提示用户是否保存该索引，如图6-47所示，单击 ✔ 按钮或按Enter键。这样系统在当前目录下产生了一个名为"*.idx"的索引文件，其中*为当前文件夹的名称。

### 2．产生加速文件

依次选择"文件"|"实例操作"|"加速器选项"命令，系统将弹出"实例加速器"对话框，如图6-48所示，选中该对话框的"始终"单选按钮。

单击 更新 按钮，则系统弹出如图6-49所示的"确认"对话框，提示用户是否一定要更新。接着单击"确认"对话框中的 是(Y) 按钮，系统将会进行计算，并自动产生加速文件，如L_20.xpr、L_20_N.xpr、L_24.xpr、L_24_N.xpr 等。

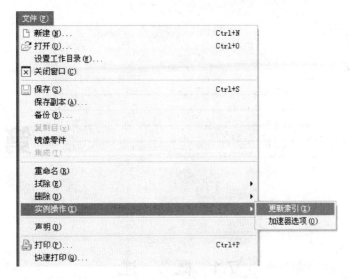

图 6-45 命令选取流程

图 6-46 提示输入索引文件的路径

是否保存索引? D:\Documents and Settings\sjh\My Documents\

图 6-47 提示是否保存该索引

图 6-48 "实例加速器"对话框

图 6-49 "确认"对话框

保存并退出文件后，再次打开该文件时，则可以减少加载零件的时间。

提示

　　　　选中"创建选项"栏的"无"单选按钮，则系统在实例（子零件）进行保存时不产生加速文件，此时当用户打开零件库中的零件时，系统将会花费很长的时间。

　　　　选中"始终"单选按钮，则系统在实例（子零件）进行保存时将产生加速文件，此时当用户打开零件库中的零件时，系统可以减少加载零件的时间。

　　　　选中"显式"单选按钮，则系统只在显式实例（子零件）进行保存时产生加速文件。

# 第 **7** 章

## 装配

## 7.1 概　　述

零件设计只是产品开发的过程中一个简单的基本操作过程，最终用户需要的往往是一个装配体，即由很多个零件装配而成的产品。在 Pro/ENGINEER Wildfire 中，零件装配是通过定义零件模型之间的装配约束来实现的，也就是在各零件之间建立的一定的链接关系，并对其进行约束，从而确定各零件在空间的具体位置关系。可以这样说，零件之间的装配约束关系就是实际环境中零件之间的设计关系在虚拟环境的映射。因此，如何定义零件之间的装配约束关系是零件装配的关键。

由于 Pro/ENGINEER 是建立在单一数据库之上的，因此零件与装配体是相关联的，这样如果修改装配体中的零件，则与其对应的单个零件也将发生相应的变化，同样如果修改单个零件，则装配体中与其对应的零件也将发生相应的变化。另外建立起来的装配体可以生成分解图，从而可以直观地观察到各零件之间的设计关系，并且用户也可以从装配体中生成工程装配图。

本章以讲解操作实例的方式，详细讲解 Pro/ENGINEER Wildfire 中零件装配的过程，以便用户快速掌握零件装配的基本概念和操作步骤。

### 7.1.1　基本概念

在 Pro/ENGINEER 的零件装配过程中，用户将遇到一个最基本、最重要的概念，即装配约束。零件装配是通过定义零件模型之间的装配约束来实现的，该装配约束是实际环境中零件之间的装配设计关系在虚拟设计环境的映射。

下面结合图形讲解零件的装配约束。图 7-1 中内六角螺钉与部件为将要进行装配的零部件模型。图 7-2 为零部件的装配过程，从该图可以看出零部件的装配是通过定义装配约束来完成的。

在 Pro/ENGINEER 中，系统对应于现实环境的装配情况定义了许多装配约束，如匹配、插入等，因此，在 Pro/ENGINEER 中进行零件装配就必须定义零件之间的装配约束。装配约束定义完成后，系统根据用户定义的约束自动进行零件装配，因此可以说，在 Pro/ENGINEER 中零件的装配过程就是定义零件模型之间的装配约束过程。

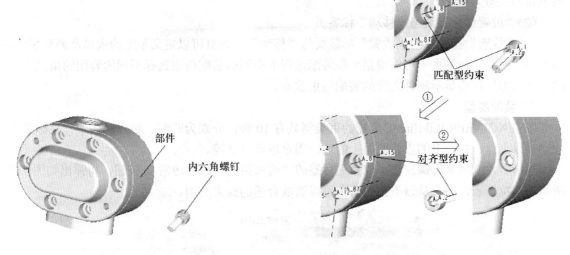

图 7-1　将要进行装配的零部件模型　　　　图 7-2　零部件的装配过程

### 7.1.2　装配工具及装配类型

#### 1．装配工具

在 Pro/ENGINEER 中，进行零件装配的操作主要是在其"元件放置"对话框中完成的，因此可以说，"元件放置"对话框就是 Pro/ENGINEER 的装配工具。用户应当掌握该对话框中的各项设置，这样才可以熟练地进行零件装配。

在组件模式（又称装配模式）下，依次选择菜单管理器中的"元件"|"装配"命令，此时系统弹出"元件放置"操控板，如图 7-3 所示。用户可以定义零件之间的装配约束，从而达到装配零件的目的。

图 7-3　"元件放置"操控板

（1）▫ 按钮与 ▫ 按钮

图 7-3 中"元件放置"操控板右端的 ▫ 按钮与 ▫ 按钮用来指定零件的放置方式，其中 ▫ 按钮为"独立窗口"按钮，▫ 按钮为"组件窗口"按钮。当用户单击"独立窗口"按钮 ▫ 时，装配零件以独立窗口方式显示，该零件将出现在主窗口左方的一个独立窗口内。当用户单击"组

件窗口"按钮  时，装配零件以组件窗口方式显示，装配零件将出现在主窗口内，系统默认该按钮的状态为按下。

（2）"放置"标签页与"移动"标签页

"元件放置"操控板的"放置"标签页与"移动"标签页可以定义装配约束以及调整装配，其中在"放置"标签页中可以根据零件装配过程中不同的装配约束选择不同的装配约束类型，同时"状态"栏将显示零件之间的装配约束状态。

### 2．装配类型

Pro/ENGINEER Wildfire 的装配约束类型共有 10 种，分别为匹配、对齐、插入、坐标系、相切、线上点、曲面上的点、曲面上的边、固定以及自动等。

单击"元件放置"操控板"放置"标签的"约束类型"栏右边的 按钮，将弹出如图 7-4 所示的下拉列表，用户从该下拉列表中可以选取合适的约束类型。

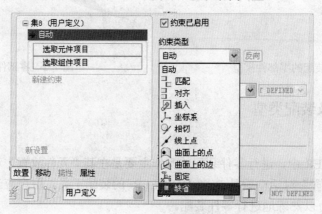

图 7-4　"约束类型"下拉列表

### 3．重点讲解

下面就分别介绍这几种装配约束类型。

（1）匹配

用于两平面相贴合，并且这两平面呈反向，如图 7-5 所示。操作方法很简单，选取该装配约束后，接着选取两平面即可，如图 7-6 所示。

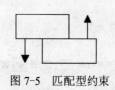

图 7-5　匹配型约束　　　　　　　　　图 7-6　匹配型约束操作过程

> **注意**
>
> 　若要求两平面呈反向贴合并且偏移一定距离时，可以选择"偏移"列表中的"偏距"方式，在"偏距"栏中输入偏移值，如图 7-7 所示，其操作过程如图 7-8 所示。

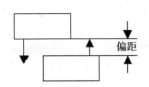

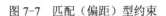

图 7-7　匹配（偏距）型约束　　　　　图 7-8　匹配（偏距）型约束操作过程

（2）对齐

用于两平面或两中心线（轴线）相互对齐，其中两平面对齐时，它们同向对齐；两中心线对齐时，在同一直线上，如图 7-9 所示，操作方法如图 7-10 所示。

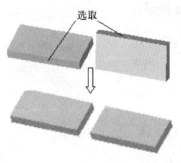

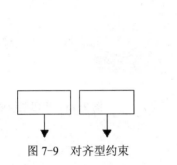

图 7-9　对齐型约束　　　　　　　图 7-10　对齐型约束操作过程

**注意**

若要求两平面对齐并且偏移一定距离时，则可以直接在"偏距"栏中输入偏移距离值，如图 7-11 所示，其操作过程如图 7-12 所示。

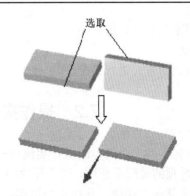

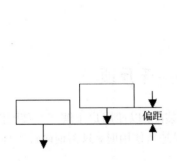

图 7-11　对齐（偏距）型约束　　　　图 7-12　对齐（偏距）型约束操作过程

（3）插入

用于轴与孔之间的装配。该装配约束可以使轴与孔的中心线对齐，共处于同一直线上。选取该装配约束后，分别选取轴与孔即可，如图 7-13 所示。

图 7-13　插入型约束

（4）坐标系

利用两零件的坐标系进行装配。该装配约束是将两零件的坐标系重合在一起。选取该装配约束后，分别选取两零件的坐标系即可，如图 7-14 所示。

（5）相切

以曲面相切方式对两零件进行装配。选取该装配约束后，分别选取要进行配合的两曲面即可，如图 7-15 所示。

图 7-14　坐标系型约束　　　　　　　　　　　　图 7-15　相切型约束

（6）线上点

以两直线上某一点相接的方式对两零件进行装配。

（7）曲面上的点

以两曲面上某一点相接的方式对两零件进行装配。

（8）曲面上的边

以两曲面上某一条边相接的方式对两零件进行装配。

（9）固定

将零件固定在当前位置。

（10）自动

以系统默认的方式进行装配。

## 7.2　操作实例 1——千斤顶

本节将首先讲解一个简单的操作实例——千斤顶装配，以便用户了解零件装配的全部过程。图 7-16 为千斤顶的装配示意图，该千斤顶的工作原理是当使用时，只需逆时针方向转动旋转杆 3，起重螺杆 2 就向上移动，并将重物顶起。

在千斤顶的装配体中可以看到，主要的装配关系包括底座与起重螺杆之间的装配、起重螺杆与顶盖之间的装配、起重螺杆与螺丝钉之间的装配、起重螺杆与旋转杆之间的装配。具体的装配过程可以有两种方式，一种是直接建立一个装配体，并将所有的零件逐个导入后装配；一种是首先将一些零件建立成子装配体或部件，然后再对这些零部件进行装配。笔者比较倾向于后一种，即把起重螺杆、顶盖以及螺丝钉等零件组合在一起作为一个部件。先装配体的部件，然后进行整体安装。

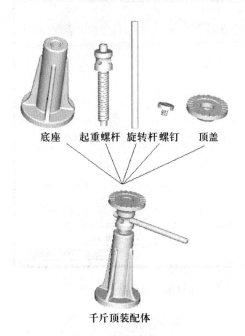

底座 起重螺杆 旋转杆螺钉 顶盖

千斤顶装配体

图 7-16 千斤顶装配体

千斤顶的零件模型在前面的章节中均有涉及，在此就略去其零件的建模过程，用户可以将本书配套资源中的 asm 文件夹复制到用户计算机硬盘的 d:\proeWildfire 目录。下面就千斤顶装配过程中的具体操作步骤予以详细地讲解。

### 7.2.1 设置工作目录

为了便于选取零件模型，提高工作效率，建议用户设置工作目录。从 Pro/ENGINEER Wildfire 的主菜单栏选择"文件"命令，如图 7-17 所示，系统弹出"文件"下拉菜单。选择"设置工作目录"命令，系统将弹出"选取工作目录"对话框，如图 7-18 所示。

从"查找范围"下拉列表中选择"d:\proeWildfire\asm\千斤顶"作为当前工作目录，或者直接在"文件名"文本框中输入工作目录的路径。

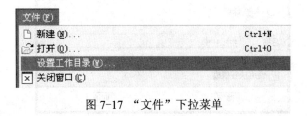

图 7-17 "文件"下拉菜单

### 7.2.2 创建千斤顶的子装配体

根据零件的特点和实际装配的情况，首先将起重螺杆、顶盖和螺钉装配在一起，构成千斤顶的子装配体。完成装配后该子装配体如图 7-19 所示。

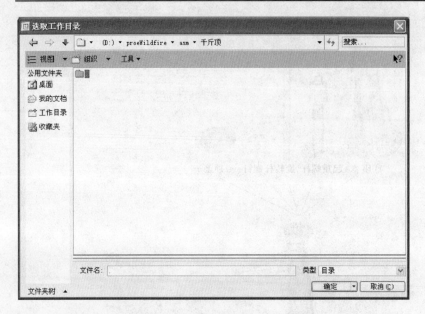

图 7-18　"选取工作目录"对话框

图 7-19　千斤顶的子装配体

**1. 进入装配模式**

在图 7-17 所示的主菜单栏"文件"下拉菜单中选择"新建"命令，或者单击工具栏的按钮，系统自动弹出"新建"对话框，如图 7-20 所示。

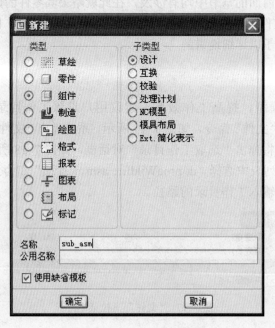

图 7-20　"新增"对话框

在"类型"栏中选中"组件"单选按钮，同时在"子类型"栏中选中"设计"单选按钮，并且在该对话框的"名称"文本框中输入文件的名称，例如子装配体的文件名称 sub_asm。如果需要使用系统的默认模板，则选中对话框的"使用缺省模板"复选框。此时单击 确定 按钮后，即可生成装配默认基准平面，如图 7-21 所示，这样就开始装配零件。

**2. 选取起重螺杆零件模型**

在主菜单栏中依次选择"插入"│"元件"│"装配"命令，如图 7-22 所示，或直接单击工具栏中的 按钮。系统自动弹出"打开"对话框，在该对话框中选择主体装配零件文件 qizhongluogan.prt，如图 7-23 所示。单击 打开 按钮完成主体装配零件的选取。

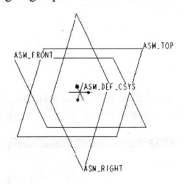

图 7-21　生成装配默认基准平面

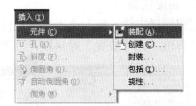

图 7-22　命令选择流程

图 7-23　"打开"对话框

此时起重螺杆零件模型出现在主窗口中，调整视觉方向后如图 7-24 所示，同时系统显示"元件放置"操控板。单击该对话框中的 按钮，完成起重螺杆零件模型的选取。

图 7-24    起重螺杆零件模型

### 3. 装配顶盖

采用同样方法，插入顶盖零件文件 dinggai.prt。单击 打开 按钮完成顶盖零件的选取，此时系统弹出"元件放置"对话框，顶盖零件出现在主窗口中，调整视觉方向后如图 7-25 所示。

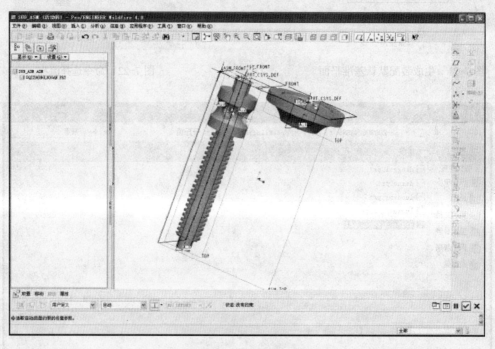

图 7-25    插入顶盖文件

 注意

此时单击"元件放置"对话框顶部第一栏的"独立窗口"按钮 ，则顶盖以独立窗口方式显示于主窗口左方的一个独立窗口内，如图 7-26 所示。

根据起重螺杆与顶盖的实际装配关系，将两者装配起来需要两个装配约束，即插入与匹配，如图 7-27 所示。

下面通过定义这两个装配约束来完成起重螺杆与顶盖之间的装配。

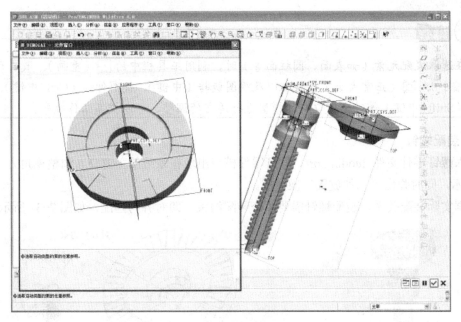

图 7-26　以独立窗口方式显示零件

（1）定义匹配型装配约束

在"元件放置"操控板的"约束类型"下拉列表中选择"匹配"选项，然后在主窗口中选取如图 7-27 所示的存在匹配型约束的表面，完成该选取操作后，起重螺杆与顶盖之间的装配情况如图 7-28 所示。

（2）定义插入型装配约束

在"元件放置"操控板的"放置"滑板中选择"约束类型"下拉列表中的"插入"选项，然后在主窗口中选取如图 7-27 所示的存在插入型约束的两个圆柱面。

（3）完成装配操作

确定以上装配约束无误后，单击"元件放置"操控板的"确定"按钮，结束起重螺杆与顶盖的装配操作，此时装配体如图 7-29 所示。

图 7-27　装配约束示意图

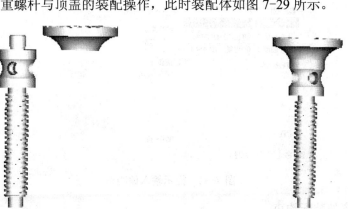

图 7-28　定义匹配型约束后的情况　　图 7-29　完成起重螺杆与顶盖的装配

**注意**

　　在选取装配元素（如表面、圆柱面等）时，利用工具栏中的 🖿 （重画）、🔍 （放大）、🔍 （缩小）、🔍 （正常大小）等按钮以及视图旋转（中键）、视图伸缩（Ctrl+中键）、视图平移（Shift+中键）等对主窗口中的模型进行适当的调整，可以提高工作效率。

### 4．装配螺钉

　　插入螺钉零件文件 luoding.prt。螺钉零件模型出现在系统的主窗口，调整视角方向后如图 7-30 所示，同时弹出"元件放置"操控板。

　　根据实际装配关系，装配螺钉需要两个装配约束，即对齐与匹配，如图 7-31 所示。

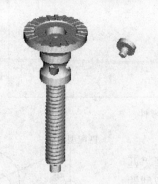

图 7-30　主窗口出现螺钉零件

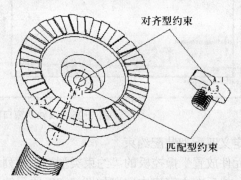

图 7-31　装配约束示意图

### （1）定义匹配型装配约束

　　在"元件放置"操控板"放置"滑板的"约束类型"下拉列表中选择"匹配"选项，在"偏移"下拉列表中选择"偏距"选项，然后在主窗口中选取如图 7-31 所示的存在匹配型约束的两个表面，此时在零件模型中出现红色箭头，指示偏距的方向，同时系统在信息提示区提示用户输入偏距值。根据所选的两个表面相互贴合的特点，此处输入偏距值"0"，如图 7-32 所示。完成以上选取操作后，螺钉的装配情况如图 7-33 所示。

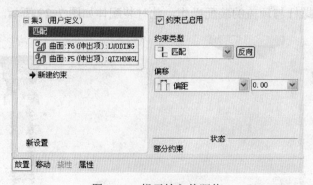

图 7-32　提示输入偏距值

### （2）定义对齐型装配约束

　　在图 7-33 中单击"新建约束"，在"约束类型"下拉列表中选择"对齐"选项，然后在主窗口中选取如图 7-31 所示的对齐型约束的两条中心线，即起重螺杆的 A_1 基准轴线与螺钉的 A_1 基准轴线。

（3）完成装配操作

最后确定以上装配约束无误后，单击"确定"按钮，结束螺钉的装配操作。调整主窗口中装配体的视觉方向后，装配体如图 7-34 所示。

图 7-33　定义匹配型约束后的情况　　　　图 7-34　完成螺钉的装配

这样就创建了千斤顶的子装配体。

### 5. 保存千斤顶的子装配体

选择主菜单"文件"下拉菜单中的"保存"命令或者单击工具栏中的"保存"按钮 ，此时系统在信息提示区提示用户输入要保存的对象，如图 7-35 所示，接受默认的 SUB_ASM.ASM 文件名称，结束千斤顶子装配体的装配过程。

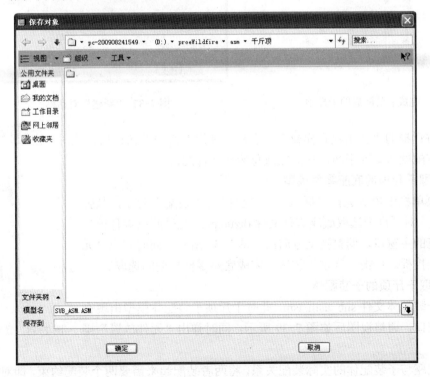

图 7-35　提示输入要保存的对象

### 7.2.3　进行总装配

将已创建的子装配体与底座、螺旋杆装配起来，完成千斤顶的总装配。完成总装配后该千斤顶如图 7-36 所示。

#### 1．创建总装配文件

选择主菜单栏"文件"下拉菜单中的"新建"命令或单击工具栏的 按钮，系统自动弹出"新建"对话框。选中该对话框"类型"栏中的"组件"单选按钮和"子类型"栏中的"设计"单选按钮，并在该对话框"名称"栏的文本编辑框中输入总装配文件名称，例如 ex7_asm，如图 7-37 所示。

图 7-36　完成总装配后的千斤顶

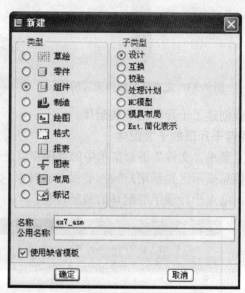

图 7-37　"新建"对话框

选中对话框的"使用缺省模板"复选框，使用系统的默认模板。此时单击 确定 按钮后，即可生成装配默认基准平面，从而完成总装配文件的创建。

#### 2．选取千斤顶的底座零件模型

在主菜单栏中依次选择"插入"｜"元件"｜"装配"命令，从弹出的"打开"对话框中选取底座零件文件 dizuo.prt，此时底座零件模型出现在系统的主窗口，调整视觉方向后如图 7-38 所示，同时弹出"元件放置"操控板。单击"确定"按钮，完成底座零件模型的选取。

#### 3．选取千斤顶的子装配体

插入子装配体文件 sub_asm.asm。此时千斤顶子装配体模型出现在系统的主窗口，调整视图后如图 7-39 所示，同时弹出"元件放置"操控板。

图 7-38　底座零件模型

根据底座与子装配体的实际装配关系，将两者装配起来需要两个装配约束，即对齐与匹配，如图 7-40 所示。下面通过定义这两个装配约束来完成底座与子装配体之间的装配。

 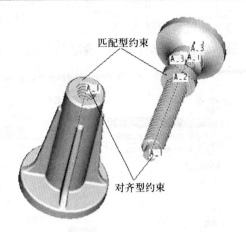

图 7-39 主窗口出现子装配体    图 7-40 装配约束示意图

单击工具栏的 按钮，将基准轴开关打开，此时主窗口中的零件模型将显示基准轴。

（1）定义对齐型装配约束

在"约束类型"下拉列表中选择"对齐"选项，然后在主窗口中选取如图 7-40 所示的存在对齐型约束的两条中心线，即底座的 A_1 基准轴线与起重螺杆的 A_1 基准轴线，底座与子装配体之间的装配情况如图 7-41 所示。

（2）定义匹配型装配约束

建立新约束，在"约束类型"下拉列表中选择"匹配"选项，在"偏移"下拉列表中选择"偏距"选项，然后在主窗口中选取如图 7-41 所示的存在匹配型约束的表面。调整视图大小及方向后装配体如图 7-42 所示。

图 7-41 定义对齐型约束后的情况    图 7-42 底座与子装配体的装配

如图 7-43 所示，在出现的编辑框中输入偏距值 10。此时主窗口的模型中出现红色箭头，指示偏距方向。

（3）完成装配操作

最后确认无误后，单击"确定"按钮，结束底座与子装配体的装配操作，该装配体如图 7-44 所示。

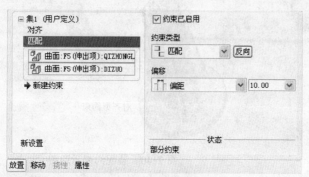

图 7-43   输入偏距值                         图 7-44   完成底座与子装配体的装配

### 4．装配螺旋杆

插入螺旋杆零件文件 luoxuangan.prt。此时螺旋杆零件模型出现在系统的主窗口，如图 7-45 所示。

根据实际装配关系，装配螺旋杆只需 1 个装配约束，即插入型装配约束，如图 7-46 所示。

（1）定义插入型装配约束

在"约束类型"下拉列表中选择"插入"选项，然后在主窗口中选取如图 7-46 所示的存在插入型约束的两个圆柱面。完成以上选取操作后，调整视图大小及方向，此时螺旋杆的装配情况如图 7-47 所示。

图 7-45   主窗口出现螺旋杆零件模型   图 7-46   装配约束示意图   图 7-47   定义插入型约束后的情况

（2）调整螺旋杆的位置

单击"元件放置"操控板的"移动"按钮，在该标签页可以进行调整零件位置的各项设置，如图 7-48 所示。此时选择"运动类型"栏中系统默认的"平移"选项，并在主窗口选取螺旋杆零件，则螺旋杆随着鼠标移动，在理想位置处单击鼠标，从而确定螺旋的位置。

调整螺旋杆的位置后，千斤顶装配体如图 7-49 所示。

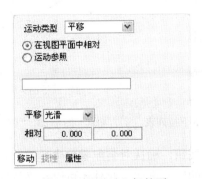

图 7-48 "移动"标签页

图 7-49 调整螺旋杆位置后的千斤顶

（3）完成装配操作

最后确定以上装配约束无误后，单击"元件放置"操控板的"确定"按钮，结束螺旋杆的装配操作。

至此完成了千斤顶的装配操作。

（4）重点讲解

"元件放置"操控板的"移动"标签页主要用于调整第二个装配零件在主窗口中位置。

下面就以上内容分别进行介绍。

① "运动类型"栏。图 7-48 中"运动类型"栏共有 4 种运动类型，分别为"平移"、"旋转"、"调整"和"定向模式"。选择其中的一种移动类型，然后在主窗口中选取第二个装配零件，再移动鼠标，该装配零件就随鼠标进行移动，在理想位置处单击鼠标确定装配零件的位置。

② "运动参照"栏。选取运动类型之后可以选取运动参考（或运动基准），就是说装配零件将相对于什么进行移动。选中"运动参照"单选按钮，则可以选择 7 种运动参照选项，如图 7-50 所示。

图 7-50 "运动参照"下拉列表

③ "运动增量"栏。用于设置运动增量，即每次运动的距离（或方式）。对应于移动的类型，设置运动增量也有两种，一种是"平移"增量设置，一种是"旋转"增量设置。

当对第二个装配零件进行平移操作时，需要设置"平移"增量，单击其右边的 ✓ 按钮则弹出如图 7-51 所示的下拉列表，其中有 4 个选项，即"光滑"、"1"（一次移动 1 个单位）、"5"（一次移动 5 个单位）、"10"（一次移动 10 个单位），从中选择一个即可。系统默认设置项为"光滑"选项，即平稳移动，一次可移动任意长度的距离。

当对第二个装配零件进行旋转操作时，需要设置"旋转"增量，单击其右边的 ✓ 按钮则弹出如图 7-52 所示的下拉列表，其中有 6 个选项，即："光滑"、"5"（一次旋转 5 度）、"10"（一次旋转 10 度）、"30"（一次旋转 30 度）、"45"（一次旋转 45 度）、"90"（一次旋转 90 度），从中选择一个即可。系统默认设置项为"光滑"选项，即平稳旋转，一次可旋转任意大小的角度。

④ "位置"栏。当使用鼠标拖动装配零件进行平移、旋转或位置调整时，在"位置"栏中将显示零件相对移动的距离（以选定参照上的坐标为基准），如图 7-53 所示。

图 7-51　"平移"增量下拉列表　　图 7-52　"旋转"增量下拉列表　　图 7-53　"位置"栏

当以上所有设置都设置完毕后，单击"确定"按钮，确认对装配零件进行的所有操作；单击对话框中的"取消"按钮则取消对装配零件进行的所有操作，此外还可以在确认操作之前单击对话框中"预览"按钮，对所作操作的结果进行预览，预览满意后再进行确认操作。

**5．保存千斤顶装配体**

接受默认的 EX7_ASM.ASM 文件名称，保存文件，结束千斤顶子装配体的装配过程。

# 7.3　操作实例 2——齿轮油泵

本节将详细讲解齿轮油泵的装配过程，以便用户加深理解零件装配的具体内容。

齿轮油泵用来给液压系统提供压力油，多用于润滑，也可用于驱动，其装配示意图与工作原理图如图 7-54 所示，齿轮轴 4（主动）和齿轮 3 是一对按图示方向旋转的啮合齿轮，工作中从吸油口将低压油吸入，然后由两齿轮按旋转方向沿泵体内壁将油送至出油口，即得到所需要的压力油。

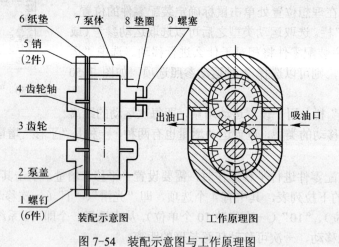

图 7-54　装配示意图与工作原理图

通过装配示意图将齿轮油泵装配起来，最终的齿轮油泵装配体如图 7-55 所示，其分解图如图 7-56 所示。

从图 7-56 中可以看出，由于存在齿轮与齿轮轴之间的装配，因而使齿轮油泵的装配变得比较复杂。

齿轮油泵的零件模型在前面的章节中均有涉及，在此就略去了其零件的建模过程，用户可以将本书配套资源 ch8 文件夹中的 asm 文件夹复制到用户计算机硬盘的 d:\proeWildfire 目录。

下面就齿轮油泵装配过程中的具体操作步骤予以详细地讲解。

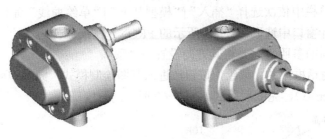

图 7-55　齿轮油泵装配体图

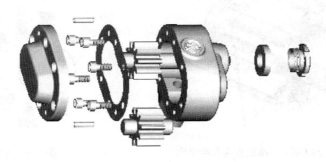

图 7-56　齿轮油泵分解图

## 7.3.1　设置工作目录

将"d:\proeWildfire\asm\齿轮油泵"作为当前工作目录。

## 7.3.2　添加齿轮与齿轮轴的装配辅助基准面

打开齿轮零件文件 chilun.prt，如图 7-57 所示。

下面将要为该齿轮添加如图 7-58 所示的 DTM1 和 DTM2 装配辅助基准面，其中 DTM1 基准面通过分度圆与齿廓面的交点并且相切于该齿廓面，而 DTM2 基准面是通过分度圆与齿廓面的交点并且垂直于该齿廓面的。

图 7-57　主窗口出现齿轮零件模型

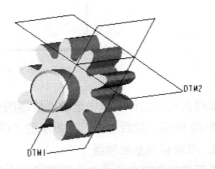

图 7-58　添加装配辅助基准面

### 1．绘制分度圆

在系统的主菜单栏中依次选择"插入"|"模型基准"|"草绘曲线"命令，此时系统弹出"草绘"对话框，在设计窗口中选取图 7-59 所示的 FRONT 基准面作为草绘平面，并选取 RIGHT 基准面作为草绘方向的参照，同时将其方向设置为"顶"。

单击"草绘"对话框中的"草绘"按钮，进入草图绘制模式，此时即可绘制一个直径为 30 的圆（其中 Z=10，m=3），完成后得到如图 7-60 所示的分度圆。

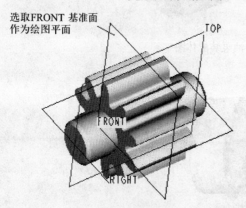

图 7-59　选取 FRONT 基准面作为草绘平面　　　　图 7-60　齿轮分度圆

### 2．添加辅助基准点

在系统的主菜单栏中依次选择"插入"|"模型基准"|"点"|"点"命令，系统弹出"基准点"对话框，如图 7-61 所示。

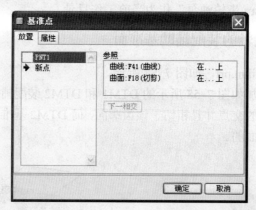

图 7-61　"基准点"对话框

此时直接在设计窗口中选取刚绘制的分度圆曲线，接着按住 Ctrl 键并选取齿轮的齿廓面，如图 7-62 所示。最后单击对话框中的"确定"按钮即可得到基准点 PNT0，如图 7-63 所示。

### 3．添加辅助基准轴线

在系统的主菜单栏中依次选择"插入"|"模型基准"|"轴"命令，系统将弹出"基准轴"对话框，如图 7-64 所示。

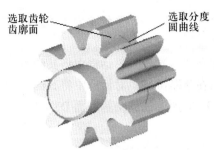

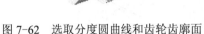

图 7-62　选取分度圆曲线和齿轮齿廓面　　　图 7-63　得到基准点 PNT0　　　图 7-64　"基准轴"对话框

此时直接在设计窗口中选取齿轮的齿廓面，如图 7-65 所示，并在"基准轴"对话框中将其约束设置为"法向"，接着按住 Ctrl 键并选取刚绘制的基准点 PNT0。最后单击对话框中的"确定"按钮即可得到基准轴线 A_5，如图 7-66 所示。

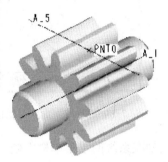

图 7-65　选取基准点 PNT0 和齿轮齿廓面　　　　　图 7-66　得到基准轴线 A_5

同样在系统的主菜单栏中依次选择"插入"|"模型基准"|"轴"命令，系统将弹出"基准轴"对话框。

在设计窗口中选取齿轮的端面，如图 7-67 所示，并在"基准轴"对话框中将其约束设置为"法向"，接着按住 Ctrl 键并选取基准点 PNT0。最后单击对话框中的"确定"按钮即可得到如图 7-68 所示的基准轴线 A_6。

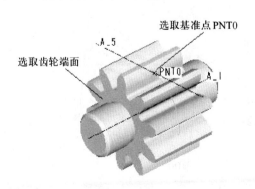

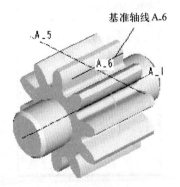

图 7-67　选取齿轮的端面及基准点 PNT0　　　　　图 7-68　得到基准轴线 A_6

#### 4．添加辅助基准面

在系统的主菜单栏中依次选择"插入" | "模型基准" | "平面"命令，系统将弹出"基准平面"对话框，如图 7-69 所示。

此时直接在设计窗口中选取刚绘制的基准轴线 A_6，并在"基准轴"对话框中将其约束设置为"穿过"。接着按住 Ctrl 键并选取基准轴线 A_5，然后在"基准轴"对话框中将其约束设置为"法向"。单击对话框中的"确定"按钮即可得到如图 7-70 所示的辅助基准面 DTM1。

图 7-69　"基准平面"对话框

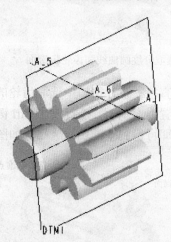

图 7-70　得到基准面 DTM1

同样在系统的主菜单栏中依次选择"插入" | "模型基准" | "平面"命令，打开"基准平面"对话框。

在设计窗口中选取基准轴线 A_6，并在"基准轴"对话框中将其约束设置为"穿过"。接着按住 Ctrl 键并选取基准轴线 A_5，然后在"基准轴"对话框中将其约束设置为"穿过"，完成以上设置后的"基准平面"对话框如图 7-71 所示。最后单击对话框中的"确定"按钮即可得到如图 7-72 所示的辅助基准面 DTM2。

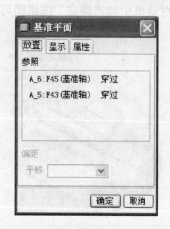

图 7-71　"基准平面"对话框

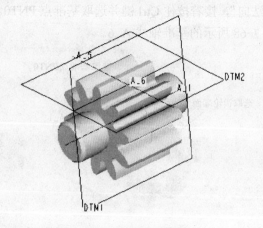

图 7-72　得到基准面 DTM2

**注意**

如果用户将基准平面开关打开，则基准平面 RIGHT、TOP 以及 FRONT 等也显示于主窗口的模型中，此时画面显得比较乱，如图 7-73 所示。为了使画面变得简洁、清楚，可以进行以下操作将基准平面 RIGHT、TOP 以及 FRONT 等隐藏起来：用鼠标右击模型树中的基准平面名称，在弹出式菜单中选择"隐藏"命令即可。

### 5. 添加齿轮轴的装配辅助基准面

以同样的方法添加齿轮轴的装配辅助基准面 DTM3 和 DTM4，如图 7-74 所示，其中 DTM3 基准面通过分度圆与齿廓面的交点并且相切于该齿廓面，而 DTM4 基准面是通过分度圆与齿廓面的交点并且垂直于该齿廓面的。

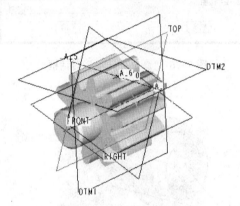
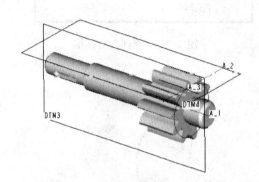

图 7-73　打开基准平面开关　　　　　图 7-74　添加基准面 DTM3 和 DTM4

## 7.3.3　创建齿轮油泵的子装配体

根据齿轮油泵的装配特点，首先创建由螺塞与垫圈组成的子装配体。

选择主菜单栏"文件"下拉菜单中的"新建"命令或单击工具栏的 ▯ 按钮，系统自动弹出"新建"对话框。选中该对话框"类型"栏中的"组件"单选框和"子类型"栏中的"实体"单选框，并在该对话框"名称"栏的文本编辑框中输入该子装配体文件名称，例如 ex7_asm2_sub，取消选中"使用缺省模板"复选框，如图 7-75 所示。此时弹出"新文件选项"对话框，如图 7-76 所示，并选择"模板"栏中的"空"选项。单击 确定 按钮后，开始创建齿轮油泵的子装配体。

### 1. 选取螺塞零件模型

在主菜单栏中依次选择"插入"|"元件"|"装配"命令，或直接单击工具栏中的 按钮，并从弹出的"打开"对话框中选取齿轮轴零件文件 luosai.prt，此时螺塞零件模型出现在系统的主窗口中，调整视觉方向后如图 7-77 所示。同时弹出"元件放置"操控板，单击该对话框中的 确定 按钮，完成齿轮轴零件模型的选取。

### 2. 装配垫圈

以同样方式插入齿轮零件文件 dianquan.prt，此时垫圈零件模型出现在系统的主窗口，根据螺塞与垫圈的装配关系，需要两个装配约束，即匹配和对齐，如图 7-78 所示。

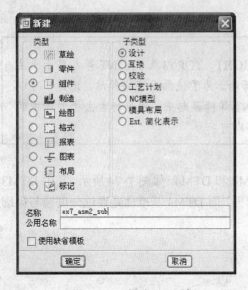

图 7-75 "新建"对话框

图 7-76 "新文件选项"对话框

图 7-77 螺塞零件模型

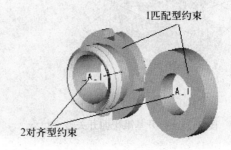

图 7-78 装配约束示意图

下面通过定义这两个装配约束来完成螺塞与垫圈之间的装配。

（1）定义匹配型装配约束

在"放置"滑板的"约束类型"下拉列表中选择"匹配"选项，在"偏移"下拉列表中选择"偏距"选项，然后在主窗口中选取如图 7-78 所示的两个表面。如图 7-79 所示，在偏距框中输入偏距值 10。

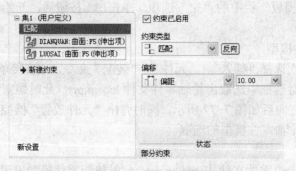

图 7-79 输入偏距值

（2）定义对齐型装配约束

单击"新建约束"按钮，在"约束类型"下拉列表中选择"对齐"选项，然后在主窗口中选取如图 7-78 所示的存在对齐型约束的两条基准轴线，即螺塞的基准轴线 A_1 和垫圈的基准轴线 A_1。

（3）完成装配操作

最后单击"元件放置"操控板的 ☑ 按钮，结束螺塞与垫圈的装配操作，调整视图方向后子装配体如图 7-80 所示。

（4）保存子装配体

与前文所讲相同，不再赘述。

图 7-80 子装配体

### 7.3.4 进行齿轮油泵的总装配

由于在齿轮油泵的装配过程中存在齿轮与齿轮轴之间的装配，因而使得齿轮油泵的装配变得比较复杂。在本例中，该齿轮油泵的虚拟装配不按照其实际装配顺序来完成，而是首先完成齿轮与齿轮轴之间的装配，这样可以简化其装配过程。完成装配后齿轮油泵的装配体如图 7-81 所示。

**1．进入装配模式**

新建装配文件 ex7_asm2，采用空模板。

**2．选取齿轮油泵的齿轮轴零件模型**

插入齿轮轴零件文件 cilunzhou.prt，调整视觉方向后如图 7-82 所示。

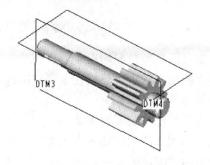

图 7-81 完成装配后齿轮油泵　　　　　　　图 7-82 齿轮轴零件模型

**3．装配齿轮**

插入齿轮零件文件 cilun.prt，调整视图后如图 7-83 所示。

根据齿轮轴与齿轮的啮合关系，将两者装配起来需要 3 个装配约束，即对齐、匹配、匹配，如图 7-84 所示。下面通过定义这 3 个装配约束来完成齿轮轴与齿轮之间的装配。

（1）定义对齐型装配约束

在"元件放置"操控板的"约束类型"下拉列表中选择"对齐"选项，并在"偏移"下拉列表中选择"重合"选项，如图 7-85 所示。

然后在主窗口中选取如图 7-84 所示的存在对齐型约束的两个端面，并在信息提示区的编辑框中输入偏距值 0，此时装配情况如图 7-86 所示。

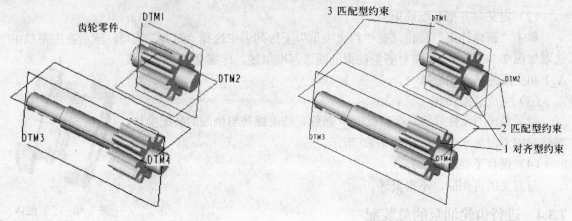

图 7-83　主窗口出现齿轮零件模型　　　　　　图 7-84　装配约束示意图

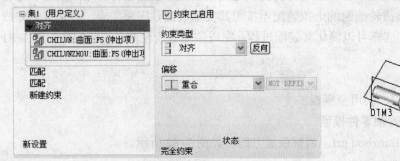

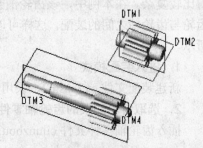

图 7-85　选取"重合"选项　　　　　　图 7-86　完成对齐型装配约束后的情况

（2）定义匹配型装配约束 1

新建"匹配"约束，然后在主窗口中选取齿轮轴的基准面 DTM4 和齿轮的基准面 DTM2，设置偏距值为"0"。

（3）定义匹配型装配约束 2

新建"匹配"约束，然后在主窗口中选取齿轮轴的基准面 DTM3 和齿轮的基准面 DTM1，设置偏距值为"0"。

（4）完成装配操作

确定后调整视图大小及方向后得到齿轮轴与齿轮的装配体，如图 7-87 所示。

**4．装配泵体**

插入泵体零件文件 fati.prt。根据泵体的装配关系，需要 3 个装配约束，即匹配、对齐、对齐，如图 7-88 所示。下面通过定义这 3 个装配约束来完成泵体的装配。

（1）定义匹配型装配约束

新建"匹配"约束，然后在主窗口中选取如图 7-88 所示的存在匹配型约束的两个表面，完成后其装配情况如图 7-89 所示。

（2）定义对齐型装配约束 1

新建"对齐"约束，然后在主窗口中选取如图 7-88 所示对齐型约束的两条中心线，即泵体的 A_3 基准轴线与齿轮轴的 A_1 基准轴线。

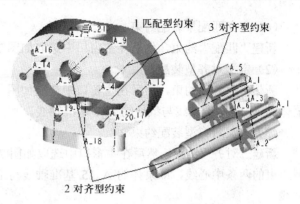

图 7-87 完成齿轮轴与齿轮的装配　　　　　图 7-88 装配约束示意图

（3）定义对齐型装配约束 2

新建"对齐"约束，然后在主窗口中选取如图 7-88 所示的存在对齐型约束的两条中心线，即泵体的 A_4 基准轴线与齿轮的 A_1 基准轴线。

（4）完成装配操作

最后单击"元件放置"操控板的"确定"按钮，结束泵体的装配操作，此时装配情况如图 7-90 所示。

图 7-89 完成匹配型装配约束后的情况　　　　图 7-90 完成泵体的装配

### 5. 装配纸垫

插入纸垫零件文件 zhidian.prt，如图 7-91 所示。根据纸垫的装配关系，将其装配起来需要 3 个装配约束，即匹配、对齐、对齐。

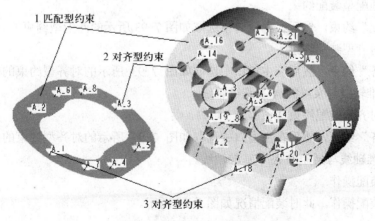

图 7-91 装配约束示意图

（1）定义匹配型装配约束

新建"匹配"约束，然后在主窗口中选取如图7-91所示的匹配型约束的两个表面。

（2）定义对齐型装配约束1

新建"对齐"约束，然后在主窗口中选取如图 7-91 所示的对齐型约束的两条中心线，即泵体的 A_14 基准轴线与纸垫的 A_3 基准轴线。

（3）定义对齐型装配约束2

新建"对齐"约束，然后在主窗口中选取如图 7-91 所示的对齐型约束的两条中心线，即泵体的 A_15 基准轴线与纸垫的 A_1 基准轴线。

（4）完成装配操作

结束纸垫的装配操作，此时装配情况如图7-92所示。

**6. 装配泵盖**

插入泵盖零件文件 benggai.prt，根据泵盖的装配关系，将其装配起来需要 3 个装配约束，即匹配、对齐、对齐，如图7-93所示。

图 7-92　完成纸垫的安装

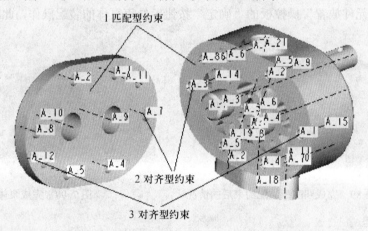

图 7-93　装配约束示意图

（1）定义匹配型装配约束

新建"匹配"约束，然后在主窗口中选取如图7-93所示的匹配型约束的两个表面。

（2）定义对齐型装配约束1

新建"对齐"约束，然后在主窗口中选取如图 7-93 所示的对齐型约束的两条中心线，即纸垫的 A_3 基准轴线与泵盖的 A_7 基准轴线。

（3）定义对齐型装配约束2

新建"对齐"约束，然后在主窗口中选取如图 7-93 所示的对齐型约束的两条中心线，即纸垫的 A_1 基准轴线与泵盖的 A_8 基准轴线。

（4）完成装配操作

结束泵盖装配操作，此时装配情况如图7-94所示。

### 7. 装配销钉

插入销钉零件文件 xiao.prt，其装配需要 1 个插入型装配约束，如图 7-95 所示。

图 7-94　完成泵盖的安装

图 7-95　装配约束示意图

（1）定义插入型装配约束

新建"插入"约束，然后在主窗口中选取如图 7-95 所示的插入型约束的两个圆柱面，此时销钉的装配情况如图 7-96 所示。

（2）调整销钉的位置

单击"元件放置"操控板的"移动"按钮，在"运动类型"栏中选择"平移"选项，在主窗口选取销钉零件后拖动鼠标，此时销钉随着鼠标移动。在理想位置处单击鼠标，确定销钉的位置。

（3）完成装配操作

结束销钉的装配操作，此时装配情况如图 7-97 所示。

图 7-96　定义插入型约束后的情况

图 7-97　完成销钉的安装

以同样方法安装另外一个销钉。

### 8. 装配内六角螺钉

插入内六角螺钉零件文件 neiliujiao-luoding.prt，如图 7-98 所示。根据内六角螺钉的装配关系，需要两个装配约束，即匹配和对齐，如图 7-99 所示。

（1）定义匹配型装配约束

新建"匹配"约束，然后在主窗口中选取如图 7-99 所示的匹配型约束的两个表面，设置偏距值为"0"。

（2）定义对齐型装配约束

新建"对齐"约束，然后在主窗口中选取如图 7-99 所示的对齐型约束的两条中心线，即泵盖的 A_7 基准轴线与内六角螺钉的 A_2 基准轴线。

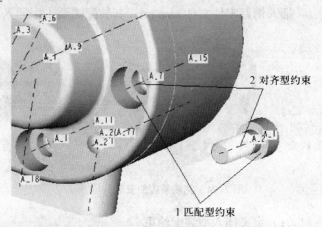

图 7-98　主窗口显示内六角螺钉

图 7-99　装配约束示意图

（3）完成装配操作

结束内六角螺钉的装配操作，此时装配情况如图 7-100 所示。

**9．装配其他 5 个内六角螺钉**

采用步骤 8 可以逐个安装剩余的 5 个内六角螺钉，但是该方法显得比较烦琐。下面采用 Pro/ENGINEER Wildfire 提供的高级装配工具来安装这 5 个内六角螺钉。

（1）首先在模型树或主窗口中选取要进行重复操作的零件（本例为内六角螺钉），然后依次选择主菜单栏的"编辑"|"重复"命令，系统将弹出"重复元件"对话框，如图 7-101 所示。

图 7-100　完成内六角螺钉的装配

（2）单击"可变组件参照"栏的"对齐"行，使之变为蓝色，然后单击 ［　添加　］ 按钮，此时系统弹出"选取"对话框，提示用户从主窗口的装配体中选取对齐轴。

（3）依次选取泵盖的基准轴线 A_2、A_1、A_7、A_4 及 A_5，确认后完成这 5 个内六角螺钉的安装，如图 7-102 所示。

**10．安装齿轮油泵的子装配体**

插入子装配体文件 ex7_asm2_sub.asm，如图 7-103 所示。根据子装配体的装配关系，需要两个装配约束，即匹配与对齐，如图 7-104 所示。

（1）定义匹配型装配约束

新建"匹配"约束，然后在主窗口中选取如图 7-104 所示的匹配型约束的两个表面。

（2）定义对齐型装配约束

新建"对齐"约束，然后在主窗口中选取如图 7-104 所示的对齐型约束的两条基准轴线，即垫圈的基准轴线 A_1 和齿轮轴的基准轴线 A_1。

（3）完成装配操作

结束装配操作，此时装配情况如图 7-105 所示。

图 7-101 "重复元件"对话框

图 7-102 完成其余 5 个内六角螺钉的安装

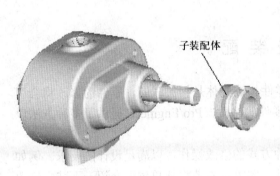

图 7-103 主窗口显示子装配体

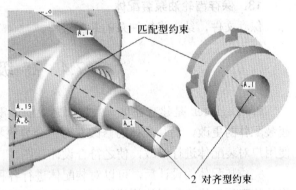

图 7-104 装配约束示意图

## 11. 装配完毕

至此，完成了齿轮油泵的全部零部件的安装，调整主窗口模型的视图大小及方向后，得到如图 7-106 所示的齿轮油泵装配体。

图 7-105 完成子装配体的安装

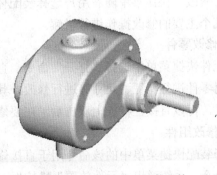

图 7-106 齿轮油泵的装配体

**12．分解齿轮油泵装配体**

在主菜单栏中，依次选择"视图"|"分解"|"分解视图"命令，可以创建齿轮油泵装配体的分解图，如图 7-107 所示。分解图完成后，"分解视图"选项被"取消分解视图"选项取代，此时选取"取消分解视图"选项，系统将取消装配体的分解图，恢复原样。

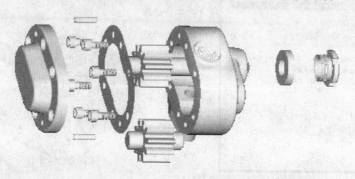

图 7-107　齿轮油泵的分解图

**13．保存齿轮油泵装配体**

保存文件，结束齿轮油泵的装配过程。

# 7.4　高 级 装 配

Pro/Engineer 是建立在单一数据库之上的，零件与装配体是相关联的，零件的修改将会引起装配体的更改，而装配体的修改有时也会导致零件的修改。Pro/Engineer 提供了多种方法以便用户对装配体进行修改，使之符合设计意图。

完成装配体的设计后，可以对装配体进行各种方式的修改操作，以满足设计的要求。例如修改装配体、修改装配体的结构以及修改装配设计意图等。本节将从总体上介绍一下装配修改的各种方式。

## 7.4.1　修改装配体

在组件模式（亦称装配模式）下，可以通过"编辑"主菜单中的命令以及模型树中的快捷菜单进行修改。快捷菜单随着用户选择装配体和元件的不同而不同，分别如图 7-108 所示。下面将就几个主要的修改操作进行讲解。

**1．修改零件**

在元件快捷菜单中选择"打开"命令，直接打开要修改的零件窗口，在其中可以按照用户的需要对零件进行特征、尺寸等进行修改，其操作同零件编辑修改一样。例如，如果要修改零件的尺寸，可以直接在特征上双击后，在要修改的尺寸上双击，输入新的尺寸值即可。

**2．修改组件**

在子装配快捷菜单中的该命令用于直接修改装配体，例如对装配体进行移动、修改尺寸等。选择该命令，系统弹出"元件放置"操控板，从中选择相应选项进行修改操作即可。

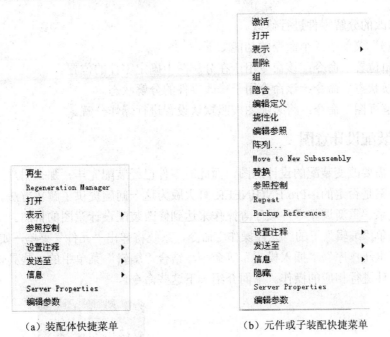

（a）装配体快捷菜单　　　　　　（b）元件或子装配快捷菜单

图 7-108　快捷菜单命令

### 3. 替换

该命令用于替换装配体中的某个元件或子装配，此为系统默认命令。选择该命令后，系统将会显示"替换"对话框，如图 7-109 所示。用户可以通过"浏览"按钮找到新元件文件。

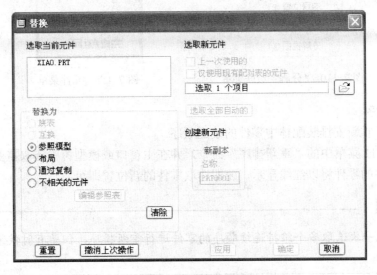

图 7-109　"替换"对话框

### 4. 修改分解

对于装配件的分解图，可以进行适当修改。依次选择主菜单"视图"｜"分解"命令后，系统将会显示"分解"级联菜单，如图 7-110 所示，从中选择相应的命令，然后在装配件中选取需要进行修改的分解零件进行修改。

"修改分解"菜单中各个命令的功能如下。

（1）"编辑位置"命令：该命令用于在分解图中确定零件的位置。

（2）"切换状态"命令：该命令用于修改零件的分解状态。

（3）"分解视图"命令：将装配图按照默认设置进行爆炸分解。

## 7.4.2　修改装配设计意图

有时用户需要改变装配的设计意图，而此时零件已经装配完毕，那么用户是否必须重新装配零件呢？答案是否定的，Pro/ENGINEER 野火版为这一问题提供了解决方法。例如可以通过重定义装配关系、重新调整零件顺序等操作来达到修改装配设计意图的目的。

选择主菜单"编辑"下的"元件操作"命令，系统将弹出"元件"菜单，如图 7-111 所示，从其中选择"重新排序"、"插入模式"等命令，结合"编辑"菜单中的一些具体命令，可以对装配体中的零件进行相应的操作。下面介绍一下这些命令。

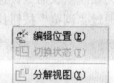

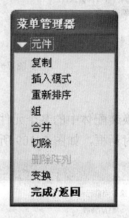

图 7-110　"分解"级联菜单　　　　　　　　图 7-111　元件菜单

### 1．重新排序

该命令用于重新安排装配体中零件的装配顺序。

选择图 7-111 菜单中的"重新排序"命令，并在主窗口或模型树中选取需要重新排序的零件，此时被选中的零件将以红线显示，随即选取零件的新位置即可。

　　　用户可以一次选取多个维持连续顺序的零件进行重新排序，但是有时候某些零件不能重新排序。

### 2．插入模式

该命令用于恢复在插入另一个零件之前的装配体。

选择图 7-111 菜单中的"插入模式"命令，系统弹出"插入模式"菜单，如图 7-112 所示。该菜单的"插入模式"命令用于在上一次取消压缩之后立即进入模式插入新的特征，"取消"命令用于取消插入模式，恢复要插入的隐含特征，该命令只有当插入模式处于激活状态时才可选。

　　例如，选择"激活"命令，然后选取主窗口中的底座模型，
如图 7-113 所示，此时系统提示当前状态插入模式已经激活，同
时根据装配顺序，底座零件之后的零部件均被隐藏，如图 7-114
所示。此时再次打开"插入模式"菜单，可以发现"取消"命令
处于可选状态，选择该命令，系统提示是否要恢复隐藏的零件，
如图 7-115 所示，单击 是(Y) 按钮或者直接按 Enter 键则系统取消
插入模式，同时主窗口中的模型恢复原样。

图 7-112　"插入模式"菜单

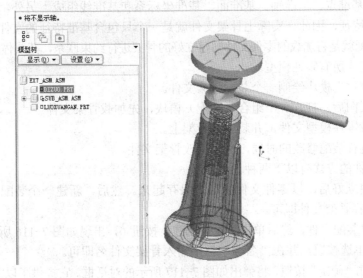

图 7-113　选取底座

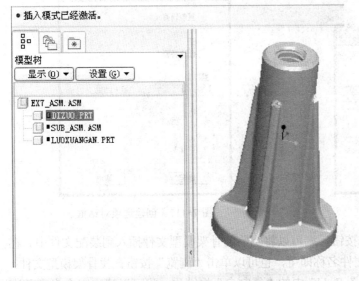

图 7-114　处于插入模式状态时的情况

图 7-115　提示是否要恢复隐藏的零件

### 7.4.3　骨架装配

在进行大型装配过程中，往往由于零件较多而可能会造成一些装配约束的冲突。这时单纯依靠零件之间的配合就显得有些繁琐。此时可以借助一种简单但较为实用的装配功能——骨架装配。

骨架装配就是首先按照零件的空间位置建立一个类似骨架的模型，再将零件如同肌肉一样贴到骨架上。这样一来可节省装配时的位置定义，可以简化较复杂的零部件。只要改变骨架图的外形，即可改变装配的外形。

骨架模型由基准点、基准轴、基准面、基准坐标系和基准线组成。另外，在一些特殊情况下可以使用曲面特征，因此，实际上骨架文件就是一个只包含基准特征的文件。

骨架模型装配就是将加载的零件文件同建立好的骨架进行约束联系，其具体的操作步骤如下。

① 先绘制完成所有零件模型。

② 利用"零件"模块绘制一个装配骨架文件。

③ 完成骨架图后，打开一个组合（装配）模块，先加载骨架文件。

④ 一一加载零件模型文件，并装配到骨架上。

⑤ 当需要进行装配修改的时候，可以更改骨架文件。

加载骨架文件的方式有以下两种。

① 将骨架建立好后，以零件文件的形式保存起来。然后，新建一个装配文件，单击"装配"按钮，选择骨架文件即可。

② 直接新建装配文件，然后单击"元件创建"按钮，出现如图 7-116 所示的对话框，选中"骨架模型"单选按钮，并在"名称"框中输入骨架文件名即可。

此时如果单击"确定"按钮，将弹出如图 7-117 所示的对话框。它提供了以下 3 种创建方式。

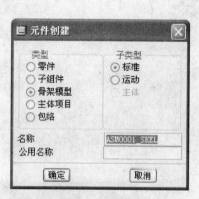

图 7-116　元件创建对话框

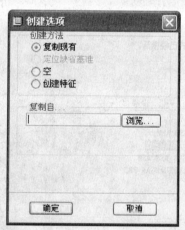

图 7-117　创建选项对话框

① 如果选中"复制现有"单选按钮，则可以将当前的骨架模型文件插入到装配文件中。在对话框下面的"复制自"框中输入文件名称即可，也可以单击"浏览"按钮查找骨架模型文件。

② 如果选中"空"单选按钮，图 7-117 中的"复制自"框消失，将可以建立一个没有基准特征的骨架模型。

③ 如果选中"创建特征"单选按钮，图 7-117 中的"复制自"框消失，将可以建立一个新的零件几何特征。

由于通过前面的练习，用户对装配关系比较熟悉，所以本小节只对前面的千斤顶装配实例进行分析，而不再给出详细的装配过程。

① 首先建立一个新的骨架文件，然后按照零件之间的装配关系来建立骨架，仍然按照前一章的装配顺序来分析。

② 对于起重螺杆和顶盖来说，它们之间既要共轴，又要存在一个共同的面，如图 7-118 所示，因此，需要在骨架文件中利用插入基准面的"偏距"选项进行相对基准面 TOP 面的偏移创建，然后利用插入基准轴的"2 个面"选项通过 RIGHT 和 FRONT 视图的交线建立基准轴。这样，在装配起重螺杆时可以让零件底面同 TOP 面匹配，让其轴

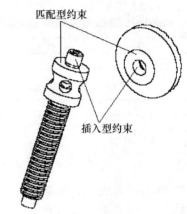

图 7-118　顶盖和起重螺杆的装配关系

心同刚建立的基准轴对齐。在装配顶盖时，顶盖底面同刚建立的基准面匹配，然后让其轴心同刚建立的基准轴对齐。当然，这些装配操作都是在后面的创建装配文件中进行的。

③ 对于螺钉同起重螺杆的装配关系来看，它们之间既要共轴，又要存在一个共同的面，如图 7-119 所示。对于轴来说，可以利用②中建立的基准轴，因此，可以不创建。对于面来说，则需要建立一个同顶杆顶端面共面的基准面。仍然通过"偏距"方式创建基准面。可以相对于 TOP 面，也可以相对②中创建的基准面。

④ 对于底座同起重螺杆的装配关系来看，它们之间既要共轴，又要存在一个共同的面，如图 7-120 所示。对于轴来说，可以利用②中建立的基准轴，因此可以不创建。对于面来说，则需要建立一个同顶杆突出部位底端面共面的基准面，仍然通过"偏距"方式创建基准面。可以相对于 TOP 面，也可以相对②中创建的基准面。

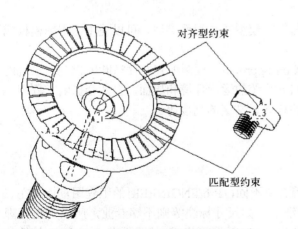

图 7-119　螺钉和起重螺杆的装配关系

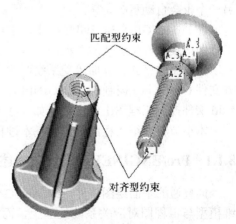

图 7-120　底座和起重螺杆的装配关系

对于最后的插入型装配关系来说，可以不建立骨架，所以，骨架文件到此建立完成，它含有 1 个铅直轴，3 个平行于 TOP 面的基准面。

⑤ 利用前面讲解步骤创建装配文件并加载骨架文件。

# 第 **8** 章

## 工程图

在工程实践中，除了少量设计数据是转到数控设备直接加工外，大多数的设计最终都要输出为工程图。这一方面是为了方便产品设计人员之间的交流，另一方面也可以让工人可以根据工程图纸完成产品的制造，因此，Pro/ENGINEER Wildfire 在企业应用和实施中，生成工程图是必不可少的。

本章将针对工程图的基本概念、操作、配置文件、格式、表格、模板等进行全面讲解，使读者能更好、更快地创建和处理工程图。

## 8.1　工程图及其配置

与传统手工绘图或者二维 CAD 软件使用线条绘制图形不同，Pro/ENGINEER Wildfire 中工程图是零件模型或装配件通过投影方式生成的平面或者轴侧视图。由于采用的是单一数据库，所以 Pro/ENGINEER Wildfire 中工程图与零件模型或装配件之间相互关联，其中一个有更改，另一个也会自动更改。

在 Pro/ENGINEER Wildfire 中，工程图与零件模型或装配件类似，可以使用工程图模板或工程图格式文件生成新的工程图，以使工程图的格式、界面等保持一致。

工程图的格式、界面等受系统配置文件 Config.pro 和工程图配置文件*.dtl 的控制。系统配置文件 Config.pro 控制 Pro/ENGINEER Wildfire 系统的运行环境和界面，自然会影响工程图，*.dtl 文件控制工程图中的变量，如尺寸的标注样式、文字的高度等。

本小节将介绍工程图创建的基本过程。

### 8.1.1　Pro/ENGINEER 工程图概述

同普通的平面绘图软件，如 AutoCAD 等有所不同，Pro/ENGINEER 的工程图重点放在三维模型与工程图对应关系的处理上，而对于细节，如尺寸标注等则不够专业，所以，在处理 Pro/ENGINEER 工程图的时候往往要将其转换为 DWG 等图形格式，然后再在 AutoCAD 等软件中处理细节。本书中则是重点讲解一下工程实践中比较少见的一些内容，尤其是其他同类书籍中所没有讲解的内容。

本小节主要采用实例引导读者有一个整体把握。如果已经学习过基本的工程图知识，可以略过此节。

### 1. 创建工程图的一般过程

一般而言，绘制平面图形主要分为以下 3 个步骤。

① 平面图形尺寸分析。要绘制平面图形，必须从尺寸分析开始，研究其尺寸关系，即几何图形的本身特性和图形之间的相互关系，包括以下三方面内容。

a. 确定尺寸基准，即标注尺寸的起始点。

b. 确定定形尺寸，即确定各部分形状大小的尺寸。

c. 确定定位尺寸，即确定各部分相对位置的尺寸。

② 平面图形线段分析。分析图形中的每个线段（包括曲线）的意义，即决定先画哪些线段，再画哪些线段，线段之间如何连接等。

可以确定的线段包括以下 3 种。

a. 已知线段，即具有定形尺寸和两个方向的定位尺寸的线段。

b. 中间线段，即具有定形尺寸和一个方向的定位尺寸的线段。

c. 连接线段，即具有定形尺寸无定位尺寸的线段。

③ 具体绘制平面图形过程如下。

a. 画出基准线。

b. 画出已知线段。

c. 画出中间线段。

d. 画出连接线段。

e. 标注尺寸。

同直接的绘制方法不同，在 Pro/ENGINEER 中的主要任务不是绘制图形，而是投影图形。这个投影概念是广义的，而不是简单的投影关系。创建工程图的基本过程如下。

① 通过新建一个工程图文件，进入工程图模块环境：选择"新建"命令，通过"新建"对话框选取"绘图"（工程图）文件类型，输入工程图文件名称，确定后选择三维模型、工程图图框格式或模板，进入工程图环境。

② 根据需要，设置工程图的视角状态。

③ 创建视图：如果进入带格式状态，则系统默认建立三视图。否则，首先添加主视图，然后添加主视图的投影图（左视图、右视图、俯视图、仰视图）。如有必要，添加详细视图（放大图）、辅助视图等。

④ 调整视图：利用视图移动命令调整视图的位置；设置视图的显示模式，如视图中不可见的孔，可进行消隐或用虚线显示。

⑤ 尺寸标注：显示模型尺寸，将多余的尺寸拭除；添加必要的草绘尺寸。

⑥ 公差标注：添加尺寸公差；创建基准，标注几何公差。

⑦ 表面光洁度标注：在 Pro/ENGINEER 中，主要是通过建立自己的符号插入光洁度。

⑧ 注释、标题栏、明细表标注。

### 2. 创建工程图的实例

下面结合图 8–1 所示的机构连杆模型的工程图创建对工程图创建过程中涉及的命令、选项等进行说明。

① 新建文件，进入工程图模式，如图 8–2 所示。

图 8-1　机构连杆模型

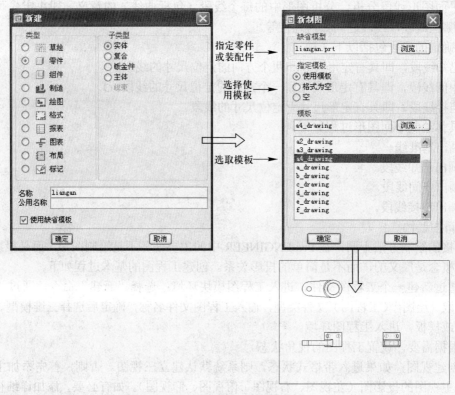

图 8-2　进入工程图模式

　　a．选择"文件"|"新建"命令或单击"新建"按钮□，弹出"新建"对话框。

　　b．选择"类型"为"绘图"，输入绘图名为 liangan，使用默认模板选项，单击"确定"按钮。

　　c．在"新制图"对话框中选择 a4_drawing 模板，在"缺省模型"组合框中指定想要创建工程图的零件模型或装配件。如果内存中有零件模型，则在"缺省模型"文本框中会显示零件模型的文件名；如果内存中没有零件，则在此显示"无"，可以通过"浏览"按钮选取零件模型或装配件。单击"确定"按钮，进入工程图绘图模式，在绘图工作区即可出现三视图。由于没有设置系统变量来修改投影视角，所以沿用了 ANSI 标准。

　　② 删除多余视图，如图 8-3 所示。

　　a．选取最右侧视图，视图红色加亮显示。

　　b．右击，在快捷菜单中选择"删除"命令，视图被删除。

　　c．使用同样的方法删除最上面的视图，只保留主视图。

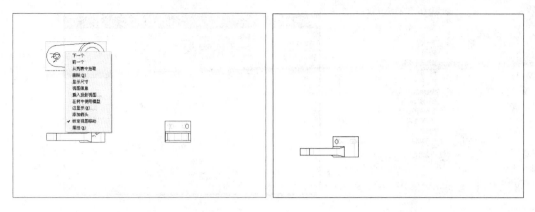

图 8–3 删除多余视图

③ 修改工程图比例，如图 8–4 所示。

a．选取主视图，视图红色加亮显示。

b．右击，在快捷菜单中选择"属性"命令，系统弹出"绘图视图"对话框。

c．在比例选项中定制比例为 2，单击"确定"按钮。

d．选择视图下方的文本并删除。

e．选取该视图，右击，在快捷菜单中去除"锁定视图移动"命令，按住鼠标左键拖动视图到新位置，将该视图作为主视图。

对于本实例的零件模型，不需要绘制三视图，只需要主视图和俯视图就可以完全表达它的尺寸和形状。

f．选取主视图，右击，在快捷菜单中选择"插入投影视图"命令，在主视图正下方适当位置单击，出现俯视图。

g．选取俯视图，右击，在快捷菜单中选择"属性"命令，系统出现"绘图视图"对话框，在"视图显示"选项中修改视图显示选项。

h．单击"确定"按钮。

④ 调整主视图，如图 8–5 所示。

为了表达连杆内部详细结构，需要对主视图进行剖视。

a．选取主视图，右击，在快捷菜单中选择"属性"命令，在"剖面选项"中选中"2D 截面"单选按钮。

b．单击"添加剖面"按钮⊞，系统弹出"剖截面创建"菜单，依次选择"偏距"|"双侧"|"单一"|"完成"命令。系统在信息提示栏提示输入剖截面名称。

c．输入名称"A"，按 Enter 键确定，系统进入连杆零件模型窗口，并出现"设置草绘平面"菜单。

d．选择图中箭头所示平面作为草绘平面。绘图区出现指示方向的箭头，以指向下方为正向。

e．选 FRONT 基准面作为草绘平面的顶参照，进入草绘状态。

f．使用"草绘"→"参照"主菜单选项，添加孔的轴线作为参照。

g．使用"直线命令"按钮﹨，绘制剖截面。

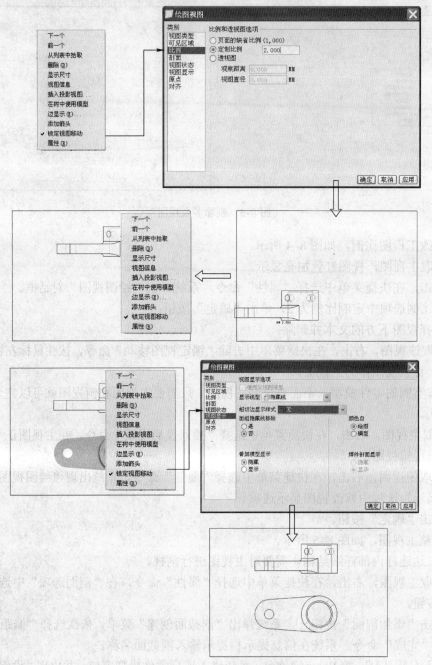

图 8-4　重定比例和修改视图显示

h. 单击"确定"按钮✓，退出草绘状态，完成剖截面的绘制，单击"应用"按钮。

i. 将剖截面的剖切线标注在俯视图中，在"箭头显示"选取栏中单击，系统提示 ⊕给箭头选出一个截面在其处垂直的视图。中键取消。，单击选取俯视图。

j. 在视图显示选项中选择显示线型为"无隐藏线"。

k. 在"绘图视图"对话框中单击"确定"按钮，完成修改，删除视图下方的文本。

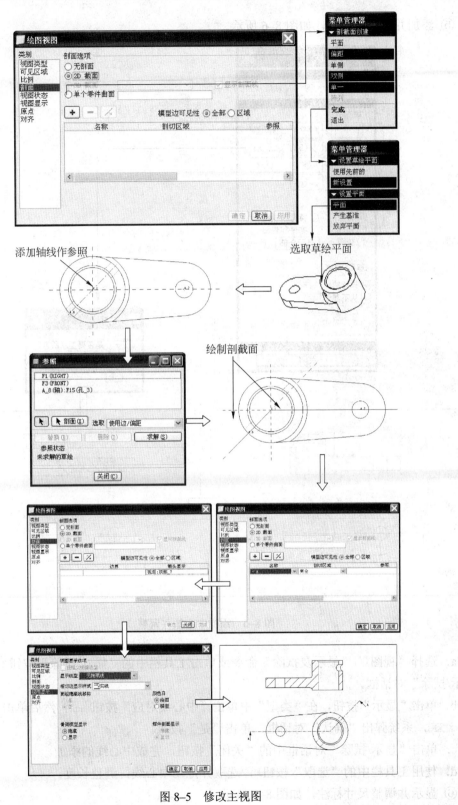

图 8-5　修改主视图

⑤ 添加并调整中心线，如图 8-6 所示。

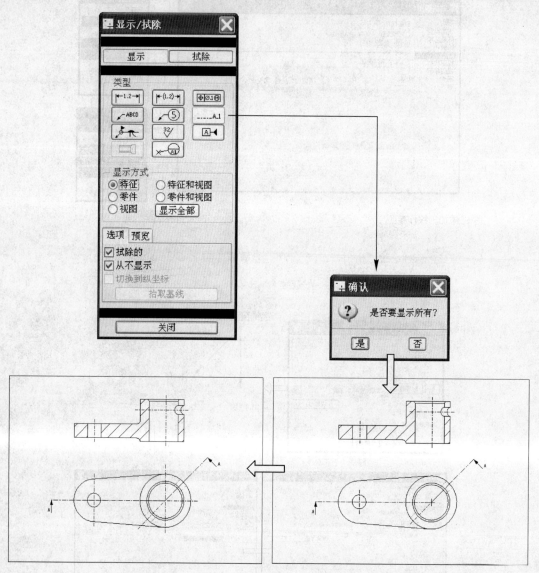

图 8-6　添加中心线并调整

a. 选择"视图"|"显示及拭除"命令或单击工具栏中的"显示/拭除"按钮 ，系统打开"显示/拭除"对话框。

b. 单击"显示"按钮，在"类型"中单击"中心线对应"按钮 ，然后单击"全部显示"按钮 ，系统弹出"确认"对话框，单击"是"按钮。

c. 单击"显示/拭除"对话框中的"关闭"按钮，完成中心线的添加。

d. 使用工具栏中的"选取"按钮 ，选取并拖动中心线，调整长度。

⑥ 显示并调整尺寸标注，如图 8-7 所示。

Pro/ENGINEER Wildfire 系统可以自动标注尺寸，这样的最大好处是尺寸一个不多、一个不少，可以达到尺寸标注既没有过约束也没有欠约束的理想效果。

Pro/ENGINEER Wildfire 系统自动标注的尺寸并不完全符合实际使用的需要，因此要进行调整，如切换尺寸标注方式、将尺寸标在其他视图上等。

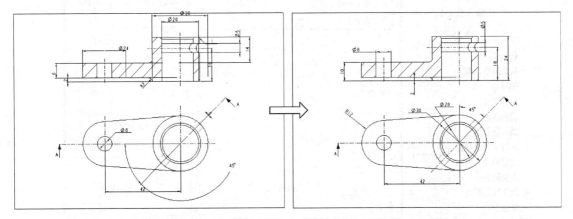

图 8-7　添加尺寸并调整

　　a．选择"视图"|"显示及拭除"命令或单击工具栏中的"显示/拭除"按钮 ，系统打开"显示/拭除"对话框。

　　b．单击"显示"按钮，在"类型"中选择尺寸对应按钮 ，然后选择"显示全部"按钮 ，系统弹出"确认"对话框，单击"是"按钮。

　　c．单击"显示/拭除"对话框中"关闭"按钮，完成尺寸的添加。

　　d．采取手动标注、将尺寸放置于其他视图，调整显示等方式。

　⑦ 添加尺寸公差，如图 8-8 所示。

在工程图中选取要修改公差的尺寸，再右击，在弹出的快捷菜单中选择"属性"命令，系统弹出"尺寸属性"对话框，在其中可以进行修改操作。

公差格式有公称、极限、加-减、+-对称四个选项，分别对应配置文件中 tol_mode 选项的 nominal、limits、plusminus、plusminissym 四种设置。

修改相应尺寸公差值，完成最终结果。

　⑧ 标注表面粗糙度，如图 8-9 所示。

　　a．选择"插入"|"表面光洁度"命令，系统打开"得到符号"菜单。

　　b．选择"检索"命令，系统打开"打开"对话框。

　　c．找到安装目录下的 machined 文件夹，选择 standard1.sym 文件，单击"打开"按钮。系统打开"实例依附"菜单。

　　d．选择"图元"命令，然后在主视图中选取需要标注的图元，并输入粗糙度值。

　　e．利用同样的方法标注其他表面粗糙度，完成最终结果。

　⑨ 标注文本注释，如图 8-10 所示。

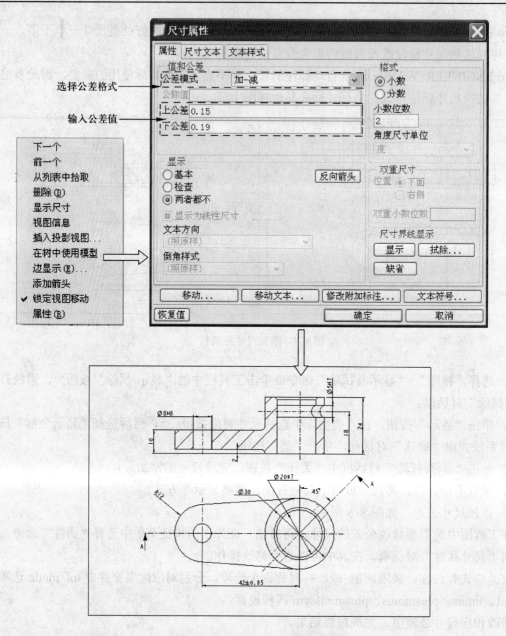

图 8-8　添加尺寸公差后的工程图

a. 选择"插入"|"注释"命令，系统打开"注释类型"菜单。

b. 选择"制作注释"命令，在工程图右下角适当位置单击鼠标，表示文本注释的放置位置。在信息提示栏中依次输入文本。

c. 标注其余表面粗糙度，完成最终结果。

⑩ 标注标题栏。相关介绍见后面章节。

至此，连杆零件模型的工程图创建完成，保存工程图即可。

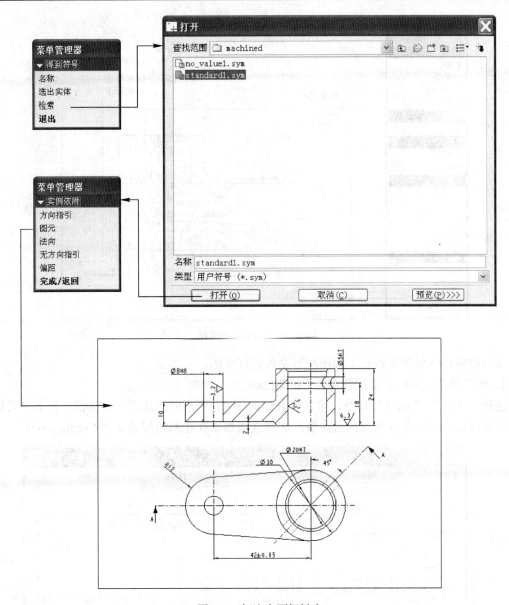

图 8-9  标注表面粗糙度

## 8.1.2  工程图配置

配置文件用来指定图纸中一些内容的通用特征,如尺寸和注释文本的高度、文本方向、几何公差的标准、文体属性、制图标准及箭头的长度等。Pro/ENGINEER Wildfire 中可以根据不同需求指定不同的配置文件及工程图格式。

Pro/ENGINEER Wildfire 系统虽然提供了特定内容的默认选项,但在企业实施中,应根据需求定义多组常用的配置文件,保存在磁盘中,以满足各种绘图环境情况下不同的工程图需要。系统默认工程图配置文件为 pro.dtl。

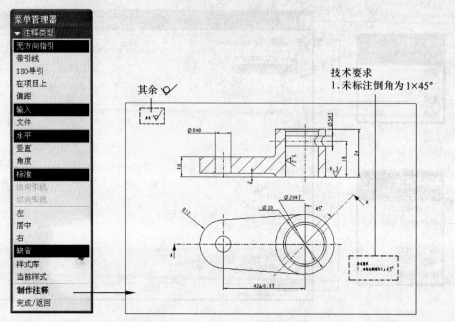

图 8-10　添加文本注释

本节将对系统配置文件及工程图配置文件进行介绍。

### 1. 与工程图相关的系统配置文件 Config.pro

选择"工具"|"选项"命令，可以打开如图 8-11 所示的"选项"对话框，在其中可以修改环境选项以及其他全局设置的启动值，这些选项都保存在系统配置文件 Config.pro 中。

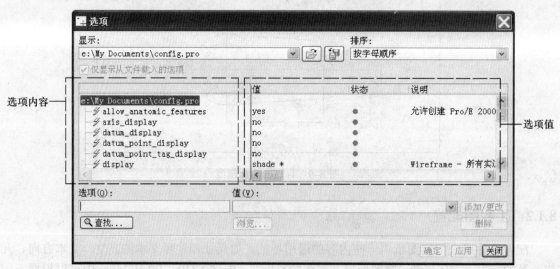

图 8-11　"选项"对话框

使用系统配置文件 Config.pro 可以全局影响操作环境，即可以定制 Pro/ENGINEER Wildfire 中所有模式的工作环境及每个相关的绘图工作环境。

与工程图相关的 Config.pro 文件设置选项如表 8-1 所示，默认值以斜体显示。

表 8–1　与工程图相关的 Config.pro 设置选项

| 选项 | 值 | 定义 |
|---|---|---|
| drawing_setup_file | Filename.dtl | 指定工程图的配置文件 |
| draw_models_read_only | *no*<br>yes | 工程图中的模型是否只读 |
| dwg_select_across_pick_box | *no*<br>yes | 方框选取时相交图元选取是否有效 |
| pro_dtl_setup_dir | Directory path | 存放文件的文件夹 dtl 位置 |
| rename_drawing_with_object | *none*<br>part<br>assem<br>both | 使用 Save As 命令保存模型时，工程图是否也保存 |
| save_objects | *changed_and_specified*<br>changed<br>all | 保存的条件。每保存一次，就会增加版本号 |

需要注意的是，Config.pro 文件中选项 drawing_setup_file 用于指定具体 dtl 文件名，pro_dtl_setup_dir 选项用于指定所有 dtl 文件存放路径。

### 2. 工程图配置文件的设置及修改

在创建工程图时，Pro/ENGINEER Wildfire 提供了具有默认值的工程图配置文件 pro.dtl。与修改 Pro/ENGINEER Wildfire 中的配置文件不同的是，修改工程图配置文件只会改变当前工程图的工作环境，而不会影响 Pro/ENGINEER Wildfire 其他模块或其他工程图。

修改工程图配置文件的操作方法如下。

选择"文件"→"属性"命令，可以打开如图 8–12 所示的"文件属性"菜单，选择"绘图选项"命令，系统打开"选项"对话框。在该对话框中可以创建、检索和修改工程图配置文件。

图 8–12　文件属性设置

在工程图中，文件配置选项的生效性是有先后顺序的。例如，创建工程图时系统使用默认配置文件中选项值定义尺寸公差的值及其格式，当选项值变更时，不能改变已经存在于工程图中的尺寸公差的值和格式，需要手动改正，因此应该事先定义好工程图的配置文件。

Pro/ENGINEER Wildfire 系统在安装目录下的 text 文件夹中提供多个标准的设置文件供用户选择，有 cns_cn.dtl、cns_tw.dtl、din.dtl、dwgform.dtl、iso.dtl、jis.dtl、prodesign.dtl、prodetail.dtl

和 prodiagram.dtl。

工程图配置文件中的选项繁多，控制工程图从宏观到微观的各个方面，Pro/ENGINEER Wildfire 系统对所有选项都进行了解释，本书不再一一进行详细讲解。下面重点介绍一下视角设置。

工程图的表达是通过投影完成的。每个人所处的位置不同，其可拆解的结果也会不同，这就是一个视角问题，所以，在绘制之前，必须对视角进行规定。

按照国际标准和国家标准，通常采用垂直面分割的方式进行。如图 8-13 所示，使用 3 个互相垂直的投影面 V、H、W 对空间进行划分，W 面左侧空间分为 4 个区域，按顺序分别称为第一视角、第二视角、第三视角和第四视角。在工程投影图中惯用的是第一视角和第三视角画法。

在国际上，由于各个国家的制图发展背景不同，所以所采用的标准也有所不同。中国、德国、法国、俄罗斯、波兰和捷克等国家采用第一视角投影，而美国、加拿大、澳大利亚等国家则采用第三视角投影，国际 ISO 标准采用第三视角画法。

在第一视角中，观察者、物体与投影面的关系是人—物—面，在第三视角中三者的关系是人—面—物。由于投影面的翻转，因此生成的视图的位置正好相反。图 8-14 所示的为第一视角和第三视角投影比较。

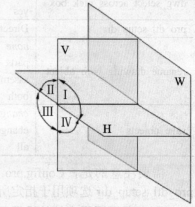

图 8-13　空间 4 个区域的划分

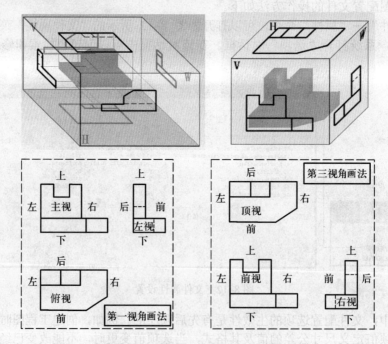

图 8-14　第一视角和第三视角投影比较

在 Pro/ENGINEER 中，由于软件来自于美国，所以采用的默认标准自然是第三视角，按照其基本操作将会给国内用户带来极大的不便，必须进行预设制，即将第三视角设置为第一视角。

具体设置第一视角投影的方法如图 8–15 所示。

① 依次选择 "文件" | "属性"命令，系统弹出"文件属性"菜单。

② 选择"绘图选项"，打开"选项"对话框。

③ 在"选项"文本框中输入 projection_type，其右侧的"值"列表中将提供有关的设置值，从中选择 first_angle，单击"添加/更改"按钮。

④ 单击"确定"按钮，完成第一视角的设置。

此时再进行投影则遵循第一视角规律。

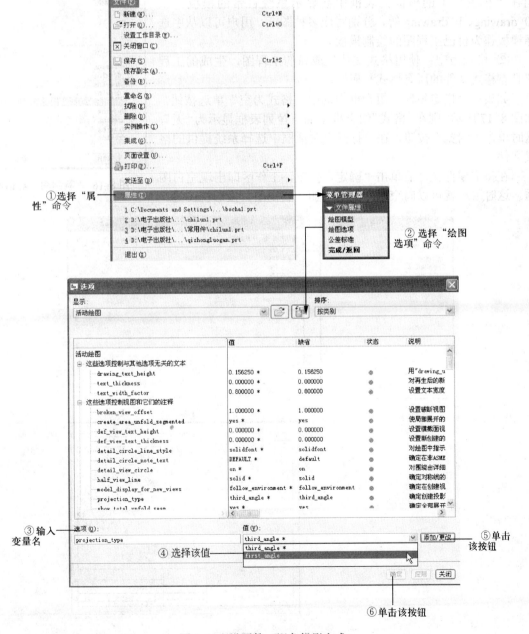

图 8–15　设置第一视角投影方式

## 8.2　工程图设置

如图 8-16 所示，创建新的工程图有 3 种方式。

① 使用模板：使用模板生成新的工程图，生成的工程图具有模板的所有格式与属性。

如果在"指定模板"组合框中选中"使用模板"单选按钮，则在"模板"下的模板列表框中会显示系统自带的模板，如 a0_drawing、b_drawing 等，分别对应多种图纸，用户可以从中选择模板作为自己工程图的绘制模板。

② 格式为空：使用格式文件生成新的工程图，生成的工程图具有格式文件的所有格式与属性。

如果在"指定模板"组合框中选中"格式为空"单选按钮，如图 8-17 所示，则在"格式"组合框中的下拉列表框显示为"无"，这时单击"浏览"按钮，在"打开"对话框中选择系统提供的格式文件。

在指定零件文件后单击"确定"按钮，工作区即出现空白图框。这时用户就可以向空白图框中添加一般视图、投影视图等。

图 8-16 "新制图"对话框

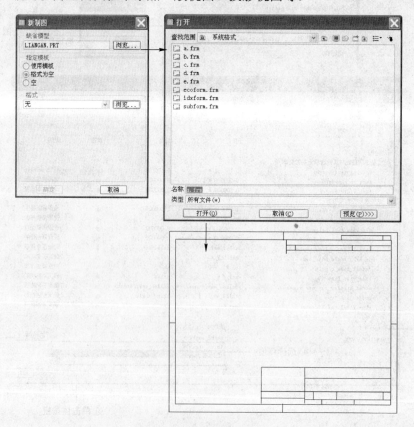

图 8-17 空白图框

③ 空：生成一个空的工程图，生成的工程图中，除了系统配置文件和工程图配置文件设定的属性外，没有任何图元、格式、属性。

如果在"指定模板"组合框中选中"空"单选按钮，如图 8–18 所示，则在"指定模板"组合框下将出现"方向"和"大小"两个组合框。

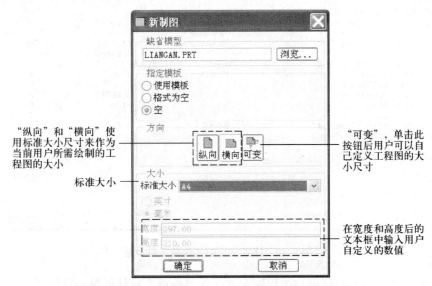

图 8–18 "指定模板"为"空"时的"新视图"对话框

在企业实施与应用中，"空"方式几乎不用，所有的工程图不是通过模板就是通过格式新建而成的，其中工程图模板比工程图格式效率更高。

工程图模板和工程图格式的主要作用是：所有工程图具有统一格式外观，一个企业的图纸甚至电子文档都要求有统一性；大幅提高工作效率，模板和格式文件中的图框、标题栏、属性等可以带入工程图，减少重复劳动，提高工作效率。

## 8.2.1 工程图格式

"格式"是指出现在工程图上的边界线、参照标记与图形元素等。格式通常包含边框、标题栏、公司名称表、版本号码与日期表等项目。

工程图格式文件是 Pro/ENGINEER Wildfire 中非常重要的组成部分，创建新文件时，其中一种类型就是格式。

### 1. 格式文件的配置

格式文件也有自己的配置文件，生成的格式文件受此配置文件控制，系统默认格式配置文件为 format.dtl。

在系统配置文件 Config.pro 中使用 format_setup_file 选项指定配置文件。

企业应用中，为了工程图的一致，可以使用工程图配置文件作为格式的配置文件，即系统配置文件 Config.pro 中 drawing_setup_file 和 format_setup_file 采用相同的文件。

在格式文件中，单击"文件"|"属性"命令，可以打开如图 8–19 所示的"选项"对话框，在该对话框中可以创建、检索和修改格式配置文件。

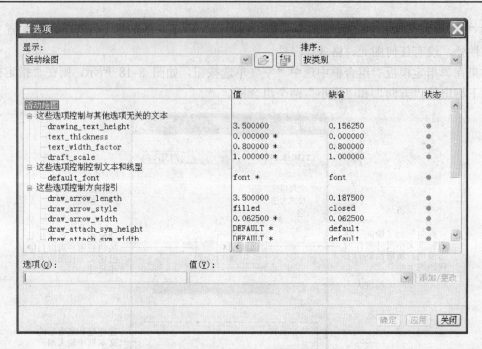

图 8–19　格式文件的"选项"对话框

格式文件的"选项"对话框与工程图配置文件"选项"对话框是一样的，只是比工程图配置文件中选项少，没有关于视图和尺寸方面的选项。

**2. 创建格式文件的一般过程**

具体的创建过程如图 8–20 所示。

① 选择"文件"|"新建"命令或单击工具栏"新建"按钮□，出现"新建"对话框。

② 选择类型为"格式"，输入文件名，单击"确定"按钮，出现"新格式"对话框。

③ 选择创建方式，单击"确定"按钮，进入格式文件创建模式。

格式文件创建有以下两种方式。

a. 空：创建空的格式文件。

b. 截面空："新格式"对话框切换，可以插入草绘文件。

④ 创建图框。格式文件中的图框可以利用草绘器直接绘制，也可以插入其他软件生成的图框。

导入其他格式的图框到 Pro/ENGINEER Wildfire 格式文件中的操作如下。

a. 在"插入"主菜单中选择"共享数据"子菜单中"自文件"命令，系统打开"打开"对话框。

b. 在"类型"下拉列表中选择要插入文件的类型。

c. 选择添加文件的目标文件夹及文件名。

d. 单击"打开"按钮，将数据添加到当前 Pro/ENGINEER Wildfire 格式文件中。

根据输入文件格式的不同，可能显示一个对话框，用于定义输入选项。例如输入 DWG 文件时打开的"导入 DWG"对话框，用于定义输入 DWG 文件时相关的尺寸、字体等。

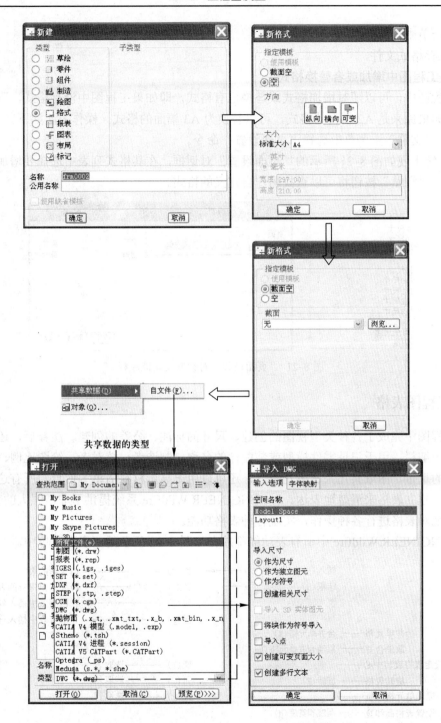

图 8-20 创建新格式

⑤ 创建标题栏。

格式文件中的标题栏可以利用草绘器直接绘制，也可以通过创建表格方式来完成。关于表格将在下一节中详细介绍。

⑥ 保存格式文件。

**3. 在工程图中增加或者替换格式**

在工程图中，可以随时增加格式或替换已有格式，即如果工程图中没有格式，可以添加一个格式；如果原来是 A2 幅面的格式，可以替换为 A3 幅面的格式。操作方法如下。

① 在"文件"主菜单中选择"页面设置"命令。

② 系统出现如图 8–21 所示的"页面设置"对话框，在其格式列表中选择要增加或替换的格式。单击"浏览"按钮将可以查找用户自定义的格式。

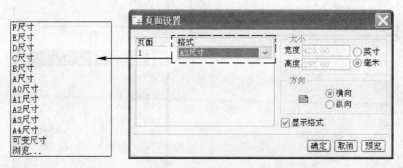

图 8–21 "页面设置"对话框及功能注释

## 8.2.2 工程图表格

在工程图中完成了各种类型视图的创建、尺寸的标注、公差的创建、注释后，还需要创建标题栏和明细栏，用于记录零件模型或装配件的名称、制造者、核对者、绘图比例、零件模型或装配件的重量、图纸共几张、第几张等，还可以用于显示材料清单等信息。所有这些，最好的办法就是建立表格来清楚地表达。Pro/ENGINEER Wildfire 系统提供了非常强大的表格功能，可以方便地对表格进行各种操作，实现各种表格功能。

Pro/ENGINEER Wildfire 中所有表功能都放在如图 8–22 所示的"表"菜单中。

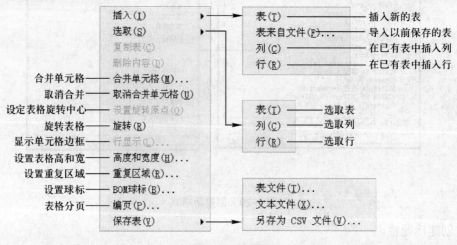

图 8–22 "表"菜单

### 1. 创建表

具体创建表的方式如下。

① 选择"表"|"插入"|"表"命令或单击"新建表"按钮，系统打开"创建表"菜单，如图 8–23 所示。

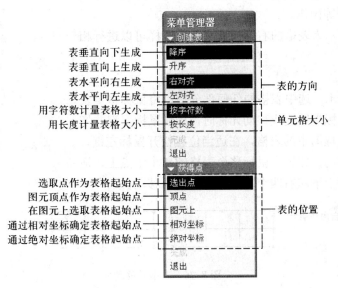

图 8–23 "创建表"菜单

② 在菜单中需要决定表的方向、位置与单元格大小 3 个选项。

单元格大小可以用"按字符数"和"按长度"两种方式指定，具体如下。

a．按字符数：单元格大小由可容纳的字符数目决定。使用时，在工程图上出现如图 8–24 所示的 0～9 数字，用鼠标单击数字确定单元格的宽度和高度。

b．按长度：依次指定单元格的宽度和高度，其单位根据系统的单位决定。

图 8–24 "按字符数"指定单元格大小时工程图中的显示

对于需要准确大小的表格，可以采用"按长度"方式。

③ 确定表的方向和大小后，指定表的位置后，表即绘制完成。

### 2. 编辑表

在多数情况下，创建的表格需要经过编辑修改后才能够符合实际需要。Pro/ENGINEER Wildfire 工程图中的表格与 Word、Excel 中表格操作相似。

（1）选取表格

对表格编辑前需要选定要编辑的表格。可以单击选中某个单元格；可以按住鼠标左键拖曳来选中表格的行、列或整个表格；可以单击选中某个单元格后使用"表"|"选取"|"表"、"行"、"列"等命令来选中整个表、单元格所在的行或列；按住 Ctrl 键，可以单击选中不同的单元格。

（2）编辑表

使用"表"主菜单下面的命令就可以进行合并单元格、重新拆分合并的单元格、隐藏或取消隐藏单元格边线、插入行或列、移除行或列、调整行高或列宽、设置文字对齐方式、改变表的原点、旋转表等操作。

如图 8-25 所示为表格的右键快捷菜单，同样可以进行相关操作。

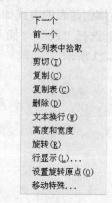

（3）移动表

如图 8-26 所示，选中表格的任何部分后，将鼠标移至表格的 4 个角点，鼠标指针变成移动光标时，按住鼠标左键并拖动，可自由移动工程图中的表格，在适当位置松开鼠标左键，即可完成表格的移动；如果将鼠标移至表格的 4 个中点上，拖动时，表格可以朝上下左右四个方向垂直或水平移动。

图 8-25　表格的右键快捷菜单

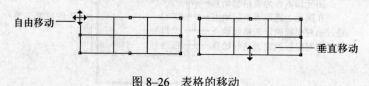

图 8-26　表格的移动

### 3. 表格的文字输入

双击表格中的单元格或选中单元格后选择右键快捷菜单中的"属性"命令可以打开如图 8-27 所示的"注释属性"对话框，在"文本"选项卡中可以进行输入的相关操作，在"文本样式"选项卡中可以对文本的样式进行调整。

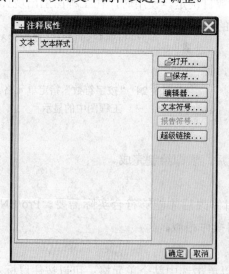
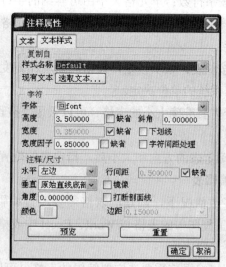

图 8-27　使用"注释属性"对话框输入表格文本

通过格式生成工程图时，格式文件表格中的参数将会自动提取模型中的相应参数填入表格，格式文件表格中的文本也会自动带入工程图，所以为表格输入参数和文本可以一劳永逸。

与工程图相关的常用参数见表 8–2。

表 8–2　与工程图相关的常用参数

| 参　数 | 含　义 |
|---|---|
| &current_sheet | 工程图中当前页面数 |
| &total_sheets | 工程图中页面的总数量 |
| &dwg_name | 工程图名称 |
| &model_name | 模型名称 |
| &todays_date | 日期 |
| &scale | 全局比例 |
| &type | 对象类型（如零件、装配等） |
| &format | 尺寸（如 A1、A0 等） |

### 8.2.3　工程图模板

工程图模板是在工程图格式文件基础上进一步发展，比格式文件更高级的产生工程图的方式。工程图模板除了具有格式文件的所有功能、特性外，还具有如下功能特性。

① 定义视图及视图布局。

② 定义视图的显示模式。

③ 定义技术说明及注释。

④ 放置工程图符号。

⑤ 定义表格（在格式文件中也可完成）。

⑥ 创建尺寸对齐线。

⑦ 显示工程图尺寸。

在企业实施中，如果工程图的上述特性不变，则可以做成模板，借以提高出图效率，减少重复无效劳动。

**1. 使用内置模板**

Pro/ENGINEER Wildfire 系统自带许多工程图模板，如 a0_drawing、b_drawing 等，分别对应多种图纸。

要使用内置模板，必须在创建新绘图文件时，在"新制图"对话框中选择"使用模板"选项，在对话框下方会列出内置模板文件名称，选取模板文件，即可使用内置模板创建工程图。

**2. 自定义模板**

在"新制图"对话框中选择"使用模板"选项，使用对话框下方"浏览"按钮可以选择打开自定义的模板文件。工程图模板是*.drw 格式文件，与工程图是相同格式类型的文件。

工程图模板文件的建立过程如下。

① 建立工程图。

② 选择"应用程序"|"模板"命令，从标准工程图模式进入模板工程图模式。

③ 为工程图模板增加视图、尺寸、注释等属性。

④ 保存模板文件。

在模板模式下，其操作方式，如创建注释、表、放置符号等，与在
工程图模式下完全相同，唯一不同的是视图以符号作为代号，符号样式
如图 8-28 所示。

视图模板5

图 8-28　视图符号样式

选择"插入"|"模板视图"命令可以打开如图 8-29 所示的"模板视
图指令"对话框，根据需要对视图的各种属性进行定义，定义完成后单
击"放置视图"按钮，在屏幕绘图区选取视图放置的位置，即可完成视
图的定义。

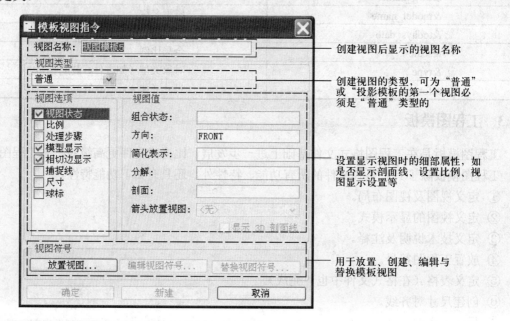

创建视图后显示的视图名称

创建视图的类型，可为"普通"
或"投影模板的第一个视图必
须是"普通"类型的

设置显示视图时的细部属性，如
是否显示剖面线、设置比例、视
图显示设置等

用于放置、创建、编辑与
替换模板视图

图 8-29　"模板视图指令"对话框及其功能注释

## 8.2.4　工程图设置实例

本实例以 A3 幅面工程图为例，创建一个工程图格式文件和一个模板文件，并且工程图格
式文件和模板符合机械制图的标准。通过实例，使读者能够举一反三，建立企业需要的各种工
程图格式文件和模板。

本实例先创建格式文件，在格式文件中使用表格，然后在格式文件基础上创建模板文件。

### 1. 新建格式文件

（1）进入格式文件创建模式

具体操作如图 8-30 所示。

① 选择"文件"|"新建"命令或单击"新建"按钮□。

② 在出现的"新建"对话框中，选择新建类型为"格式"，输入文件名 A3_PART，单击"确
定"按钮。

③ 在"新格式"对话框中选择"横向"放置图纸，在"大小"栏中选择标准 A3 图纸，单
击"确定"按钮，进入格式文件创建模式，系统在绘图工作区显示 A3 图纸的边线框。

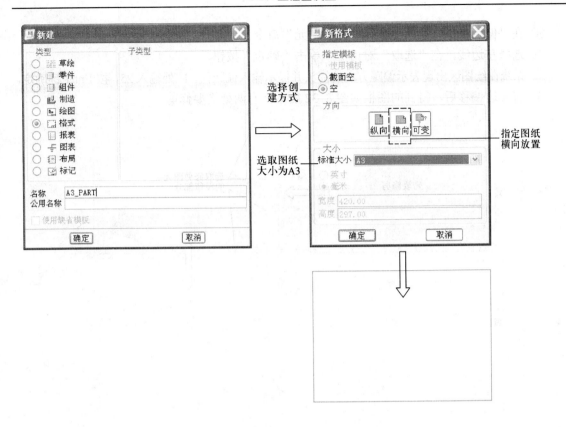

图 8-30　A3 图纸边线框

（2）绘制 A3 图纸的图框

在机械绘图中，需要绘制图框，上、下和右边线分别往里面移 10 mm，而左边线往里移 25 mm。

格式文件中的图框可以利用草绘器直接绘制，也可以插入其他软件生成的图框。在格式文件下绘制的方法和操作与草绘相似。本实例采用草绘方法建立图框。

① 在草绘工具栏中，单击偏距按钮，系统弹出如图 8-31 所示的"偏距操作"菜单和"选取"对话框，在"偏距操作"菜单中选择"链图元"命令。

图 8-31　"偏距操作"菜单和"选取"对话框

② 系统提示选取要偏距的图元，按住 Ctrl 键，选择上、下和右边线，在"选取"对话框中单击"确定"按钮。

③ 系统在绘图区出现表示偏距方向的箭头并提示输入偏距值，此处输入-10，按 Enter 键确定。

④ 在"偏距操作"菜单中选择"单一图元"命令。

⑤ 选择左边线，在"选取"对话框中单击"确定"按钮。

⑥ 系统在绘图区出现表示偏距方向的箭头并提示输入偏距值，此处输入 25，按 Enter 键确定。

⑦ 将 4 边偏移后，得到的图框如图 8–32 所示，有两处需要修剪。

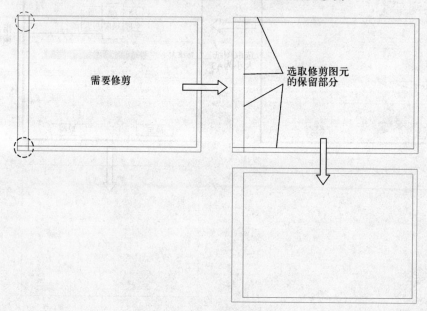

图 8–32　创建的图框

⑧ 选择"编辑"|"修剪"|"拐角"命令，在绘图工作区中按住 Ctrl 键，单击要进行裁剪的两个图元，即可完成操作。需要注意的是，鼠标单击的位置应该在图元修剪后要保留部分处。

（3）以表格方式创建标题栏

标题栏的大小应参照国家标准，结合企业实际情况制定，通常具有准确大小，因此采用"按长度"方式创建。

① 选择"表"|"插入"|"表"命令或单击"新建表"按钮，系统打开"创建表"菜单。

② 选择"升序"|"左对齐"|"按长度"|"顶点"命令，如图 8–33 所示，系统提示选取顶点。

③ 选取图框右下角顶点并确定，系统提示栏如图 8–34 所示，提示输入第一列的宽度。

图 8–33　设置表的生成方式

⯁ 用绘图单位（毫米）输入第一列的宽度[退出]：　　　　　　　　　　　　　　　✓✗

图 8–34　提示输入列宽

④ 输入第一列宽度为 29，按 Enter 键后系统提示输入第 2 列的宽度。

⑤ 依次输入第 2 列宽度为 20，第 3 列宽度为 12，第 4 列宽度为 12，第 5 列宽度为 20，第 6 列宽度为 25，第 7 列宽度为 12。

⑥ 输入第 7 列宽度后，不输入任何值，直接按 Enter 键，系统提示栏如图 8–35 所示，提示输入第一行的高度。

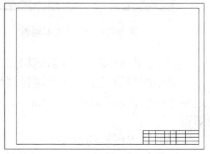

图 8–35　系统提示栏显示提示输入行高

⑦ 依次输入 4 行的高度均为 7，输入第 4 行高度后，不输入任何值，直接按 Enter 键，表即绘制完成，如图 8–36 所示。

因为插入的表格还不是标准标题栏的表格形式，需要合并一些单元格。

⑧ 选择"表"|"合并单元格"命令，系统打开如图 8–37 所示的"表合并"菜单和"选取"对话框，在"表合并"菜单中选择"行&列"命令。

⑨ 在表格中依次单击处于对角线位置的两个单元格，则可完成合并操作。

⑩ 合并其他单元格，直到得到如图 8–38 所示的表格，标题栏的表格创建完成。

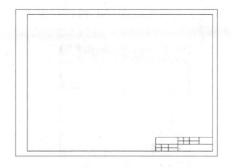

图 8–36　创建的表格

图 8–37　表合并

图 8–38　完成的标题栏表格

⑪ 双击表格中需要输入文本的单元格，系统打开"注释属性"对话框，在"文本"页中输入"制图"两个字。

根据机械制图的标准，需要对标题栏的文本进行文本样式的编辑。

⑫ 选择"注释属性"对话框中"文本样式"选项卡，设置字高为 5，宽度因子为 0.707，设置水平对齐为中心，垂直对齐为中间，如图 8–39 所示。

⑬ 单击"确定"按钮前可以使用"预览"按钮观察输入的文本是否合适。确定后，文本显示在标题栏的表格中，如图 8–40 所示。

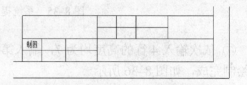

图 8-39　设置文本属性

图 8-40　输入文本显示

⑭ 使用同样的方法输入其他文本，最终完成的标题栏如图 8-41 所示。

其中的参数文本，在"注释属性"对话框的"文本"选项卡中直接输入&model_name、&todays_date、&scale 即可。

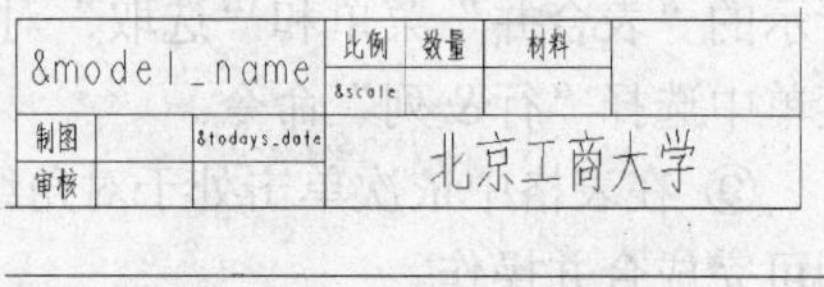

图 8-41　最终完成的标题栏

（4）设置图框的宽度

根据机械制图的标准，图框的线宽应为 0.7 mm。

① 双击图框的边线，系统弹出"修改线体"对话框"，在"宽度"栏中输入 0.7，如图 8-42 所示。

② 其他 3 条边采取同样的操作和设置，完成的 A3 图纸格式文件如图 8-43 所示。

图 8-42　修改图框宽度

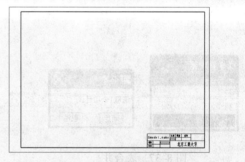

图 8-43　A3 图纸格式文件

（5）保存格式文件

## 2. 新建模板文件

具体操作步骤如下。

（1）进入模板文件创建模式

① 选择"文件"|"新建"命令或单击"新建"按钮，出现"新建"对话框。

② 选择"类型"为"绘图"，输入文件名 A3_MOBAN，单击"确定"按钮。

③ 在"新制图"对话框中，选择"指定模板"为"空"，选择图纸方向为"横向"，并在"大小"栏中选择标准 A3，单击"确定"按钮，进入绘图文件创建模式。

进入绘图文件创建模式，系统在绘图工作区显示 A3 图纸的边线框，但图纸内容为空。

④ 选择"应用程序"|"模板"命令，从标准工程图模式进入模板模式。

（2）设置主视图模板

具体操作如图 8–44 所示。

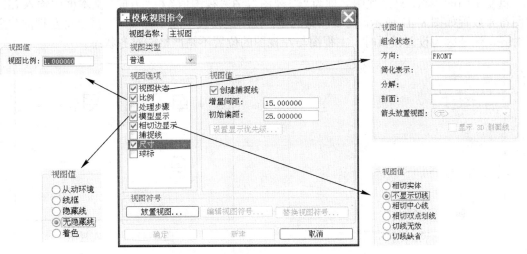

图 8–44 "模板视图指令"及其设置

① 选择"插入"|"视图模板"命令，系统打开"模板视图指令"对话框。

② 在"视图名称"文本框中输入"主视图"。

③ 设置视图方向为"普通"。

④ 选中"视图状态"复选框，在"视图值"栏"方向"文本框中输入 FRONT，FRONT 视图为零件模型中已经存在的定向视图。

⑤ 选中"比例"复选框，在"视图值"栏中修改"视图比例"为 1。

⑥ 选中"模型显示"复选框，在"视图值"栏中选择"无隐藏线"，因为制图时每一个视图一般不画隐藏线。

⑦ 选中"相切边显示"复选框，在"视图值"栏中选择"不显示相切线"，因为相切线的边界是看不见的，在机械制图中不需画出。

⑧ 选中"尺寸"复选框，在"视图值"栏中输入"增量间距"为 15，"初始偏距"为 25。

需要说明的是：在"视图选项"可以不选中"尺寸"复选框，原因是设置显示尺寸会导致绘制零件工程图时，系统自动将所有相关尺寸都显示在视图中，比较凌乱，可在绘制工程图时控制显示尺寸的先后顺序。

⑨ 单击"放置视图"按钮，在绘图工作区左上角适当位置单击，视图符号放置如图 8–45 所示。

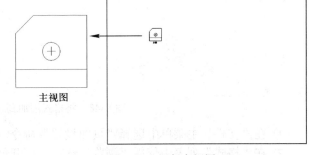

图 8–45 添加主视图

（3）设置俯视图模板

重复上面的步骤，只是视图名称为"俯视图"，在"视图值"栏"方向"文本框中输入 TOP。

视图符号放置如图 8-46 所示。

需要注意的是，使用此模板生成工程图时，需要将俯视图与主视图对齐，这是因为设置模板时，主视图与俯视图的位置不是严格的对齐状态。

（4）设置左视图模板

重复上面的步骤，只是视图名称为"左视图"，在"视图值"栏"方向"文本框中输入 LEFT。视图符号放置如图 8-47 所示。需要注意的是，使用此模板生成工程图时，需要将左视图与主视图对齐，这是因为设置模板时，主视图与左视图的位置不是严格的对齐状态。

图 8-46　添加俯视图　　　　　　　　图 8-47　添加左视图

（5）为模板文件增加前面创建的格式文件 A3_PART

具体操作如图 8-48 所示。

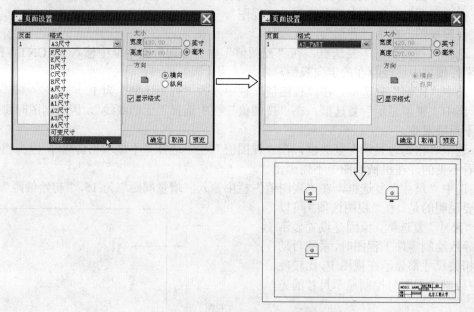

图 8-48　将格式添加到绘图模板中

① 在"文件"主菜单中选择"页面设置"命令，系统出现"页面设置"对话框。

② 在"格式"列表中使用"浏览"选项，打开创建的格式文件 A3_PART.frm。

③ 单击"确定"按钮，绘图的格式就添加到绘图模板中。

（6）保存模板文件

### 3. 模板文件的应用

以前面使用的机构连杆模型为例，测试创建的模板文件。

① 选择 "文件" | "新建" 命令或单击 "新建" 按钮▯。

② 在出现的 "新建" 对话框中选择新建类型为绘图，绘图名为 liangan_moban，选中 "使用缺省模板" 复选框，单击 "确定" 按钮。

③ 在 "新制图" 对话框中，使用 "浏览" 按钮选取刚创建的模板，如图 8–49 所示，单击 "确定" 按钮，进入工程图绘图模式。

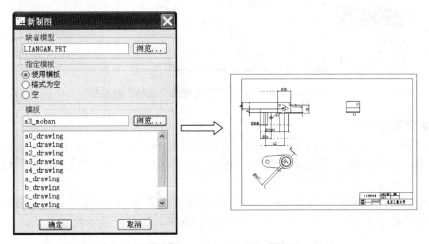

图 8–49　选择刚创建的模板

连杆零件模型的工程图初步完成，针对具体的零件模型，由模板生成的工程图还需要进一步细化，才能达到要求。

# 8.3　尺 寸 公 差

为保证零件具有互换性，必须保持相互配合两零件尺寸的一致性，但是在零件实际生产过程中，不必要也不可能把零件尺寸加工得非常准确，零件的最终尺寸允许有一定的制造误差。为满足互换性要求，必须对零件尺寸的误差规定一个允许范围，零件尺寸的允许变动量就是尺寸公差，简称公差。

## 8.3.1　尺寸公差显示

默认情况下，尺寸公差并不显示，需要进行预先设置，主要有两种方式：环境设置与选项设置。

### 1. 选项设置方式

选择 "文件" | "属性" 命令，可以打开 "文件属性" 菜单，选择 "绘图选项" 命令，可以打开如图 8–50 所示的 "选项" 对话框，在其中可以修改公差是否显示（tol_display）、公差文本高度系数（tol_text_height_factor）、公差文本宽度系数（tol_text_width_factor）等。这些只会改变当前工程图的工作环境，而不会影响 Pro/ENGINEER Wildfire 其他模块或其他工程图。

如前所述，修改工程图配置文件的操作方法如下。

系统打开如图 8–50 所示的"选项"对话框，从中修改即可。

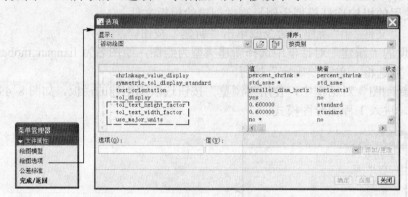

图 8–50　工程图配置文件对应的"选项"对话框

### 2. 环境设置方式

在工程图模式中，可以显示零件或装配件的尺寸公差。具体操作如图 8–51 所示。

① 依次选择"视图"|"显示设置"|"模型显示"命令，打开"模型显示"对话框，在其中选中"±0.1 尺寸公差"复选框。

② 在配置文件中将配置选项 tol_display 的选项值设置为 yes，以显示尺寸公差。

③ 启动"显示/拭除"对话框，执行显示尺寸操作，就可以显示尺寸公差。

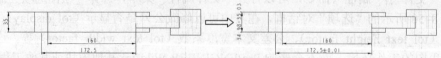

图 8–51　显示尺寸公差

### 8.3.2 公差标准设置

在 Pro/ENGINEER Wildfire 中可以选择 ANSI 或 ISO/DIN 作为公差显示标准，系统默认选择 ANSI 标准。

选择 "文件"|"属性"主菜单命令，系统打开"文件属性"菜单，选择其中的"公差标准"命令，系统打开如图 8–52 所示的"公差标准"菜单，可以选择一个特定的公差标准并选择"完成/返回"命令即可。在配置文件 tolerance_standard 选项中也可以改变默认值。

### 8.3.3 修改公差

修改 tol_mode 选项的值后，该值仅会影响新增尺寸。若要修改已有尺寸的显示格式，必须手动逐一修改，修改方法如下。

图 8–52 设置公差标准

如图 8–53 所示，首先在工程图中选取要修改公差的尺寸，再右击，在弹出的快捷菜单中选择"属性"命令，系统弹出"尺寸属性"对话框，在其中可以进行修改操作。

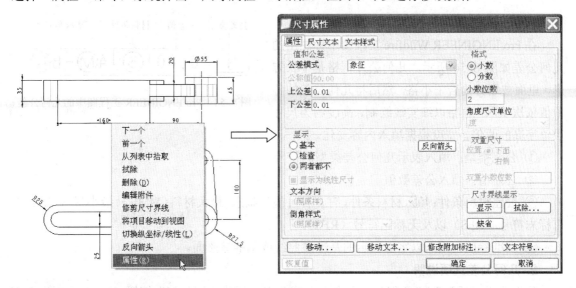

图 8–53 设置尺寸公差

"公差模式"下拉列表用于设置公差格式，其中有以下 4 种类型。

① 象征（注：汉化有误，应为公称）：对应配置文件中 tol_mode 选项的 nominal、limits，是 Pro/ENGINEER Wildfire 默认格式，尺寸不显示公差值，以公称尺寸形式显示。

② 限制（注：汉化有误，应为极限）：对应配置文件中 tol_mode 选项的 limits，尺寸以最

大极限尺寸与最小极限尺寸的形式显示。

③ 加–减：对应配置文件中 tol_mode 选项的 plusminus，尺寸以带有上、下偏差的公称尺寸的形式显示。

④ +–对称：、对应配置文件中 tol_mode 选项的 plusminissym，系统使上、下偏差数值相同，尺寸以公称尺寸加上正负号再加上偏差数值的形式显示。

在工程图中创建尺寸时，系统根据配置文件中和尺寸公差有关的设置来决定尺寸公差显示的格式，并将这些公差格式应用到所有尺寸上，因此，应该将配置文件中相关选项的值设置成常用的格式，以方便操作。

# 8.4 Pro/ENGINEER 几何公差

在生产实践中，经过加工的零件，不但会产生尺寸误差，而且会产生形状和位置误差，简称为形位公差，在 Pro/ENGINEER 中称为几何公差。

相比之下，几何公差远远比尺寸公差复杂，必须进行多个元素的设置。

## 8.4.1 几何公差基本格式及选项

### 1. 几何公差基本格式

在 Pro/ENGINEER Wildfire 工程图中标注出的几何公差如图 8–54 所示。几何公差框格是个长方形，里面被划分为若干小格，然后将几何公差的各项值依次填入。框格以细实线绘制，高度约为尺寸数值字高的两倍，宽度根据填入内容变化。

图 8–54  Pro/ENGINEER 工程图中的几何公差

① 公差类型：填入表示几何公差类型的符号。

② 公差值：填入公差数值。

③ 公差材料条件：填入材料条件，有 4 种可能的状态：最大材料（MMC）、最小材料（LMC）、有标志符号（RFS）以及无标记符号（RFS）。

④ 基准参照：填入以字母表示的基准参照线或基准参照面。

### 2. 几何公差选项说明

依次选择"插入"|"几何公差"命令，或单击"创建几何公差"按钮，打开如图 8–55 所示的"几何公差"对话框，以进行标注几何公差的操作。

① 在"几何公差"对话框左侧选取几何公差的类型，共有 14 种，Pro/ENGINEER Wildfire 中公差类型符号与国家标准规定的完全相同。

② "模型参照"选项卡：用于指定要在其中添加几何公差的模型和参照图元，以及在工程图中如何放置几何公差，详见图 8–56 中的说明。

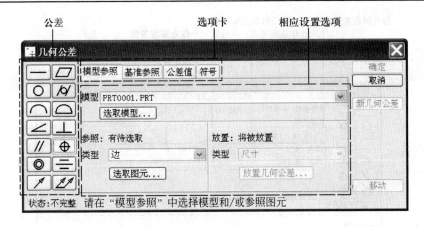

图 8–55 "几何公差"对话框

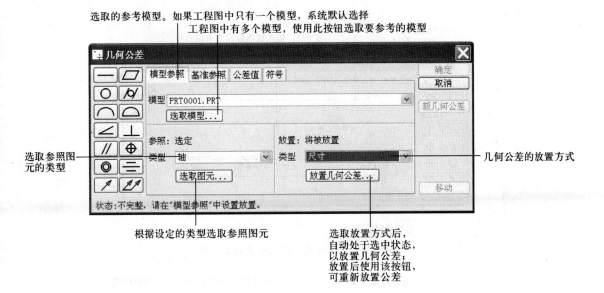

图 8–56 "模型参照"选项卡及功能注释

③ "基准参照"选项卡：用于指定几何公差的参照基准和材料状态，以及复合公差的值和参照基准，详见图 8–57 中的说明。

需要补充的内容如下。

a．当选择几何公差的类型为面轮廓度和位置度时，复合几何公差部分才可以使用。

b．当选择几何公差的类型为直线度、平面度、圆度、圆柱度时，不需设置基准参照。

④ "公差值"选项卡：用于指定公差值和材料状态，详见图 8–58 中的说明。

⑤ "符号"选项卡：用于指定几何公差符号及投影公差区域或轮廓边界，详见图 8–59 中的说明。

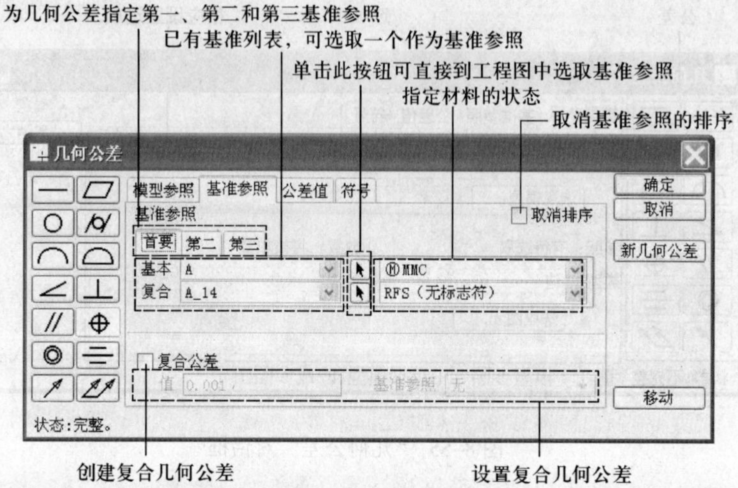

为几何公差指定第一、第二和第三基准参照
已有基准列表，可选取一个作为基准参照
单击此按钮可直接到工程图中选取基准参照
指定材料的状态
取消基准参照的排序
几何公差
模型参照
基准参照
公差值
符号
确定
取消
新几何公差
基准参照
首要
第二
第三
取消排序
基本
A
复合
A_14
ⓂMMC
RFS（无标志符）
复合公差
值
0.001
基准参照
无
移动
状态:完整。
创建复合几何公差
设置复合几何公差

图 8–57 “基准参照”选项卡及功能注释

选中后，输入数值以设置总公差
选中后，输入数值以设置单位公差
几何公差
模型参照
基准参照
公差值
符号
确定
取消
新几何公差
公差值
总公差
0.001
名称
gp2
每单位公差
值/单位
0.001
单位长度
0.001
材料条件
ⓈRFS（有标志符）
移动
状态:不完整，请在"模型参照"中设置放置。
指定材料的状态

图 8–58 “公差值”选项卡及功能注释

选中以为几何公差添加附加符号
对于某些几何公差设置投影公差区域的位置
在几何公差右侧添加附加文字说明
几何公差
模型参照
基准参照
公差值
符号
确定
取消
新几何公差
符号和修饰符
统计公差
直径符号
自由状态
周围符号
相切平面
设置边界
右侧附加文本
突出公差带
无
几何公差下
几何公差内
区域高度
0.001
移动
状态:不完整，请在"模型参照"中设置放置。

图 8–59 “符号”选项卡及功能注释

⑥ 其他按钮等，详见图 8–60 中的说明。

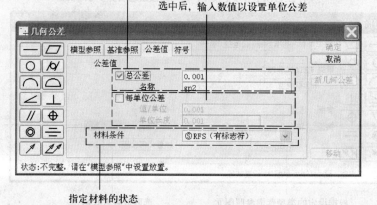

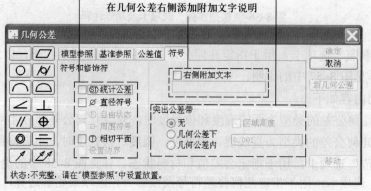

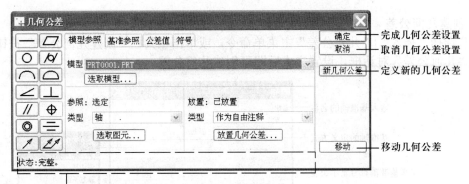

图 8-60 "几何公差"对话框中其他功能注释

## 8.4.2 几何公差的创建

本节将讲解有关几何公差的创建过程。

### 1. 创建几何公差基准

创建几何公差前需要首先创建基准，然后才能创建几何公差，主要分为两类：基准平面和基准轴。

（1）创建基准面

① 如图 8-61 所示，依次选择"插入"|"模型基准"|"平面"主菜单命令，或在基准工具栏中单击"基准面"按钮 □，打开"基准"对话框。

② 单击"定义"按钮定义一个新的基准面时，系统打开"基准平面"菜单，用于定义基准面。其定义方法与零件模式下的创建方法基本相同，这里不再赘述。

（2）创建基准轴

选择"插入"|"模型基准"|"轴"主菜单命令，或在基准工具栏中单击"基准轴"按钮 /，打开 "轴"对话框，如图 8-62 所示。

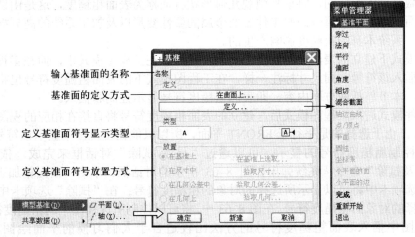

图 8-61 创建基准平面

当定义一个新的基准轴时，系统打开"基准轴"菜单，用于定义基准轴，其定义方法与零件模式下的创建方法基本相同，这里不再赘述。

### 2. 创建几何公差

依次选择"插入"|"几何公差"主菜单命令，或单击工具栏"创建几何公差"按钮 ，系统打开"几何公差"对话框，设置完成后即可创建几何公差。

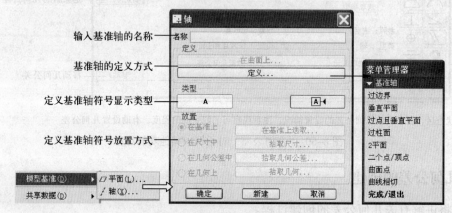

图 8-62 "轴"对话框及其功能注释

# 8.5 表面粗糙度与焊接符号

在工程图标注中，除了尺寸标注、几何公差之外，表面粗糙度也是重要内容，它直接决定着零件的表面加工质量。另外，对于从事焊接工作的人员来说，焊接符号的识别与标定也是不可或缺的，本节将讲解 Pro/ENGINEER 中如何对这二者进行标注。

## 8.5.1 在工程图模式下插入表面粗糙度符号

在理想情况下，人们所期望的零件表面都是光滑整齐的，但实际上，经过加工后的机器零件，其表面状态是比较复杂的。若将其截面放大来看，零件的表面总是凹凸不平的，是由一些微小间距和微小峰谷组成的，将这种微观几何形状特征称为表面粗糙度，这是由切削过程中刀具和零件表面的摩擦，切屑分裂时工件表面金属的塑性变形以及加工系统的高频振动或锻压、冲压、铸造等系统本身的粗糙度影响产生的。

在零件模式下建立的表面粗糙度符号，将直接显示在工程图模式中，而在工程图模式下，也可以单独插入该符号。同尺寸标注一样，在工程图模式下的表面粗糙度符号也将可以控制其显示，所以，本节包括两方面内容，即表面粗糙度符号显示控制和插入。

当从零件模式进入工程图模式后，建立的表面粗糙度符号将直接在相应的视图中显示，如图 8-63 所示。由于选择的是平行于 FRONT 平面，所以只能在主视图中显示该符号。

如果要控制粗糙度符号的显示，可以通过"显示/拭除"对话框来完成。依次选择"视图"|"显示及拭除"命令，系统弹出如图 8-63 所示的对话框。单击"曲面精加工"按钮 ，在"显示"选项卡中将可以显示所选择的对象的粗糙度符号；在"拭除"选项卡中将可以暂时不显示所选择的对象的粗糙度符号。在图 8-63 中，将可以控制所选视图中的粗糙度符号的显示。

在工程图中插入表面粗糙度符号的方法比较适合于人们习惯的平面绘图方式，如在 AutoCAD 的标注方式，但是，其操作与零件模式下的操作有所不同，它主要依靠的就是菜单管理器，下面将详细讲解。

① 依次选择 "插入"|"表面光洁度"命令，如图 8-64 所示，系统将弹出"得到符号"菜单。

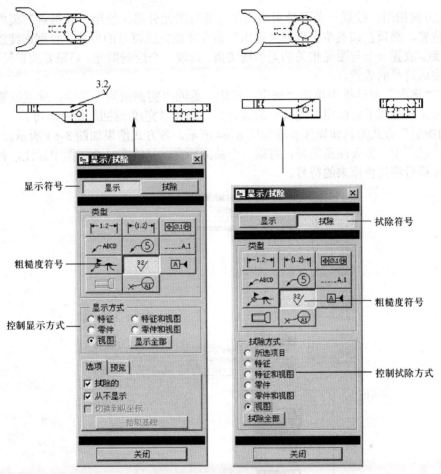

图 8–63 控制符号的显示

在这个菜单中，包括以下 3 个命令：

a．名称。从名称列表中选择符号名称。选择该命令，将显示当前工程图中所有的表面粗糙度符号名称，选择一个即可。当第一次建立粗糙度符号时，此时弹出的名称为VIEW_TEMPLATE_SYMBOL。如果选择，则不显示粗糙度符号。

b．选出实体。此处翻译有误，应该为"选出图元"，即选择当前视图中的表面粗糙度符号作为符号类型。

c．检索。直接选择粗糙度符号所在的文件及其路径。第一次建立符号时必须选择改选向标注，在此选择该命令。

② 系统将弹出"打开"对话框，从而选择需要的符号即可。

③ 确定后系统将弹出"实例依附"菜单，如图 8–64 所示。

该菜单中包括以下命令。

a．方向指引。使用引线连接符号。在"依附类型"菜单和"获得点"菜单中选取可用选项以放置符号。出现提示时，输入一个介于 0.001 和 2000 之间的表面粗糙度值。中键单击完成符号的放置。

b．图元。将符号连接到边或图元。选取一个图元以放置符号。

c．法向。连接一个垂直于边或图元的符号。选取一个图元以放置符号。

d. 无方向指引。放置一个不带引线的符号并与图元分离。使用"获得点"菜单将符号放置到所需位置。必须在该菜单上选择"退出"命令才能完成符号的放置，否则连续放置。

e. 偏距。放置一个与图元相关的无引线实例。选取一个绘制图元，后跟要放置符号的位置。按中键以完成符号的放置。

④ 在"选取"对话框中单击"确定"按钮，返回"实例依附"菜单，继续放置新的表面粗糙度符号。在完成了表面粗糙度符号的放置后，选择"完成/返回"命令即可。

"方向指引"方式的具体操作步骤如图8-64所示。各方式结果如图8-64所示。

在标注过程中，需要注意的是，对同一个曲面而言，只能在一个视图中标注，否则，新建立的粗糙度符号将代替原来的符号。

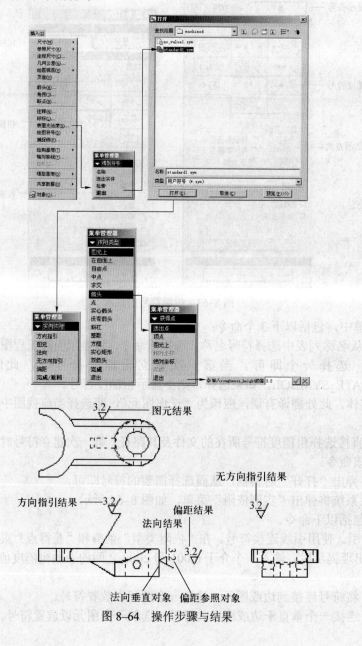

图 8-64　操作步骤与结果

与零件模式下粗糙度符号的操作不同，在工程图中更加灵活。在零件模式下，粗糙度符号只能创建、删除和修改名称。其移动和大小操作等只能在建立的时候进行设置，而后就无法修改，而对于工程图操作来说，则可以随时修改。

如果要修改符号位置，在符号上单击，此时符号将显示句柄，如图 8–65 所示。如果鼠标成 4 向箭头，就可以移动；如果将鼠标放置在大小调整句柄上，就可以拖动来修改符号大小；如果将鼠标放置在箭头所在的句柄上，可以移动箭头位置。

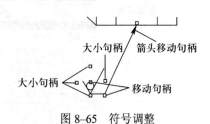

图 8–65　符号调整

如果要修改符号属性，在符号上双击，打开"表面光洁度"对话框，从中可以进行属性设置。

## 8.5.2　在工程图模式下插入焊接符号

在零件模式下建立的焊接符号，将直接显示在工程图模式中，而在工程图模式下，也可以单独插入该符号。同尺寸标注一样，在工程图模式下的焊接符号也将可以控制其显示，所以，本节包括两方面内容，即焊接符号显示控制和插入。

当从零件模式进入工程图模式后，如果要控制焊接符号的显示，可以通过"显示/拭除"对话框来完成。依次选择"视图"|"显示及拭除"命令，系统弹出如图 8–66 所示的对话框。单击"符号"按钮，在"显示"选项卡中将可以显示所选择对象的焊接符号；在"拭除"选项卡中将可以暂时不显示所选择的对象的焊接符号。图 8–66 所示即为拭除后的结果。

在工程图中插入焊接符号的方法比较适合于人们习惯的平面绘图方式，如在 AutoCAD 的标注方式，但是，其操作与零件模式下的操作有所不同，下面将详细讲解。

依次选择"插入"|"绘图符号"|"定制"命令，如图 8–67 所示，系统将直接弹出"定制绘图符号"对话框，其基本操作与零件模块下的对话框操作一致，不再详述。

相对于零件模块下的"定制绘图符号"对话框而言，由于在平面视图条件下很多图元位置很明确，所以符号的放置也更加准确。

符号的放置类型包括以下 3 种。

① 带有方向指引。放置的符号带有附加到参照的引线。

② 切向导引。放置的符号带有与参照相切的引线。

③ 法向导引。放置的符号带有与参照垂直的引线。

图 8–68 所示即为 3 种类型的放置结果。

在"新引线"列表中包括 5 种类型，增加了"自由点"类型，即可以任意摆放箭头所在位置，操作更加灵活，而不必选择参照图元。

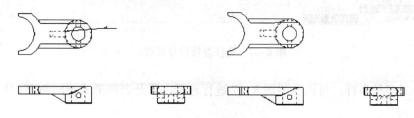

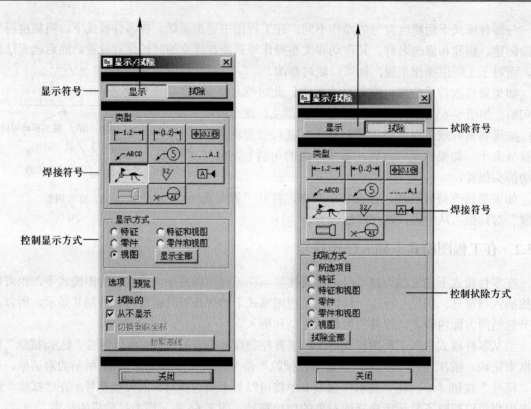

图 8-66 控制符号的显示

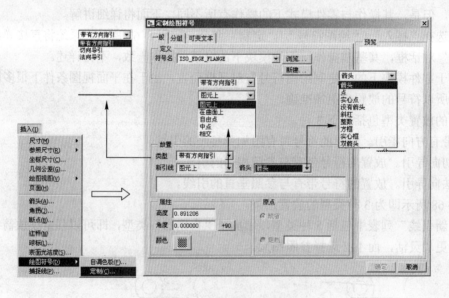

图 8-67 选择焊接符号过程

箭头的形式多种多样，可以参照图 8-67 进行选择，只是表现形式不同而已。

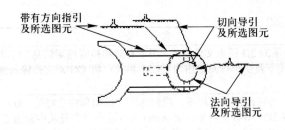

图 8-68 放置类型

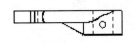

## 8.6 工程图的数据处理与出图

Pro/ENGINEER Wildfire 工程图模式下也提供了非常强大数据接口，支持很多的文件格式。可以很方便地同其他绘图软件进行图形数据交换。

由于 Pro/ENGINEER Wildfire 支持的输入/输出文件格式众多，无法一一介绍。这里仅将经常使用的数据格式汇总成表 8–3。其他格式的文件，如果有需要，可以查看对应书籍中的介绍。

表 8–3　常用数据形式

| 格　式 | 含　义 |
|---|---|
| *.igs | Initial Graphics Exchange Specification，标准的 IGES 格式<br>以 IGES 格式输出绘图、绘图格式、布局、零件和组件数据。<br>用 B 样条表示输出所有曲面的零件数据，并用用户提供的程序自动开始该 IGES 文件的后处理。<br>将包含绘图数据的 IGES 文件输入到绘图、格式和布局中，并修改所得到的产品。<br>为通过 IGES 格式进行输出而将绘图中的模型边分组，以使支持 IGES 组的其他系统能将这些模型边作为一个图元集合进行查看。<br>将包含绘图、草绘和零件数据的 IGES 文件输入到 Pro/ENGINEER 的所有模式中 |
| *.set | 输入和修改包含 SET 文件的工程图；输入 SET 零件和绘图文件（包括格式和布局）；输出 SET 零件数据（曲线和曲面数据以及坐标系）和 SET 工程图数据（2D 几何、文本和尺寸） |
| *.step | 以产品模型数据交换标准(STEP)格式在不同的计算机辅助设计、工程和制造系统之间交换完整的产品定义。可以输入及输出 STEP 相关绘制数据(AP214) |
| .ct，.cat | Pro/ENGINEER 支持 CATIA 版本 4 和版本 5。对于 Pro/ENGINEER 和这些版本的 CATIA 中每一版本之间的数据交换，需要各自独立的许可证。可在 Pro/ENGINEER 和 CATIA 版本 4 之间输出和输入零件及组件模型。只能向 Pro/ENGINEER 中输入 CATIA 版本 5 的零件模型。<br>可向 Pro/ENGINEER 输出和输入以下文件类型：<br>CATIA V4 .model<br>CATIA V4 ProGEO .model<br>CATIA V4 模型输出 (*.exp)<br>CATIA V4 进程（组件）*.session<br>CATIA V5 CATPart（零件），版本 6 及更新版本 |

续表

| 格　　式 | 含　　义 |
|---|---|
| .cgm | CGM 提供基于向量的 2D 图像文件格式，用于存储和检索图形信息。可以在"零件"、"组件"和"绘图"模式下将图形信息输出为 CGM 格式；将 CGM 文件输入到绘图、格式、布局或布线图中 |
| .dwg，.dxf | 可输入 DXF 文件并修改结果工程图，或创建设计模型和构建特征。DXF 文件可包含 2D 或 3D 几何。可以将 2D DWG 文件输入到 AutoCAD 等产品中及从中输出 2D DWG 文件；使用包含 3D 几何的 DXF 文件输入零件、组件、元件和特征。也能输入 DXF 文件中所包含的镶嵌化数据和嵌入的精确 ACIS 数据 |

### 8.6.1　工程图数据处理

#### 1. 插入共享数据

在 Pro/ENGINEER Wildfire 工程图模式下，系统根据需要可以从外部输入其他多种数据格式的绘制图元。

在 Pro/ENGINEER Wildfire 工程图中输入文件的步骤如下。

① 如图 8-69 所示，在"插入"主菜单中选择"共享数据"子菜单中"自文件"命令，系统打开"打开"对话框。

② 在"类型"下拉列表中选择要插入文件的类型。

③ 选择添加文件的目标文件夹及文件名。

④ 单击"打开"按钮，将数据添加到当前 Pro/ENGINEER Wildfire 工程图文件中。

根据输入文件格式的不同，可能显示一个对话框，用于定义输入选项。图 8-69 所示的是输入 DWG 文件时打开的"导入 DWG"对话框，用于定义输入 DWG 文件时相关的尺寸、字体等。

#### 2. 输出

在 Pro/ENGINEER Wildfire 中完成工程图后，可以将其转换成另一个 CAD 系统程序使用的数据格式，并将其保存在磁盘文件中，可以在相应的应用程序中打开该文件。

在 Pro/ENGINEER Wildfire 工程图中输出文件的步骤如下。

① 在"文件"主菜单中选择"保存副本"命令，或单击"保存副本"按钮，可以打开如图 8-70 所示的"保存副本"对话框。

② 在"类型"下拉列表中选择输出文件的类型。

③ 选择输出文件的目标文件夹及文件名。

④ 单击"确定"按钮，将数据输出到对应文件中。

根据输出文件格式的不同，可能显示一个对话框，用于定义输出选项。图 8-70 所示的是输出 CGM 文件时打开的"输出 CGM"对话框，用于定义输出 CGM 文件时的坐标、文件结构等。

### 8.6.2　出图

在工程图完成后，可以使用在屏幕上显示图形、在打印机上直接打印图形、打印着色图像等多种方式进行打印。打印时，根据绘图仪或打印机的设置，可以进行彩色或黑白打印。

在打印时，需要注意以下问题。

① 隐藏线在屏幕上显示为灰色，在图纸上输出时为虚线。

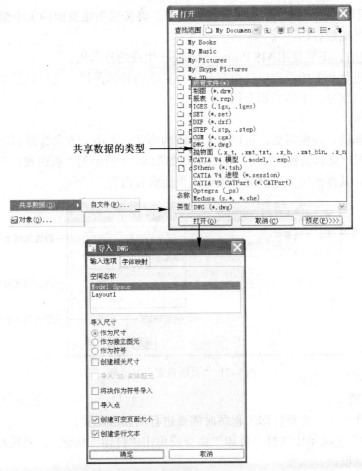

共享数据的类型

图 8-69 选取自文件数据

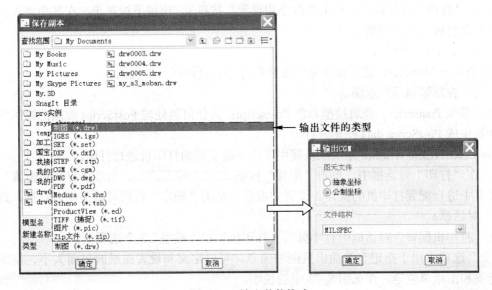

输出文件的类型

图 8-70 输出其他格式

② 输出不同线型时，如果是系统提供的线型，将按照图纸页面的大小缩放打印，但是用户定义的线型不能缩放打印。

③ 着色打印时，不能使用 MS Printer Manager 生成的打印机。

打印前，需进行必要的设置以获得符合工程要求的打印图纸，设置包括工程图本身的设置和打印机的设置两部分，下面分别介绍。

**1. 页面设置**

在工程图打印前，根据需要，可以对工程图的格式、大小、方向等重新进行设置。在"文件"主菜单中选择"页面设置"命令，系统出现如图 8–71 所示的"页面设置"对话框，在其中进行页面的设置，其操作可参见前面有关格式页面设置内容。

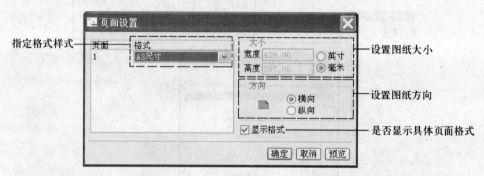

图 8–71 "页面设置"对话框

**2. 打印机配置**

下面结合打印步骤，介绍打印工程图时需要进行的相应配置。

① 在"文件"主菜单中选择"打印"命令或单击"打印"按钮，系统打开如图 8–72 所示的"打印"对话框。

② 进行下列操作。

a. 在"打印"对话框中，单击"命令和设置"按钮，出现下拉菜单，在其中可以增加一台新的打印机或选择打印的方式。

打印方式的介绍如下。

**MS Printer Manager：** 使用操作系统安装的打印机直接打印工程图。

**屏幕：** 在屏幕显示工程图。

**普通模型 Postscript、普通模型彩色 Postscript：** 为任何能处理 PostScript 数据的绘图仪或激光打印机生成 PostScript data 图形并打印。

**Pro/ENGINEER Wildfire** 系统默认使用操作系统安装的打印机进行打印。

b. 在"打印"对话框中，单击"配置"按钮，出现"打印机配置"对话框，在其中进行配置打印机的操作。设置完成后，单击"确定"按钮可以关闭对话框，返回到"打印"对话框。

在"打印机配置"对话框中有"页"、"打印机"和"模型" 3 个选项卡。

"页"选项卡用于指定有关输出页面的信息，可以定义和设置图纸的幅面大小、偏距值、图纸标签和图纸单位等，详见图 8–73 中的说明。

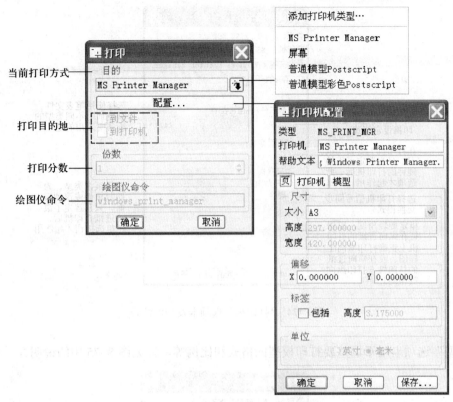

图 8-72 "打印"对话框及功能注释

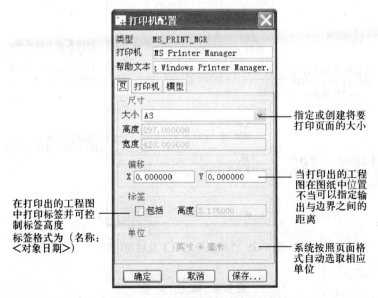

图 8-73 "页"选项卡及功能注释

"打印机"选项卡用于指定打印机其他可设置的打印选项，如设置笔速、指定是否安装切纸刀、选取绘图仪初始化类型、选取纸张类型等，详见图 8-74 中的说明。

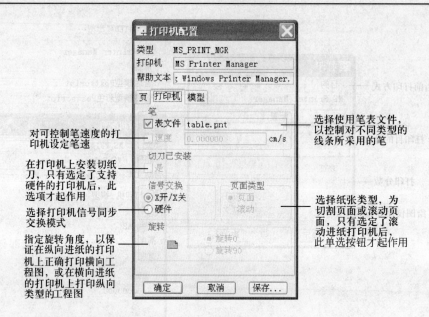

对可控制笔速度的打印机设定笔速

选择使用笔表文件，以控制对不同类型的线条所采用的笔

在打印机上安装切纸刀，只有选定了支持硬件的打印机后，此选项才起作用

选择打印机信号同步交换模式

指定旋转角度，以保证在纵向进纸的打印机上正确打印横向工程图，或在横向进纸的打印机上打印纵向类型的工程图

选择纸张类型，为切割页面或滚动页面，只有选定了滚动进纸打印机后，此单选按钮才起作用

图8-74　"打印机"选项卡及功能注释

"模型"选项卡用于调整要打印模型的格式和比例等，详见图8-75中的说明。

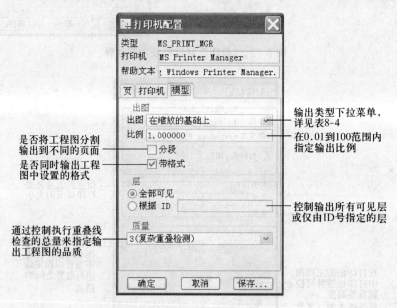

是否将工程图分割输出到不同的页面

是否同时输出工程图中设置的格式

通过控制执行重叠线检查的总量来指定输出工程图的品质

输出类型下拉菜单，详见表8-4

在0.01到100范围内指定输出比例

控制输出所有可见层或仅由ID号指定的层

图8-75　"模型"选项卡及功能注释

表8-4　输　出　类　型

| 输　出　类　型 | 功　　　能 |
| --- | --- |
| 全部出图 | 页面内容全部输出到图纸 |
| 修剪的 | 定义要输出区域的图框，将选定范围内的页面内容输出到图纸。以相对于左下角的正常位置在图纸上打印 |

续表

| 输 出 类 型 | 功　　能 |
|---|---|
| 在缩放的基础上 | 根据图纸的大小和图形窗口中的缩放位置，创建按比例、修剪过的输出。以相对于左下角的正常位置在图纸上打印 |
| 出图区域 | 通过修剪框中的内部区域平移到纸张的左下角，并缩放修剪后的区域以匹配用户指定的比例来创建一个输出 |
| 纸张轮廓 | 在指定大小的图纸上创建特定大小的输出图。例如，如果有大尺寸的绘图（如 A0），要出图 A4 大小的此绘图，可使用该选项 |

c．设定打印目的地。打印目的地是指将工程图文件打印输出到文件还是到打印机，也可以同时输出到文件和打印机。

当选中"到文件"复选框时，可以保存输出文件；如果并没有选中此复选框，则在系统发出绘图命令后将删除输出文件。

当输出到文件时，可以创建单个文件或为绘图的每一个页面部分创建一个文件，并且还可以将它附加到一个已有的输出文件中。

d．打印份数。选中"到打印机"复选框时，在"份数"下的微调框中调整或输入 1 到 99 之间的正数，以指定要打印输出的份数。

e．绘图仪命令。"绘图仪命令"用于指定将文件发送到打印机的系统命令，这些命令可以从系统管理员或工作站的操作系统手册获得，可以直接使用默认命令。

可以在此文本框中输入命令，或是使用配置文件选项 plotter_command 来指定命令。

f．在"打印"对话框中单击"确定"按钮即可完成打印机配置。

③ 在"文件"主菜单中选择"打印"命令即可打印。系统启动如图 8–76 所示的 Windows 系统"打印"对话框，单击 确定 按钮，即可打印。

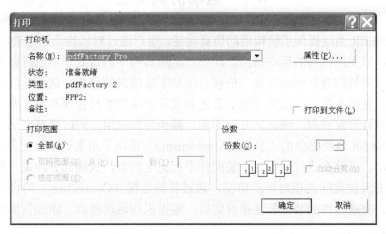

图 8–76　Windows 系统的"打印"对话框

# 第9章

# 运动仿真

所谓运动仿真是指通过模拟零件模型实际工作情况中的机械运动规律来验证所设计的零件实体的可行性。在运动仿真技术没有产生以前，设计人员设计出零件后，通常需要制作出原型，并将其放入实际工作环境中进行验证，然后根据验证结果来修正模型。这些工作无疑会浪费大量的时间、人力和物力。为提高设计工作效率，运动仿真技术应运而生。

Pro/ENGINEER Wirdfire3.0（下文统称为 Pro/ENGINEER）系统提供了"机构（Mechanism）"模块，专用来处理装配件间的运动仿真。Pro/ENGINEER 机构运动仿真的主要工作包括创建机构（包括完成装配和定义连接）、添加伺服电动机、运动仿真和结果回放。本章将对这四方面内容进行详细讲解。

## 9.1 运动仿真概述

Pro/ENGINEER 系统提供了机构运动仿真功能，用户通过对机构添加运动副、伺服电动机，使其运动起来，以实现机构的运动模拟。此外，运用机构中的后处理功能可以查看当前机构的运动，并且可以对机构进行运动轨迹、位移、运动干涉情况的分析，这不仅能帮助用户更好地完成机构设计，使原来在二维图纸上难于表达和设计的运动变得直观和易于修改，并且能够大大简化机构的设计开发过程，缩短其开发周期，减少开发费用，同时提高产品质量。

Pro/ENGINEER 系统提供的"机构（Mechanism）"模块专用来处理装配件间的运动仿真。由于机构要运动，因此在进行装配时，装配件不能完全约束，只能部分约束，根据各构件（零件）的运动型态及彼此间的相对运动情况，通过各种连接（Connection）的设定来限制各构件的运动自由度。完成构件的装配和连接设定后，根据机构运动特点，添加伺服电动机，即可完成仿真的设定。

### 9.1.1 基本术语

为了便于交流和讲解，在介绍机构运动仿真之前，首先介绍仿真中应用的基本术语，主要有以下这些。

① 主体：一个元件或彼此无相对运动的一组元件，主体内 DOF=0。

② 连接：连接，机械学中称之为"联接"，是定义并限制相对运动的构件之间的关系。

③ 自由度：构件所具有的独立运动的数目（或是确定构件位置所需要的独立参变量的数目）称为构件的自由度。连接的作用是约束构件之间的相对运动，减少机构的总自由度。

④ 约束：约束是向机构中放置构件并限制该构件运动的几何关系。

⑤ 环连接：环连接是增加到运动环中的最后一个连接。

⑥ 接头：接头是指连接类型（例如，销连接、滑块杆连接和球连接等）。

⑦ 基础：基础，即大地或者机架，是一个固定不移动的构件。其他构件相对于基础运动。在仿真时，可以定义多个基础。

⑧ 运动：研究机构的运动，而不考虑移动机构所需的力。

⑨ 拖动：拖动是指用鼠标抓取并在屏幕上移动机构。

⑩ 伺服电动机：伺服电动机是定义一个构件相对于另一个构件运动的方式。用户可以在接头或几何图元上放置伺服电动机，并指定构件之间的位置、速度或加速度运动。

⑪ 执行电动机：作用于旋转轴或平移轴上(引起运动)的力。

⑫ 回放：回放可以记录并重新演示机构运动。

其实，机构运动仿真中有很多术语，以上只是介绍了最常用的基本术语，以后碰到相关的术语时，在出现的地方进行简单地介绍。

### 9.1.2 Pro/ENGINEER 机构运动仿真

下面主要介绍在 Pro/ENGINEER 系统中进行机构运动仿真主要涉及的内容，使读者有一个初步的认识。至于每一功能的具体操作将在后续几节中依次进行讲解。

在前面讲到，在 Pro/ENGINEER 系统中进行机构运动仿真，总体上可分成创建机构、添加伺服电动机、进行机构仿真以及分析仿真结果 4 个部分，如图 9-1 所示，其中创建机构与零件装配非常相似，而其他 3 项都是通过"机构"菜单功能选项来完成。下面分别进行讲解。

**1．创建机构**

在进行机构设计之前，首先要新建一个组件，系统进入装配模式。接着与零件装配操作相同，载入机构的第一个构件，这个零件也称为主体构件或基构件。然后以相同的方法载入机构的第二个构件，依次类推。创建机构主要包括新建机构文件、载入主体机构、定义连接和约束等操作。

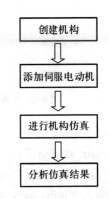

图 9-1　机构运动仿真的流程图

（1）新建机构文件

与零件装配相同，在创建机构之前必须在零件设计模式下完成所有构件模型的建立。将机构所要涉及的所有构件复制到同一目录下，用于创建机构，进而完成机构设计和运动仿真分析，具体操作过程如下。

① 在主菜单栏中依次选择"文件"|"新建"命令（或直接按 Ctrl+N 键，或单击主工具栏中的▢图标），系统将弹出如图 9-2 所示的"新建"对话框。

② 在"类型"栏中选中"组件"单选按钮，并在"子类型"栏选中"设计"单选按钮，

如图 9-2 所示。

在"名称"文本框中将自动显示新建文件的默认名字"asm0001"。系统默认的文件名是"asm#"，其中"#"是当前新建装配模型文件的流水号，如"asm0001"、"asm0002"，依次类推。在此删除系统的默认文件名，输入新建文件的名字即可，比如"asm_example"。

然后需要指定文件的模板，系统默认选中"使用缺省模板"复选框，表示选用默认模板，装配模块的默认模板是"inlbs_asm_design"，即使用英寸（in）、磅（lb）、秒（s）为单位的装配设计模板。

③ 最后单击"确定"按钮完成装配文件的创建，系统将自动进入零件装配主界面中。

此外，在"新建"对话框中，如果在输入文件名后取消选中"使用缺省模板"复选框（即 ），然后再单击"确定"按钮，系统将弹出如图 9-3 所示的"新文件选项"对话框，用于选择文件模板和输入参数等。

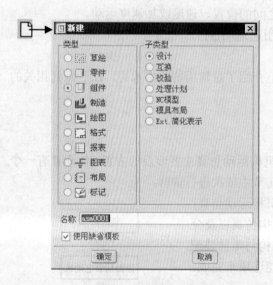

图 9-2 "新建"对话框

图 9-3 "新文件选项"对话框

与零件模块相同，在"新文件选项"对话框中，系统预先设置了多个模板选项："空"、"lnlbs_asm_design"、"inlbs_asm_ecad"、"inlbs_mfg_cast"、"inlbs_mfg_mold"、"mmns_asm_design"、"mmns_asm_cast" 和"mmns_mfg_mold"等。在装配设计类型中，可以使用"空"、"inlbs_asm_design"、"inlbs_asm_ecad"和"mmns_asm_design"等模板，模板的含义与零件设计中的相同。

通常，我国国家标准是使用毫米（mm）、牛顿（n）.秒（s）等作为设计单位，因此针对于具体实际情况，进行设计时通常使用"mmns_asm_design"模板。此外，如果用户不想使用系统预置的模板，可以自己定义模板，并通过单击"新文件选项"对话框中"浏览"按钮来读取模板。

（2）载入主体构件

主体构件也称为机架，就是机构的参考系统。具体操作过程如下。

① 依次选择主菜单"插入"|"元件"|"装配"命令或者单击 按钮。

② 系统自动弹出"打开"对话框，在该对话框中选择主体构件文件，如图 9-4 所示。最后单击"打开"按钮完成主体构件的载入。

图 9-4　选择主体构件

此时主体构件模型将出现在主窗口中，同时系统信息提示区显示"元件放置"操控板，如图 9-5 所示。设置约束后，完成主体构件放置。具体各项含义将在下一节详细讲述。

图 9-5　"元件放置"操控板

（3）定义连接和约束

在零件装配中，只要定义装配约束就可以完成。而机构运动仿真必须同时定义连接和约束，所以载入主体构件后，要求载入第二个构件并进行连接和约束，具体操作步骤如下。

① 依次选择主菜单"插入"|"元件"|"装配"命令或者单击 按钮。

② 在弹出的"打开"对话框中选择构件文件，并单击"打开"按钮完成（方法与载入主体构件相同）。此时系统弹出"元件放置"操控板，如图 9-5 所示，同时机构模型也出现在主窗口中，完成构件的载入。

连接的定义主要是通过"元件放置"操控板来实现的。

③ 在"元件放置"操控板中，单击 用户定义 和 自动 下拉列表框，将选项展开，如图 9-6 所示，选择用于定义各个构件之间的连接类型，设置完成后单击"确定"按钮确认即

可。如果机构中有多个构件，那么按照同样的方法将构件一一进行装配和连接。

### 2．添加附加约束和伺服电动机

由于机构由原动件、机架、从动件 3 个部分组成，因此在完成连接和约束，建立机构后，接着要在原动构件上添加驱动。

在 Pro/ENGINEER 中，选择主菜单栏"应用程序"|"机构"命令，如图 9-7 所示。

系统将进入运动仿真环境，如图 9-8 所示，在其中添加附加约束，如重力、阻尼器、弹簧、伺服电动机、力/力矩等，还可以添加凸轮连接、齿轮副连接，之后定义伺服电动机。

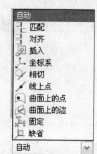

图 9-6　连接类型

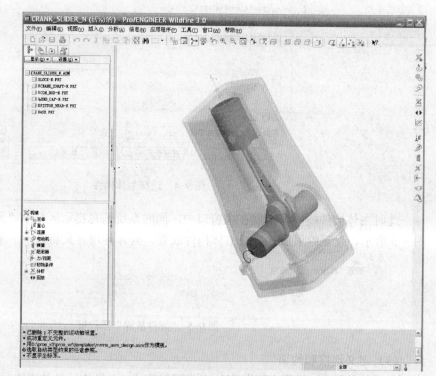

图 9-7　运行"机构"模块　　　　　　　图 9-8　运动仿真环境

进入运动仿真环境后，右侧出现新的工具条。运动仿真模块的大部分功能都可以通过工具条上的按钮图标来实现，表 9-1 对这些图标分别做简要地功能说明。

表 9-1　功 能 说 明

| 图　标 | 功　能 | 图　标 | 功　能 |
| --- | --- | --- | --- |
| | 机构图标显示 | | 定义凸轮从动机构连接 |
| | 定义齿轮副连接 | | 定义伺服电机 |
| | 定义分析 | | 回放以前的运动分析 |

续表

| 图 标 | 功 能 | 图 标 | 功 能 |
|---|---|---|---|
| | 生成分析的测量结果 | | 定义重力 |
| | 定义执行电机 | | 定义弹簧 |
| | 定义阻尼器 | | 定义力/扭矩 |
| | 定义初始条件 | | 定义质量属性 |

各图标按钮的具体使用方法，在后面的章节将详细讲解。

### 3．进行机构仿真

完成原动构件驱动添加后，要求对其定义运动类型，以此来进行机构运动仿真。

选择主菜单"分析"→"机构分析"命令或者单击图按钮为机构定义运动类型，系统将弹出"分析定义"对话框，如图 9-9 所示，在此对话框中可以完成运动类型的确定、伺服电动机的选择等操作，以及进行运动仿真。

### 4．查看和分析仿真结果

最后查看仿真结果，分析研究机构模型。运用机构中的后处理功能可以查看当前机构的运动，并且可以对机构进行运动轨迹、位移、运动干涉情况地分析，以便更好地研究机构模型。

① 选择主菜单"分析"|"回放"命令或者单击◀▶按钮查看机构运动，系统将弹出"回放"对话框，如图 9-10 所示。

② 选择主菜单"分析"|"测量"命令或者单击图按钮进行位移、速度、加速度、力等的测量，系统将弹出"测量结果"对话框，如图 9-11 所示。

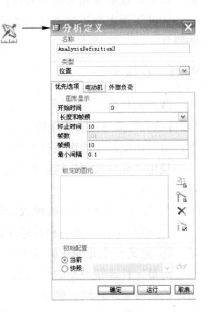

图 9-9 "分析定义"对话框

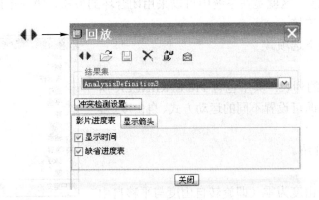

图 9-10 "回放"对话框

图 9-11 "测量结果"对话框

# 9.2　创 建 机 构

在创建机构之前必须在零件设计模式下完成所有构件模型的建立。机构的创建主要包括机构文件的新建、构件的载入、连接类型的定义以及构件型态的调整等过程，其中机构文件的新建和构件的载入操作已经在上一节作了比较详细的介绍，同时此操作与零件装配过程中操作相同，读者可以参考相关的内容和知识。

因此下面主要讲解连接的类型和约束以及构件型态的调整操作，并通过一个实例来练习这些操作。

## 9.2.1　连接类型

载入构件后，系统弹出"元件放置"操控板，如图 9-5 所示。定义连接和约束主要是通过"元件放置"操控板来实现的。构件的装配可以完全使用连接即可设定，当然在某些特定的情况下，可以搭配装配约束条件来辅助连接的定义。

使用"元件放置"操控板中的"连接"选项可指定在组件中放置元件的连接类型。连接有以下 3 个目的。

① 定义机构将采用哪种放置约束在模型中放置元件。

② 限制主体之间的相对运动，减少系统可能的总自由度。

③ 定义一个元件在机械中可能具有的运动类型。

对每一种连接类型的约束都与指定的自由度相关联。根据平移自由度和旋转自由度来定义允许的机械系统运动。例如，一个销钉连接有 1 个旋转自由度和 0 个平移自由度，这意味着使用销钉连接的元件可以相对于它所依附的元件旋转，但不能从该元件移开。

连接与传统的装配方法不同，主要区别概括如下。

① 根据所创建的连接类型，限制允许的放置约束类型。

② 将多个放置类型约束组合在一起来定义单个连接，例如，固定连接允许在单一连接中将一组有效放置约束组合在一起。

③ 定义的放置约束不完全约束模型，根据连接类型，允许元件以特定方式运动。

④ 可以向一个元件中增加多个连接，这就是在系统中可以采用闭合环的方法，第一个连接用来放置元件，第二个连接认为是环连接。

在【元件放置】操控板中，包含如下选项。

1. 用户定义 下拉列表

单击 按钮，弹出如图 9-12 所示的列表，其中包含 Pro/ENGINEER 所提供的 11 种连接方式，选择其中的选项即可设置不同的运动方式、自由度（旋转自由度和平移自由度）和约束。

下面分别对这 11 种连接类型进行介绍。

（1）刚性

采用"刚性"连接类型时，构件自由度为零（即旋转自由度与平移自由度均为 0），完全固定不动。该连接可以使构件成为机架（即与大地连接），

图 9-12　连接方式

即将构件定义为基础。约束关系显示为"自动",表示定义任何一种约束类型,构件都将完全约束。

(2)销钉

采用"销钉"连接类型时,构件只能围绕用户指定的轴旋转,其旋转自由度为 1,平移自由度为 0。约束关系显示为"轴对齐"和"平移",表示要指定构件的轴线对齐和平面或点的匹配/对齐(偏距)约束关系。

(3)滑动杆

采用"滑动杆"连接类型时,构件只能沿直线方向平移,该直线可以是指定轴或边,其平移自由度 1,旋转自由度为 0。约束关系显示为"轴对齐"和"旋转",表示要指定构件的轴线对齐和平面对齐(偏距)约束关系。

(4)圆柱

采用"圆柱"连接类型时,构件不仅能沿用户指定的轴平移,而且能围绕该轴进行旋转,其旋转自由度和平移自由度都为 1。约束关系显示为"轴对齐",表示要指定构件的轴线对齐约束关系。

(5)平面

采用"平面"连接类型时,构件可以在某指定平面内平移,并且还可以绕该平面的法向进行旋转。其旋转自由度为 1,平移自由度为 2。约束关系显示为"平面",表示要指定构件平面(偏距)约束关系。

(6)球

采用"球"连接类型时,构件可以在坐标系的三个轴向任意旋转,但不能平移,其旋转自由度为 3,平移自由度为 0。约束关系显示为"点对齐",表示要指定构件点与点对齐约束关系。

(7)焊接

采用"焊接"连接类型时,构件自由度为零(即旋转自由度与平移自由度均为 0),此连接将两个构件完全固定,成为一体。约束关系显示为"坐标系",表示要指定一个坐标系,作为装配约束关系。

(8)轴承

采用"轴承"连接类型时,构件可以在坐标系 3 个轴向任意旋转,同时也可以沿指定轴方向平移,其旋转自由度为 3,平移自由度为 1。约束关系显示为"点对齐",表示要构件上点与点或轴线对齐约束关系。

(9)常规

采用"常规"连接类型时,即可以自定义组合约束,根据需要指定一个或多个基本约束来形成一个新的组合约束,其自由度的多少因所用的基本约束种类及数量不同而不同。可用的基本约束有:匹配、对齐、插入、坐标系、线上点、曲面上的点、曲面上的边,共 7 种。在定义的时候,可根据需要选择一种,也可先不选取类型,直接选取要使用的对象,根据所选择的对象系统自动确定一个合适的基本约束类型。

(10)6DOF

采用"6DOF"连接类型时,也就是对元件不作任何约束,仅用一个元件坐标系和一个组件坐标系重合来使元件与组件发生关联。元件可任意旋转和平移,具有 3 个旋转自由度和 3 个平移自由度，总自由度为6。

（11）槽

采用"槽"连接类型时，构件可以在坐标系3个轴向任意旋转，同时也可以沿指定轴方向平移，其旋转自由度为3，平移自由度为1。

表9-2总结了构件的连接类型及其约束情况。

表9-2　连接类型与约束

| 连接类型 | 自由度 | | 需要的约束 | 可选用约束 | 描述 |
|---|---|---|---|---|---|
| | 旋转 | 平移 | | | |
| 刚性 | 0 | 0 | 自动（一个或多个约束） | 任何一种约束 | 完全固定不动 |
| 销钉 | 1 | 0 | 轴对齐<br>平面配对 / 对齐或点对齐 | 反向配对 / 对齐<br>平面配对偏距 / 对齐 | 围绕指定轴旋转 |
| 滑动杆 | 0 | 1 | 轴对齐<br>平面配对 / 对齐 | 反向配对 / 对齐 | 沿轴平移 |
| 圆柱 | 1 | 1 | 轴对齐 | 反向 | 沿指定轴平移并相对于该轴旋转 |
| 平面 | 1 | 2 | 平面对齐 | 平面偏距<br>反向偏距 / 对齐 | 在一指定平面内平移，并且能绕该平面的法向进行旋转 |
| 球 | 3 | 0 | 点与点对齐 | | 沿三轴向任意旋转 |
| 焊接 | 0 | 0 | 坐标系对齐 | | 两零件黏结在一起 |
| 轴承 | 3 | 1 | 点与边或轴线对齐 | | 任意旋转，并沿指定轴方向平移 |
| 常规 | 不固定 | 不固定 | | | |
| 6DOF | 3 | 3 | 坐标系与坐标系重合 | | 可任意旋转和平移 |
| 槽 | 3 | 1 | 点与边或轴线对齐 | | 任意旋转，并沿指定轴方向平移 |

**2.** 放置**按钮**

单击 放置 按钮，弹出如图9-13所示的操控板，系统初始设定地约束类型为"自动"，单击"约束类型"下拉列表，弹出如图9-14所示的约束类型。

也可以在"元件放置"操控板中直接单击 自动 ▾ 下拉列表，同样弹出如图9-14所示的选择列表。

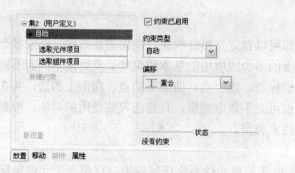

图9-13　"元件放置"操控板　　　　　　　　图9-14　约束类型

对于各约束类型具体的含义，在学习装配模块时读者应该都已经熟悉，这里不再讲解。

### 9.2.2  构件型态的调整

当连接构件时，可能会发生位置偏差，使得构件装配型态不准确或者无法完成连接，此时用户必须手动来移动或旋转构件，使之到一个比较恰当的位置，然后再进行连接和约束。此操作可以通过"元件放置"操控板中的 **移动** 按钮来完成。

在"元件放置"操控板中单击 **移动** 按钮，系统将弹出"移动"对话框，如图 9-15 所示。

从图中可以看出，"移动"对话框中有 4 个组框，分别为"运动类型"、"运动参照"、"运动增量"、"相对位置"。

#### 1. "运动类型"下拉框

单击"运动类型"下拉框，弹出"运动类型"下拉列表，如图 9-16 所示。从图中可以看出，移动类型有 4 种：定向模式、平移、旋转以及调整。选取其中的一种运动类型，然后在设计窗口中选取第二个构件，再移动鼠标，选取的构件就跟着进行移动。

图 9-15  "移动"对话框                                图 9-16  运动类型

#### 2. ⊙ 运动参照

选取移动类型之后，可以选取移动参照（或移动基准），就是说构件将相对于什么进行移动。选取不同地参照图元，系统会出现不同地运动参照方式。比如，当选择一个平面时，系统提示选择以"垂直"该平面或者以"平行"该平面地方式进行移动。

#### 3. "运动增量"组框

该选项用于设置移动增量，即每次移动的距离（或方式）。对应于移动的类型，设置移动增量也有两种，一种是"平移"增量设置，一种是"旋转"增量设置。

当对非主体构件进行平移操作时，需要设置"平移"增量，单击图 9-15 中的"平移"下拉框，弹出的下拉列表如图 9-17 所示，其中有 4 个选项，即"光滑"、"1"、"5"、"10"，从中选取一个即可。系统默认设置项为"光滑"，即平稳移动，一次可移动任意长度的距离。当然，也可以在下拉框中输入具体的数值，如"12"作为平移增量。

当对非主体构件进行旋转操作时，需要设置"旋转"增量，单击图 9-15 中的"旋转"下拉框，弹出如图 9-18 所示的列表，其中有 6 个选项，即："光滑"、"5"、"10"、"30"、"45"、"90"，从中选取一个即可。系统默认设置项为"光滑"，即平稳旋转，一次可旋转任意大小的角度。同样，也可以在下拉框中输入具体的数值，如"60"作为旋转增量。

图 9-17　"平移"下拉列表　　　图 9-18　"旋转"下拉列表

### 4．"位置"组框

当使用鼠标拖动装配零件进行平移、旋转或位置调整时，在该"相对"项中将显示相对移动的距离。如图 9-19 所示，它们以选定参考上的坐标为基准。

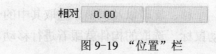

图 9-19　"位置"栏

调整构件型态，除了以上介绍的方法外，还可以通过单击 🖑 按钮来进行。单击 🖑 按钮，打开"拖动"对话框，如图 9-20 所示。

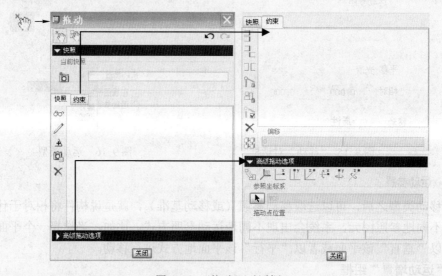

图 9-20　"拖动"对话框

其中包括如下选项。

（1）两种拖动类型："点拖动"和"主体拖动"

"点拖动"是以鼠标单击处为基准点进行移动或转动，"主体拖动"是以选中的主体为对象进行移动或转动。

（2）"快照"选项卡

快照是指 Pro/ENGINEER 中对机械的某一特殊状态记录。可以使用拖动调整机构中各零件的具体位置，初步检查机构的装配与运动情况，并可将其保存为快照，快照可用于后续的分析定义中，也可用于绘制工程图。

快照列表左侧有一列工具按钮，第一个 ∞ 为显示当前快照，即将屏幕显示刷新为选定快照的内容；第二个 ✎ 为从其他快照中把某些元件的位置提取入选定快照；第三个 ⚓ 为刷新选定快照，即将选定快照的内容更新为屏幕上的状态；第四个 ⚙ 为绘图可用，使选定快照可被当做分解状态使用，从而在绘图中使用，这是一个开关型按钮，当快照可用于绘图时，列表中的快照名前会有一个图标；第五个 ✕ 是删除选定快照。

（3）"约束"选项卡

约束列表显示已为当前拖动所定义的临时约束，这些临时约束只用于当前拖动操作，以进一步限制拖动时各主体之间的相对运动。

约束列表左侧也有一列工具按钮，第一个 ⊒ 为对齐两个图元；第二个 ⊐ 为配对两个图元；第三个 ⊏ 为定向两个图元；第四个 🔨 为运动轴约束；第五个 🔒 为主体－主体锁定约束；第六个 📎 为启用/禁用连接；第七个 ✕ 为删除约束；第八个 🔗 为仅基于约束重新连接。

（4）"高级拖动选项"

提供了一组工具，用于精确限定拖动时被拖动点或主体的运动。

## 9.2.3  范例1——执行运动仿真

下面通过实例操作来练习上面讲解的知识。

实例机构如图 9-21 所示，此机构由 4 个构件组成，1 构件是"Base-rod.prt"，2 构件是"Drive-rod.prt"，3 构件是"Drived-rod.prt"，4 构件是"Connect-rod.prt"。

具体操作步骤如下。

（1）设置工作目录

首先设置工作目录，接着将配套资源中\chapter9\ex9-1 文件复制到当前工作目录下。

（2）新建文件

① 在主菜单栏中依次选择"文件"｜"新建"命令，系统弹出"新建"对话框，在"类型"栏中选中"组件"单选按钮，在"名字"文本框中输入模型名称为"four_rod_mechanism"。并取消选中"使用缺省模板"复选框，然后单击"确定"按钮。

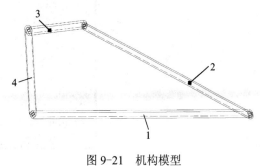

图 9-21  机构模型

② 系统弹出"新文件选项"对话框，在其中选择"空"选项，即不选择任何模板，单击"确定"按钮，如图 9-22 所示。

（3）载入并放置主体构件

① 依次选择主菜单"插入"｜"元件"｜"装配"命令。

② 在"打开"对话框中选择"Base-rod.prt"文件，单击"打开"按钮完成，将它作为机构模型的主体构件。此时构件将出现在主窗口中，如图 9-23 所示（关闭所有基准面的显示）；

（4）载入并连接第二个构件

① 重复（3），在弹出的"打开"对话框中选择 Drive_rod.prt 文件，单击"打开"按钮完成。

② 单击 用户定义 ▾ 下拉列表，从中选择"销钉"选项，建立"销钉"连接。

③ 在模型中选取 Base-rod 构件的轴线 A_4,选取 Drive-rod 构件的轴线 A_3 使两轴线对齐。接着选取 Base-rod 构件的前表面，再选取 Drive-rod 构件的后表面（由于不方便选取后表面，需要改变视图方向）。

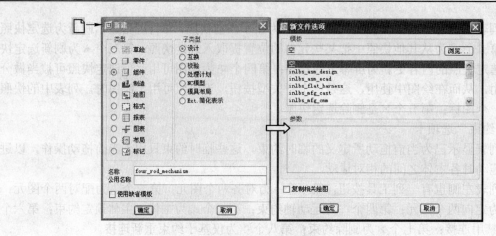

图 9-22　新建组件

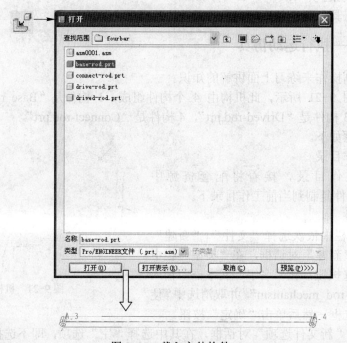

图 9-23　载入主体构件

④ 在"元件放置"操控板中单击"移动"按钮，在"运动类型"组框中选取"旋转"选项，在"运动参照"选择框中选取"Drive-rod"构件的前表面。

⑤ 在"旋转"组框中单击下拉框，设置"旋转"增量为"30"，顺时针拖动鼠标到"相对"位置显示为"330"处（此值不严格要求，在一个大概范围内即可），最后单击"确定"按钮完成。操作过程如图 9-24 所示。

（5）载入并连接第三个构件

① 按照同样的方法载入 Drived_rod.prt 构件。

②"连接"类型选择"销钉"选项，建立"销钉"连接。

③ 在模型中选取 Base-rod 构件的轴线 A_3，选取 Drived-rod 构件的轴线 A_3 使两轴线对齐。接着选取 Base-rod 构件的前表面，再选取 Drived-rod 构件的后表面（由于不方便选取后表

面，需要改变视图方向）。

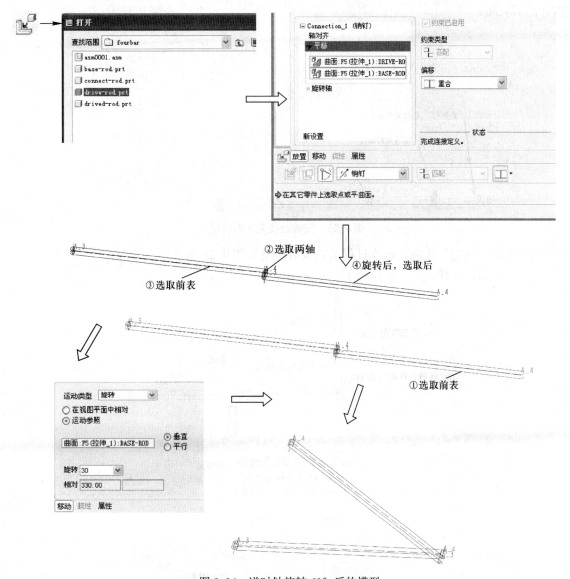

图 9-24  逆时针旋转 60° 后的模型

④ 按照同样的方法首先将构件旋转一定角度，最后单击"确定"按钮完成。操作过程及完成后的组件图如图 9-25 所示。

（6）载入并连接第四个构件

① 按照同样的方法载入 Connect-rod.prt 构件。

② 同样选择"连接"类型为"销钉"。首先分别选取 Drive-rod.prt 构件的轴线 A_4 和 Connect-rod.prt 构件的轴线 A_3，使两者的轴线对齐，并分别选取 Drive-rod.prt 构件和 Connect-rod.prt 构件前表面。

③ 单击"放置"按钮，在弹出的对话框中单击"新设置"按钮（如图 9-26 所示画椭圆处），系统再添加一个"销钉"连接。分别选取 Drived-rod.prt 构件的轴线 A_4 和 Connect-rod.prt 构件

的轴线 A_4，使两者的轴线对齐，接着分别选取 Drived-rod.prt 构件的前表面和 Connect-rod.prt 构件的后表面。

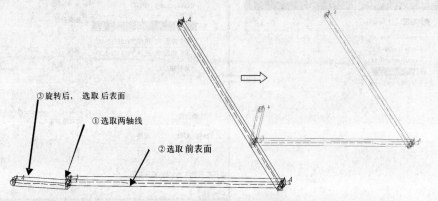

图 9-25　完成连接定义的模型

④ 单击"确定"按钮。操作过程及完成后模型如图 9-26 所示。

⑤ 最后保存文件。

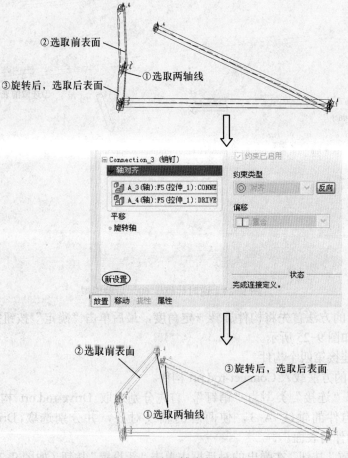

图 9-26　选取轴线和表面

# 9.3　添加伺服电动机

机构创建完成后，要求对机构的原动件添加伺服电动机。伺服电动机是机构运动的动力源，如马达。本节将详细讲解添加伺服电动机的操作。

## 1. 新增伺服电动机

① 选择主菜单"插入"|"伺服电动机"命令，弹出"伺服电动机定义"对话框。

"伺服电动机定义"对话框中有"类型"和"轮廓"两个选项卡，如图 9-27 所示。

图 9-27　打开"伺服电动机定义"对话框

② 在"名称"栏内定义伺服电动机的名称，系统默认设置为 ServoMotor#，其中"#"是流水号，如 ServoMotor1、ServoMotor2、ServoMotor3 等。直接在"名称"文本框输入新的名字即可以修改伺服电动机的名称。

③ 接着分别对"类型"和"轮廓"选项卡的各选项进行设置。

a. "类型"选项卡

"类型"选项卡用于为伺服电动机选取从动图元，其中有"运动轴"和"几何"两个单选按钮。伺服电动机可以放置在连接轴或几何实体（如构件平面、基准平面和点）上。

如果在连接轴上放置伺服电动机，那么就称为连接轴伺服电动机，主要用于创建沿某一方向明确定义的运动。如果在点或平面上放置伺服电动机，那么就称为几何伺服电动机，主要用于创建复杂的三维运动，如螺旋或其他空间曲线。

当从动图元选为"运动轴"时，只需要用户直接在机构中选取一连接轴即可，选取连接轴后，系统将在运动方向上由红色箭头显示，驱动图元以橙色加亮显示，参照图元以绿色加亮显示。

当从动图元选为"几何"时，分以下两种情况。

a）当从动元件选为"点"时，对话框中将同时显示"从动图元"、"参照图元"和"运动方向"组框,如图 9-28 所示,并且"运动类型"组框也变成可用,表示如果选取一点作为从动图元,则应选取一个参照图元,从动实体将根据伺服电动机配置文件,相对于参照图元移动。参照图元可以是点或平面,如果选取一平面作为参照图元,则应选取运动方向。出现一个洋红色箭头,指向从动图元将相对应参照图元移动的方向。可以单击"反向"按钮来改变方向。

　　b)当从动元件选为"平面"时,对话框中将同时显示"从动图元"组框和"参照图元"组框,如图 9-29 所示,并且"运动类型"组框也变成可用,表示如果选取一个平面作为从动图元,则应选取一个参照图元,从动图元将根据伺服电动机配置文件,相对于参照图元移动。参照图元可以是点或平面。可以单击"反向"按钮来改变方向。

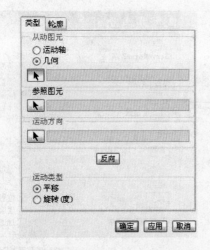
图 9-28　从动元件选为"点"时的对话框

图 9-29　从动元件选为"平面"时的对话框

b. "轮廓"选项卡

　　"轮廓"选项卡用于设置伺服电动机的运动轮廓线。伺服电动机可将位置、速度、加速度指定为时间函数,并且可以控制平移或旋转运动。通过指定伺服电动机函数,如常数或线性函数,可以定义运动轮廓线。

　　在"轮廓"选项卡中有"规范"、"模"和"图形"3 个组框,"规范"组框用于选取伺服电动机的位置、速率和加速度;"模"组框用于选取伺服电动机运动方程式;"图形"组框用于绘制伺服电动机轮廓相对于时间的图形。

　　在"规范"组框中,如果单击 ✓ 按钮,将弹出一个下拉列表,如图 9-30 所示,其中有"位置"、"速度"和"加速度"选项,分别用于定义伺服电动机的位置、速度和加速度,系统默认为"位置"选项。

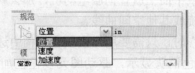
图 9-30　规范列表

　　在 Pro/ENGINEER 中,当选择不同的规范类型时,显示的选项卡内容有所不同。当选择"位置"类型时，如图 9-31（a）所示；当选择"速度"类型时，如图 9-31（b）所示。用户可以取消选中"当前"复选框，并设置初始位置；当选择"加速度"类型时，如图 9-31（c）所示，用户可以设置初始位置和初始加速度。

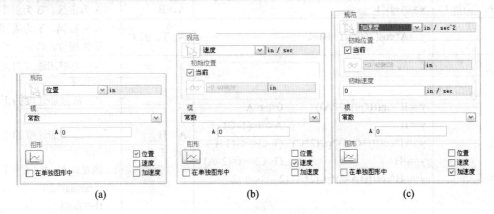

图 9-31 选择不同规范对应的对话框

当选择"位置"时，在"模"组框中，如果单击 ▼ 按钮，将弹出一个下拉列表，如图 9-32 所示，其中有 9 种运动方程式：常数、斜坡、余弦、SCCA、摆线、抛物线、多项式、表选项以及用户定义选项。系统默认是"常数"选项。

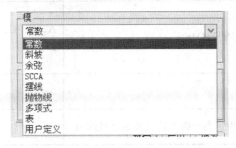

图 9-32 运动方程式列表

A)"常数"选项：用于产生恒定运动。

b)"斜坡"选项：用于产生恒定运动或随时间成线性变化的运动。

c)"余弦"选项：用于产生机构振荡运动。

d)"SCCA"选项：用于模拟一个凸轮轮廓输出。

e)"摆线"选项：用于模拟一个凸轮轮廓输出。

f)"抛物线"选项：用于模拟轨迹。

g)"多项式"选项：用于一般的伺服电动机配置文件，产生一般运动。

h)"表"选项：用于不能用其他函数指定的更复杂的运动轮廓，如果已向表中输出了测量结果，此时就可以使用该表。

i)"用户定义"选项：用于将多个表达式组合起来，定义任一种复合轮廓。

每种运动方程式有自己的输入参数要求，下面通过表 9-3 来详细说明各种运动方程式。

表 9-3　运动方程式

| 轮 廓 类 型 | 方　程　式 | 必要设置 | 说　明 |
|---|---|---|---|
| 常数 | y＝A | A | A 为常数 |
| 斜插入（斜坡） | y＝A+B*t | A、B | A 为常数，B 为斜率 |
| 余弦 | y＝A*cos(360*t/T+B)+C | A、T、B、C | A 为振幅，T 为周期<br>B 为相位，C 为偏距 |
| SCCA | y＝H*sin((t*pi)/(2*A))　　　　0<=t<A<br>y＝H　　　　　　　　　　A<=t<(1−C)<br>y＝H*cos((t+C−1)*pi/(2*C))　(1−c)<=t<(1+C)<br>y＝−H　　　　　　　　　(1+C)<=t<(2−A)<br>y＝−H*cos((t+A−2)*pi/(2*A)) (2−A)<=t<2 | A、B<br>H、T | A＝递增加速度的正常化时间因子<br>　B＝常量加速度的正常化时间因子<br>　C＝递减加速度的正常化时间因子<br>　满足：A+B+C＝1<br>　t=tactual*2/T<br>　H＝振幅<br>　T＝周期 |
| 摆线 | Y＝L*t/T−L*sin(2*pi*t/T)/(2*pi) | L、T | L 为全升值<br>T 为周期 |
| 抛物线 | y＝A*t+0.5*B*t^2 | A、B | A 为一次方系数<br>B 为二次方系数 |
| 多项式 | y＝A+B*t+C*t^2+D*t^3 | A、B、C、D | A 为一次方系数<br>B 为二次方系数<br>C 为三次方系数<br>D 为四次方系数 |
| 表 | ##.tab | | 读取表数据，共分两字段，左方为时间，右方为数值 |
| 用户定义 | 将轮廓的模指定为一组表达式和定义域约束 | | 用于指定由多个表达式段定义的任一种复合轮廓。 |

　　除了"表"选项和"用户定义"选项外，运动方程式的设置比较简单。当选取某一选项后，系统将对应显示必要的设置。下面进行分别讲解。

　　（1）常数模式

　　当选择"常数"选项时，系统将显示如图 9-33 所示的对话框，其中椭圆圈住的部分就是需要输入的参数值。只需要输入 A 值，就可以得到一个恒定水平直线运动规律，参见图 9-40。

　　（2）斜坡模式

　　当选择"斜坡"选项时，系统将显示如图 9-34 所示的对话框，其中椭圆圈住的部分就是需要输入的参数值。只需要输入 A、B 值，就可以得到一个斜直线运动规律，参见图 9-40。

　　（3）余弦模式

　　当选择"余弦"选项时，系统将显示如图 9-35 所示的对话框，其中椭圆圈住的部分就是需要输入的参数值。只需要输入 A、B、C、T 值，就可以得到一个余弦曲线运动规律，参见图 9-40。

　　（4）SCCA 模式

　　当选择"SCCA"选项时，系统将显示如图 9-36 所示的对话框，其中椭圆圈住的部分就是需要输入的参数值。只需要输入 A、B、H、T 值，就可以得到一个 SCCA 曲线运动规律，参见图 9-40。

图 9-33　"常数"模式

图 9-34　"斜坡"模式

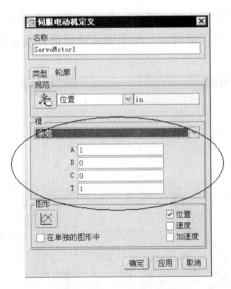

图 9-35　"余弦"模式

图 9-36　"SCCA"模式

（5）摆线模式

当选择"摆线"选项时，系统将显示如图 9-37 所示的对话框，其中椭圆圈住的部分就是需要输入的参数值。只需要输入 L、T 值，就可以得到一个摆线曲线运动规律，参见图 9-40。

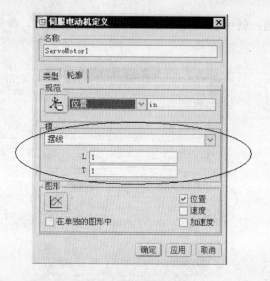

图 9-37　"摆线"模式

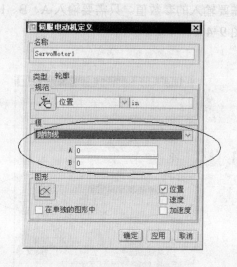

图 9-38　"抛物线"模式

（6）抛物线模式

当选择"抛物线"选项时，系统将显示如图 9-38 所示的对话框，其中椭圆圈住的部分就是需要输入的参数值。只需要输入 A、B 值，就可以得到一个抛物线曲线运动规律，参见图 9-40。

（7）多项式模式

当选择"多项式"选项时，系统将显示如图 9-39 所示的对话框，其中椭圆圈住的部分就是需要输入的参数值。只需要输入 A、B、C、D 值，就可以得到一个多项式决定的曲线运动规律，参见图 9-40。

以上 7 种选项的伺服电动机运动规律如图 9-40 所示。

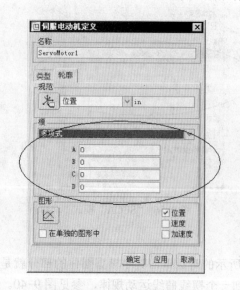

图 9-39　"多项式"模式

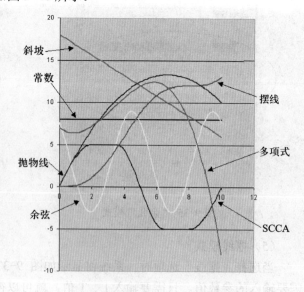

图 9-40　7 种模式下的运动规律

（8）表模式

当选择"表"选项，则要求编写一个扩展名为".tab"的机械表数据文件。该文件采用两栏格式：第一栏包括时间，第二栏包括伺服电动机各参数值。

创建表时，首先用一个文本编辑器（如记事本）创建一个文本文件，第一栏输入时间，并且按升序排列；第二栏输入变量值，即位置、速度或加速度，最后保存为扩展名是".tab"的文件。

选取"表"选项后，"模"组框如图 9-41 所示。通过单击"浏览"按钮或者 🖆 按钮，打开"选择表格文件"操控板，在其中选取前面建立的表文件并打开即可。表文件的内容将显示在其下的表格框中：第一栏（时间）对应"时间"，第二栏（值）对应"模"。

在 Pro/ENGINEER 中，用户可以对当前表格进行重新编辑。单击"向表中添加行"按钮 🖳，可以在列表中添加行；如果选中某行，可以单击"从表中删除行"按钮 🖳，将该行从列表中删除。行和列由单元格组成，如果对表中某个单元格数据不满意，可以在该单元格中单击，重新输入数据即可。

在"插值"栏中可以选择插值方式：线性拟合、样条拟合，同时可以单击"读取表格"按钮或 🖳 按钮来读取表文件。也可以单击"写入表格"按钮或 🖳 按钮来将当前表格保存为表文件。

（9）用户定义模式

用户定义模式采用函数的形式，将伺服电动机轮廓的模指定为一组表达式和定义域约束。这些表达式将模定义为伺服电动机对时间的函数，或将其定义为执行电动机和力/扭矩的对时间或现有度量的函数。

如果选取"用户定义"选项，相应的对话框会弹出，如图 9-42 所示。

显示的按钮和区域意义如下。

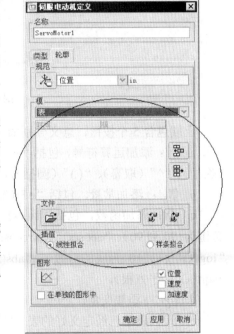

图 9-41 "表"文件的选取

① 单击 🖳 按钮，向表中添加一个新行，该表为两栏格式，具体如下。

a. 表达式：添加新行时，此列包含一个缺省表达式 $t$，代表时间。可直接在表单元格中编辑该默认表达式。

b. 区域：添加新行时，此列不包含表达式区域的任何值。可直接在单元格中指定区域值。例如，如果要输入的时间范围为 1 至 10，则输入 $1 < t < 10$。

② 如果需要从表达式表中删除所选行，单击 🖳 按钮。

③ 然后单击 $f_x$ 按钮，将打开"表达式定义"对话框，如图 9-42 所示，在其中可以编辑所选的表达式或定义域。默认情况下，系统将显示默认表达式 $t$。单击"表达式定义"对话框上面一排按钮，组成表达式，它将出现在"表达式"区域中。如果为表达式变量选取了测量名称，则它将作为为用户表达式所选的任何函数的自变量出现。否则，该函数将表示为时间 $t$ 的函数。

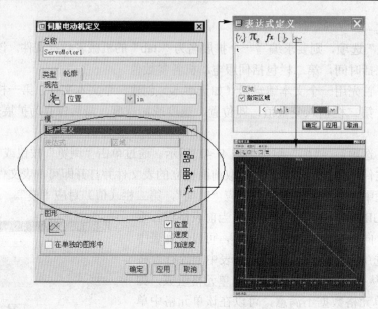

图 9-42　"用户定义"操作

上端包含 5 个按钮，意义分别如下。

a. 添加运算符号，包括 "+" （加号）、"—" （减、一元减号、求反）、"*" （乘号）、"/"（除号）、"^" （取幂）、"( )" （圆括号，分组）。

b. $\pi_e$：添加常量，包括 "e" （2.718）、"pi" （3.14159）。

c. $fx$：添加函数，包括 "sin(x)，cos(x)，tan(x)" （标准三角函数）、"asin(x)" （Arcsine，范围为-90 到 90）、"acos(x)" （Arccosine，范围为 0 到 180）、"ln(x)" （自然对数（以 e 为底））、"log(x)" （以 10 为底的对数）、"abs(x)" （绝对值。如果 x>0，函数返回 x，否则返回 –x）、"sqrt(x)" （平方根）。

d. 添加变量。

e. 显示已经定义好的表达式图形，如图 9-42 所示。用户可以根据实际情况随时调整表达式。另外，可以在该窗口中决定将该表达式输出为 Excel 文件或者文本文件，也可以利用"切换栅格线"按钮决定栅格是否显示。

用户还可以定义表达式的范围。选中"区域"中的"指定区域"复选框。为表达式变量选取的测量名称将出现在"定义域"中，为它选取取值范围的上限和下限。当仅为表达式段指定区域的下限，可使函数为开函数。当函数仅由一个表达式段组成时，区域是任意的。

单击"确定"按钮关闭对话框，所定义的表达式将显示在"模"组框的"表达式"栏中。

伺服电动机运动方程式定义完成后，可以查看运动方程式生成的轮廓图形。

提示
　　　一个图元可以定义任意多个伺服电动机，但为了避免过于约束模型，通常要保证进行运动分析之前已关闭所有冲突的或多余的伺服电动机。比如，沿同一方向创建一个连接轴旋转伺服电动机和一个平面与平面旋转角度伺服电动机，则在同一运动运行内不要同时打开这两个伺服电动机。可以在每个运动运动的定义中，打开和关闭伺服电动机。

**2．编辑、复制和删除伺服电动机**

在屏幕左侧的机构树中，选择"电动机"|"伺服"命令，将列出已定义的伺服电动机。当要编辑伺服电动机时，首先选中伺服电动机名，接着右击，在弹出的快捷菜单中选择"编辑定义"命令，如图 9-43 所示。系统将弹出"伺服电动机定义"对话框，如图 9-44 所示，编辑方法和新增（新建）相同。

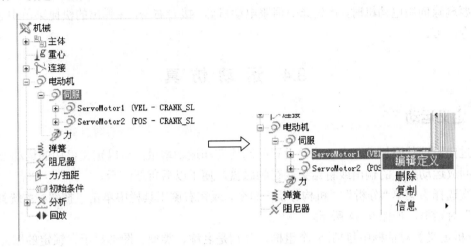

图 9-43　编辑伺服电动机

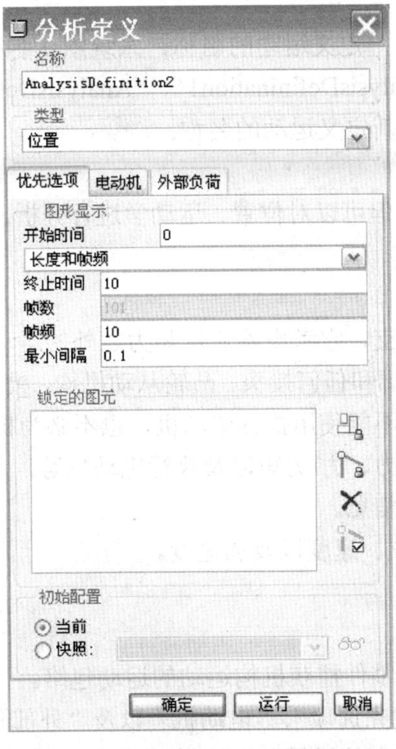

图 9-44　"分析定义"对话框

当要复制伺服电动机时，首先选中要复制的伺服电动机名，接着右击，在弹出的快捷菜单中选择"复制"命令即可，系统自动复制一个伺服电动机，并且在被复制伺服电动机名前面加上"copy of"字样。当然可以编辑伺服电动机的方式来修改伺服电动机名，但值得注意的是，不能复制不完全的伺服电动机，当同时使用原伺服电动机和复制的伺服电动机，即使两者的差别很小，但仿真时，机构可能会因两伺服电动机间的冲突而锁定。

当要删除伺服电动机时，首先选中伺服电动机名，接着右击，在弹出的快捷菜单中选择"删除"命令即可。

# 9.4 运 动 仿 真

## 9.4.1 定义运动

通过向原动件添加伺服电动机并设置时间周期和运动增量，可以定义机构的运动方式。同时可以回放运动运行的输出或将结果保存到磁盘，便于以后重新演示。

依次选择主菜单"分析"|"机构分析"命令，或在右侧工具栏中单击⊠按钮，系统弹出"分析定义"对话框，如图9-44所示。

【分析定义】对话框中包括 5 个组框，分别是名称、类型、图形显示、锁定的图元、初始配置。

### 1．名称

在此对话框的"名称"栏中定义运动的名称，系统默认名称为"AnalysisDefinination1"，其中"＃"是流水号，如"AnalysisDefinination1"、"AnalysisDefinination2"等。直接在"名称"文本框输入新的名字即可以重新定义运动的名称。

### 2．类型

在 Pro/ENGINEER 中，不但可以对位置、运动学进行分析，而且可以分析动态、静态、力平衡。

（1）运动学分析

运动学是动力学的一个分支，它考虑除质量和力之外的运动所有方面。运动分析会模拟机构的运动，满足伺服电动机轮廓和任何接头、凸轮从动机构、槽从动机构或齿轮副连接的要求。运动分析不考虑受力，因此，不能使用执行电动机，也不必为机构指定质量属性。模型中的动态图元，如弹簧、阻尼器、重力、力/力矩以及执行电动机等，不会影响运动分析。

使用运动分析可获得以下信息。

① 几何图元和连接的位置、速度以及加速度。

② 元件间的干涉。

③ 机构运动的轨迹曲线。

④ 作为 Pro/ENGINEER 零件捕获机构运动的运动包络。

"类型"组框下面包含"优先选项"、"电动机"以及"外部负荷"3 个选项卡。下面首先围绕运动分析，分别讲解各选项卡的设置选项和使用方法，然后讲解其他分析方式和其特殊的选项。

●"优先选项"选项卡

"优先选项"选项卡如图 9-45 所示，分为 3 部分：图形显示、锁定的图元、初始配置，可以设置包括启动时间、结束时间、帧数、速率、间隔、锁定图元、初始配置等项目。

a. 设置运动时间：在"优先选项"选项卡中，"开始时间"项用于设置启动时间，"终止时间"项用于设置结束时间，"帧数"项用于设置播放的总帧数，"帧频"项用于设置帧频，即每秒播放多少帧，"最小间隔"项用于设置播放每帧之间的间隔。具体操作过程如下。

a）首先要设置启动时间，直接在对话框中的"开始时间"文本框中输入启动时间即可，其中启动时间是以秒为单位进行计算。

b）接着选取并确定运动结束时间的方式。单击"结束方式"下拉列表（在"开始时间"下方），系统将显示确定结束时间的设置方式，如图 9-46 所示，在下拉列表中有 3 个选项：长度和帧频、长度和帧数、帧频和帧数。注意此处的"长度"就是结束时间（的长度）。

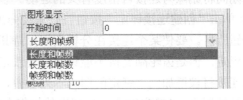

图 9-45　"运动学"分析类型对话框　　　　　图 9-46　结束时间确定方式

如果选择"长度和帧频"选项，则要求输入运动运行的结束时间（以秒计）和帧频，系统将计算总的帧数和运行长度，如图 9-47（a）所示。

如果选择"长度和帧数"选项，则要求输入运动运行的结束时间（以秒计）和总帧数。系统计算运行的帧数和长度，如图 9-47（b）所示。

如果选择"帧频和帧数"选项，则要求输入总帧数和帧频，或运动运行的时间间隔。系统计算结束时间，如图 9-48 所示。

运动运行的长度（结束时间）、帧频（速率）、帧数和间隔之间的关系如下：

帧频＝1／时间间隔

帧数＝帧频×长度+1

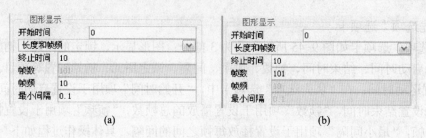

图 9-47　结束时间确定方式

b. 锁定的图元：可以确定锁定主体、锁定连接或者将二者删除。

a）单击"创建主体锁定"按钮，系统弹出"选取"窗口，首先选择先导主体，然后选取所有要和该主体锁定在一起的主体，单击"确定"按钮即可。要将所有主体锁定到基础主体上，可在要求选取先导主体时按鼠标中键。锁定的主体将被增加到"锁定的图元"列表中，如图 9-49 所示。

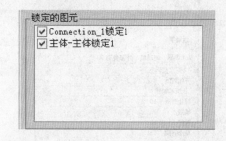

图 9-48　结束时间确定方式　　　　　　　图 9-49　锁定的图元

锁定主体在定义的分析期间将使某个主体相对于另一主体位置保持固定。锁定连接在定义的分析期间将删除与连接自由度有关的运动。

b）单击"创建连接锁定"按钮，系统弹出"选取"窗口，选择要锁定的连接，单击"确定"按钮即可。要使某个连接在分析期间保持其当前配置，可使用该约束。注意，凸轮和槽连接可被锁定，但是齿轮副连接不能锁定。要锁定齿轮副，必须选取齿轮副中的一个接头连接。锁定的连接将被增加到"锁定的图元"列表中，如图 9-49 所示。

默认情况下，"锁定的图元"列表的标签左侧复选框被选中。如果不希望将此项目包括到当前分析中，可取消选中该复选框。

c）单击"删除锁定的图元"按钮 ✕，可以将锁定的主体或连接删除。

d）单击"启用/禁用连接"按钮，可以将已经定义的连接启用或者禁止。

c. 初始配置：用于运动运行的初始配置，在其中可选中"当前"或"快照"单选按钮。选中"当前"单选按钮（默认选中）来使用屏幕上主体的当前方向；选中"快照"单选按钮并从下拉列表中选取快照名，可使用一个先前定义并保存的配置，同时可以单击"预览"按钮来查看模型窗口中的特殊快照。

●"电动机"选项卡

在"分析定义"对话框中选择"电动机"选项卡，对话框将显示为如图 9-50 所示，用于为运动选择和设置电动机。

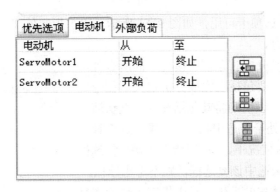

图 9-50 "电动机"选项卡

a. 添加新电动机：单击"添加新行"按钮 ，在列表中将添加一个新行，进行新定义即可。

b. 删除选中的电动机：单击"删除加亮的行"按钮 ，则可以删除选中的定义行。

c. 添加所有的电动机：单击"添加所有电动机"按钮 ，则可以将定义的所有伺服电动机添加到列表中。

由于可为一个图元定义多个电动机，所以要随时留意所包括或所排除的电动机。为避免分析失败和结果不准确，对于一个图元每次只激活一个电动机。

运动设置完成后，单击"确定"按钮即可完成新建运动定义。此时运动定义将出现在"分析定义"对话框的列表中。

由于运动学分析不考虑质量和力的作用，因此，"外部负荷"选项卡不可用。

（2）位置分析

位置分析和运动学分析相似，但有一处重要的差异。运动学分析可计算机构中的点或运动轴的位置、速度和加速度，而位置分析只测量位置。

与"运动学分析"一样，由于位置分析不考虑质量和力的作用，因此，"外部负荷"选项卡不可用。

（3）动态分析

动态分析是力学分支，研究主体运动时的受力情况以及力之间的关系。使用动态分析可研究作用于主体上的力、主体质量与主体运动之间的关系。

运行动态分析时应切记以下要点。

① 可添加伺服电动机和执行电动机。

② 如果伺服电动机或执行电动机具有不连续轮廓，系统在运行动态分析前将尝试使其轮廓连续。如果不能使其轮廓连续，则电动机将不能用于分析。

③ 可考虑或忽略重力和摩擦力。

在开始动态分析时，通过指定持续时间为零并照常运行，可计算位置、速度、加速度和反作用力。在此情况下，会求出一个合适的时间间隔以用于计算。如果用图形表示此类型的任何测量，则图形将只包含一条线。

在此种分析下，"优先选项"和"电动机"选项卡同"运动学分析"、"位置分析"一样，不同的是，"外部载荷"选项卡可用，如图 9-51 所示，用于指定外部负荷信息。外部负荷包括力、扭矩、重力和摩擦力。

默认情况下，在定义分析时存在于模型中的所有外部负荷都被包含在分析中。要包括在完成分析定义后创建的外部负荷，单击  按钮，以明确将其包括在内。默认情况下，"启用重力"复选框处于未选中状态。如果未选中该复选框，则重力为零。默认情况下，"启用所有摩擦"复选框处于未选中状态。如果未选中该复选框，则不考虑摩擦。

如果机构中包括有体积的主体，且未指定主体的密度值，则系统会指定默认的密度 1。如果机构中包括没有为其指定质量的主体，将不能运行动态或静态分析。这包括完全由基准曲线或曲面特征组成的主体和子组件，以及无质量但有体积的主体。

图 9-51 "外部负荷"选项卡

（4）静态分析

静态学是力学的一个分支，研究主体平衡时的受力状况，可确定机构在承受已知力时的状态。系统会搜索配置，其中机构中所有负荷和力处于平衡状态，并且势能为零。静态分析比动态分析能更快地识别出静态配置，因为静态分析在计算中不考虑速度。

运行静态分析时，应该注意以下几点。

① 运行静态分析时，如不指定初始配置，系统将从当前显示的模型位置开始静态分析。

② 运行静态分析时，会出现加速度对迭代数的图形，显示机构图元的最大加速度。随着分析的进行，图形显示和模型显示都会变化以反映计算过程中到达的中间位置。当机构的最大加速度为 0 时，表明机构已达到稳态。

③ 通过修改"分析定义"对话框的"优先选项"选项卡内的"最大步距因子"，如图 9-52 所示。取消选中"缺省"复选框，则可以调整静态分析中各迭代之间的最大步长。减小此值会减小各迭代之间的位置变化，且在分析具有较大加速度的机构时会很有帮助。

④ 如果系统找不到机构的静态配置，则分析结束，机构停留在分析期间到达的最后配置中。

⑤ 计算出的任何测量尺寸都是最终时间和位置的尺寸，而不是处理进程的时间历程的尺寸。

静态分析的结果是一个稳定状态配置。在运行静态分析前，考虑下列示例。

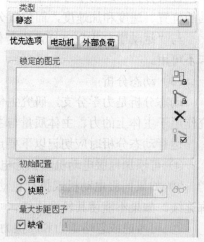

图 9-52 静态分析时"优先选项"标签页

a. 摆锤：举到一初始高度的摆锤，其静态位置为摆锤的最低点，在该点上所有的力均平衡且势能为零。摆锤不会像在动态分析中那样摆动，如图 9-53 所示。

b. 反弹球：将球举到平面以上某一初始高度然后释放，其静态位置为球静止在此平面上时的位置，在此位置处所有的力均平衡且势能为零。在此情况下，静态配置不考虑受撞击后球的反弹，如图 9-54 所示。

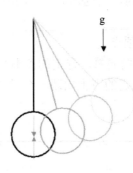

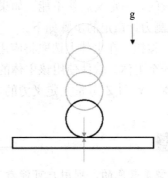

图 9-53 摆锤         图 9-54 反弹球

（5）力平衡分析

力平衡分析是一种逆向的静态分析，从具体的静态形态获得所施加的作用力，而在静态分析中，是向机构施加力来获得静态形态。使用力平衡分析可求出要使机构在特定形态中保持固定所需要的力。

系统只能对自由度为零的系统运行力平衡分析。而且必须通过使用连接锁定、在两个主体间使用主体锁定、在某点处使用测力计锁定或对连接轴应用活动的伺服电动机，使机构中的自由度减为零，才能运行此分析。可使用"分析定义"对话框中的选项计算机构的自由度，并对机构应用约束，直到获得零自由度为止。

同"运动分析"相比，"力平衡分析"在"锁定的图元"栏中增加了一个测力计锁定功能的按钮，如图 9-55 所示。而且，"外部负荷"选项卡可用。

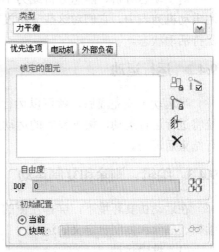

测力计锁定将模型的一部分隔离出来并获得其平衡负荷的一种装置，目的是达到所有负荷和力都平衡以致机构不可移动。应用到连接中的任何电动机、弹簧或阻尼器也将减少该连接的自由度。如果已应用了测力计锁定，则将出现一个信息框，给出在指定点处、指定方向上平衡机构所需的力的模。也可通过创建测力计反作用测量来查看此量。

测力计锁定要求指定一个点或顶点、一个主体和一个力方向。

① 在所选的点或顶点处应用平衡力。该点或顶点必须与一个非基础主体相关。

图 9-55 力平衡分析时"优先选项"标签页

② 使用选定主体的 LCS 来参照方向向量。此主体和与力作用点相关的主体可以不同。

③ 选取完合适的 LCS 主体后，系统将提示用户输入方向向量的坐标，显示一个红色箭头，指示力向量的方向。

定义测力计锁定时，请记住以下几点。

① 可定义几个测力计锁定，但在力平衡分析过程中，仅可有一个是激活的。

② 力向量的方向定义后就不能。如果想改变力的方向，需创建另一个测力计锁定。

具体创建测力计锁定的步骤如下。

① 单击  按钮，在主体上选取将应用平衡力的点或顶点。

② 选取一个主体。软件使用该主体的 LCS 来参照方向向量。选定的点不必在此主体上。

③ 输入 X、Y 和 Z 分量，定义力的方向向量。在选定的点上出现一个洋红色箭头，表示力的方向。

> **注意**
>
> 如果模型是着色的，则用户可能看不到该箭头。

④ 如果想创建另一个测力计锁定，则重复第 1 步到第 3 步。测力计锁定被命名为测力计锁定#，每增加一个测力计锁定时，#数递增。

> **注意**
>
> 在一个给定的分析中，仅可有一个测力计锁定被激活。

当设置完成后，可以单击"评估"按钮 ，在 DOF 文本框中将显示自由度数目。

对于动态分析、静态分析或力平衡分析，驱动点或平面的几何伺服电动机将不会出现在可用电动机列表中。它们对这些分析没有影响。所有电动机在整个静态分析和力平衡分析期间都保持活动状态。

## 9.4.2　运行运动

当运动定义完成后，就可以运行运动了。单击"分析定义"对话框中的 [　运行　] 按钮，系统将进行运行运动，根据设置的运动进行逐步仿真。在运动仿真环境的右下角出现进度条，运行结束后消失。

## 9.4.3　编辑、删除和复制运动

在运动仿真环境下，屏幕左侧的"机构树"的"分析"项中列出了已经定义的分析，可以编辑、删除和复制已定义的运动。

（1）编辑运动

当要编辑运动时，首先选中运动定义名，如"AnalysisDefinition1"，接着右击，在弹出的快捷菜单中选择"编辑定义"命令，如图 9-56 所示，系统将弹出"分析定义"对话框，编辑方法和新增相同。

（2）删除运动

当要删除运动时，首先选中运动定义名，接着右击，在弹出的快捷菜单中选择"删除"命令即可。

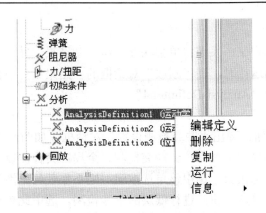

图 9-56　编辑运动

（3）复制运动

当要复制运动时，首先选中要复制的运动定义名，接着右击，在弹出的快捷菜单中选择"复制"命令即可，系统自动复制一个运动定义，并且在被复制运动定义名的前面加上"copy of"字样。当然可以编辑运动的方式来修改运动定义名。

## 9.4.4　结果分析

为了能够更好地完成机构设计，完成运动仿真后，要求能够查看运动结果并进行分析，以此来指导机构设计。运用机构中的后处理功能可以查看并当前机构的运动，并且可以对机构进行运动轨迹、位移、运动干涉情况的分析，以便研究机构模型。

在 Pro/ENGINEER 中，结果分析选项位于"分析"主菜单下，包括以下几个命令。

①"回放"命令：用于查看和分析当前机构的运动运行。

②"测量"命令：用于分析、测量机构运动仿真结果。

③"轨迹曲线"命令：用于创建机构运动轨迹曲线。

### 1．运动回放

选择主菜单"分析"|"回放"命令，系统将弹出"回放"对话框，如图 9-57 所示。通过"回放"对话框可以演示、保存、恢复、删除或输出运动仿真结果，以及进行干涉检验等功能。

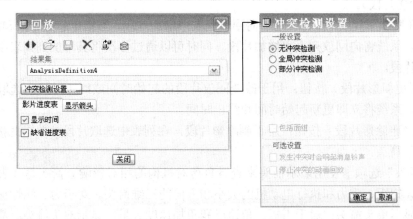

图 9-57　"冲突检测"设置

（1）选择结果集

因为每运行一个运动定义，系统将单独保存一组运动结果，并将此结果集保存在一个文件中。当要回放某一运动的运行时，在"回放"对话框的"结果集"下拉列表中选择要进行回放的运动定义即可，如选择"AnalysisDefiniton4"。

（2）冲突检测设置

单击 冲突检测设置 按钮，弹出"冲突检测设置"对话框，如图9-57所示。

可以选择的冲突检测设置类型有：无冲突检测、全局冲突检测以及部分冲突检测。

① "无冲突检测"单选按钮：选中该单选按钮，则不作任何干涉检测。

② "部分冲突检测"单选按钮：进行低层的干涉检测。选中此单选按钮后，系统将自动选中"停止回放"作为一个选项。

③ "全局冲突检测"单选按钮：检测整个机构中所有类型的干涉。当检测出干涉时，将加亮显示干涉区域。

当选中"全局冲突检测"或"部分冲突检测"单选按钮时，"包括面组"和"可选设置"可用。

④ "包括面组"复选框：选中该复选框，则把曲面作为干涉检测的一部分。

"可选设置"中包括以下两个复选框。

a. "发生冲突时会响起信息铃声"复选框：选中该复选框，则如果系统检测到干涉，系统会响铃提示。

b. "停止冲突的动画回放"复选框：选中该复选框，则如果系统检测到干涉，就自动停止回放。

（3）影片进度表

当重放运动运行的结果时，可以指定要查看运行的哪部分。如果要查看整个运行过程，则选中"回放"对话框中的"缺省"复选框，这也是系统默认选项。如果取消选中"缺省"复选框，系统将展开"影片进度表"选项卡，如图9-58所示，此时可以在"开始"和"终止"文本框中输入要查看的起止时间。

此外，"影片进度表"选项卡中还有3个按钮，分别为 ✚ （增加影片段）、⬆ （更新影片段）和 ✖ （删除影片段）。

① ✚ （增加影片段）按钮：用于向回放列表中增加片段。当指定起始时间和终止时间后，单击此按钮，系统将向回放列表中增加片段。同时可以通过多次将其增加到列表中，从而可以重复播放该片段。

② ⬆ （更新影片段）按钮：用于改变回放片段的起始时间或终止时间，选取影片片段并单击此按钮，系统将立即更新起始时间和终止时间。

③ ✖ （删除影片段）按钮：用于删除影片段，在列表中选取片段并单击此按钮即可。

（4）显示箭头

"显示箭头"选项卡使用显示箭头来查看负荷对机构的相对影响。箭头是代表与分析相关的测量、力、扭矩、重力和执行电动机的大小和方向的三维箭头。对于力、线性速度和线性加速度矢量，显示单头箭头；对于力矩、角速度和角加速度矢量，显示双头箭头。箭头的颜色取决于测量或负荷的类型。该选项卡如图9-59所示。

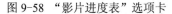

图 9-58 "影片进度表"选项卡

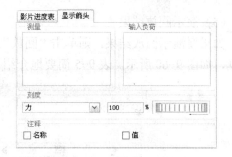

图 9-59 "显示箭头"选项卡

回放分析结果时，箭头的大小将改变，以反映测量值、力或扭矩的计算值。箭头方向随计算矢量方向而改变。

如果选取多种测量值或输入负荷，将显示所选对象，将各类型中的最大值作为最大的箭头。另外，模型的大小也会影响初始箭头的大小。默认箭头大小（100%比例下某个类型中最大箭头的大小）与模型的特征长度成正比。

① 测量：该列表包含为分析定义的各种度量。

② 输入负荷：该列表包含为所选分析或回放定义的负荷。

③ 刻度：从下拉列表中选取类别，并通过在输入框中输入数值或转动旋钮在该类别中调整箭头的初始大小。最小值为 0%，不显示箭头，其大小没有最大值的限制。可选择力、力矩、速度和加速度选项。

④ 注释：选取"名称"以包括回放期间显示的测量或输入负荷的名称。选取"值"以包括其值。显示值在回放期间随其改变而更新。

对于不同的对象，将显示不同的箭头，如表 9-4 所示。

表 9-4 不同对象的不同箭头

| 测　　量 | |
| --- | --- |
| 连接反作用（接头） | 顶端位于指定连接轴、指向接头的 DOF 方向的青色箭头 |
| 连接反作用（凸轮） | 青色箭头。对于法向反作用力，其顶端位于两个凸轮之间的接触点处，并指向凸轮的法线方向。对于切向反作用力，其顶端位于两个凸轮之间的接触点处，并指向凸轮的切线方向 |
| 连接反作用（槽） | 顶端指向从动点和槽之间的接触点处的青色箭头 |
| 连接反作用（齿轮副） | 顶端指向在上面施加了力或扭矩的齿轮体的青色箭头 |
| 负荷反作用 | 在定义图元的点之间延拓、指向伺服电动机或点至点弹簧和阻尼器的连接轴的洋红色箭头。箭头指向所施加的力的方向 |
| 测力计反作用 | 指向力的作用点且与力同向的深绿色箭头 |
| 速度 | 顶端位于指定点或连接轴、指向指定方向的黄色箭头 |
| 加速度 | 顶端位于指定点或连接轴、指向指定方向的红色箭头 |
| 输入负荷 | |
| 重力 | 顶端位于各主体的质量中心、指向重力加速度方向的棕色箭头 |
| 执行电动机 | 顶端位于指定连接轴、指向接头的 DOF 方向的绿色箭头 |
| 力/扭矩 | 指向力的作用点（对于力）或指向主体的质量中心（对于扭矩）的橙色箭头 |

（5）演示回放结果

如果要演示回放结果，则单击"回放"对话框中的"演示"按钮 ◀▶，此时弹出"动画"对话框，如图 9-60 所示。表 9-5 简要地介绍了几个按钮的功能。

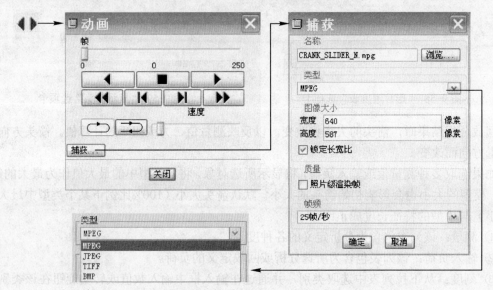

图 9-60　动画回放及捕捉

表 9-5　运动运行演示按钮

| 按　　钮 | 功　　能 | 按　　钮 | 功　　能 |
|---|---|---|---|
| ◀ | 向后播放 | ▶\| | 显示下一帧 |
| ■ | 停止播放 | ▶▶ | 将结果推进到结尾 |
| ▶ | 播放 | ⟲ | 重复结果（系统默认设置） |
| ◀◀ | 将结果重新设置到开始 | ⟳ | 在结尾处反转（系统默认设置） |
| \|◀ | 显示上一帧 | | |

此外，"动画"对话框中还有帧滑杆、速度滑杆以及"捕获"按钮。

① 帧滑杆：列出当前显示的帧。

② 速度滑杆：用于改变运动运行结果的演示速度。

③"捕获"按钮：用于记录仿真结果到 JPEG 或 MPEG 文件中。单击此按钮后，将弹出"捕获"对话框，如图 9-60 所示。通过此对话框，可以将运动运行结果记录为一系列 JPEG 文件或 MPEG 文件，并将其应用于表示中。

有关动画捕获的具体操作过程如下。

① 在"名称"编辑框输入一个文件名称，该文件将保存在当前的工作目录中。如果要替换一个现有的文件，单击"浏览"按钮并选取一个目录和文件即可。

② 选取要使用的格式：MPEG、JPEG、TIFF 和 BMP。如果要使用 Pro/ENGINEER 着色处理功能，则单击"照片级渲染帧"选项。

③ 在"图像大小"组框中以像素为单位输入图像文件的宽度和高度。

④ 最后单击"确定"按钮，就开始结果回放。

（6）保存、恢复、删除和输出回放结果集

除了可以演示回放结果外，还可以将回放结果保存、恢复、删除和输出。

① 保存回放结果集：首先选取一个结果集，并单击 回 按钮，则选取的回放结果集将保存在当前工作目录下的一个文件中，文件扩展名为".pbk"，并且在信息提示区给出保存信息，如

● 运动定义1.pbk已经保存。

② 删除回放结果集：首先选取要删除的结果集，并单击 ✖ 按钮即可。

③ 输出回放结果集：首先选取一结果集，并单击 按钮。系统自动将信息输出到一个".fra"文件中，并在信息提示区给出输出信息，如： ● 动画帧文件运动定义1.fra已写入磁盘。

④ 创建运动包络：单击 按钮，弹出"创建运动包络"对话框，如图 9-61 所示。创建运动包络的具体操作过程如下。

a. 选取元件，结果出现在"选取元件"框里。

b. 设置"质量"、"特殊处理"、"输出格式"、"输出文件名称"。

c. 单击 创建 按钮，也可以先单击 预览 按钮，进行预览。

d. 完成以上所有操作后，单击【回放】对话框中的 关闭 按钮退出即可。

**2．测量**

测量可以帮助理解和分析机构运动产生的结果，并且提供可用来改进机构设计的信息。

在主菜单中选择"分析"|"测量"命令，或者单击右侧工具栏中的 按钮，系统将弹出"回放"对话框，如图 9-62 所示。通过此对话框，可以将结果保存到表中或者进行打印等。

其中各选项含义如下。

图 9-61 创建运动包络

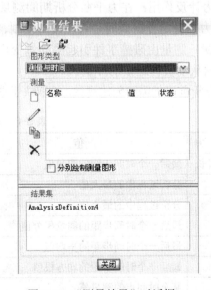

图 9-62 "测量结果"对话框

① ：创建新测量。单击该按钮，将出现"测量定义"对话框，如图 9-63 所示。在该对话框中，可以创建以下几种测量类型。

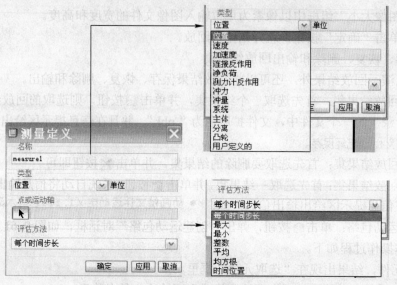

图 9-63 【测量定义】对话框

a. 位置：在分析期间测量点、顶点或连接轴的位置。

b. 速度：在分析期间测量点、顶点或连接轴的速度。

c. 加速度：在分析期间测量点、顶点或连接轴的加速度。

d. 连接反作用：测量接头、齿轮副、凸轮从动机构或槽从动机构连接处的反作用力和力矩。

e. 负荷反作用：测量弹簧、阻尼器或伺服电动机上强制负荷的模，或确认执行电动机上的强制负荷。

f. 测力计反作用：在力平衡分析期间测量测力计锁定上的负荷。

g. 冲力：确定分析期间是否在接头限制、槽端处或两个凸轮间发生碰撞。

h. 冲量：测量由碰撞事件引起的动量变化。可测量有限制的接头、允许升离的凸轮从动机构连接或槽从动机构连接的冲量。

运行分析前可能需要创建测量，这取决于选取的评估方法，如图 9-63 所示，其解释见表 9-6。

表 9-6   评 估 方 法

| 评 估 方 法 | 值 | 图 形 |
| --- | --- | --- |
| 每个时间步长 | 最后一个时间步距的测量值 | 在分析的每个时间间隔计算的测量值 |
| 最大 | 分析过程中的最大值 | 迄今为止在分析过程中出现的最大值 |
| 最小 | 分析过程中的最小值 | 迄今为止在分析过程中出现的最小值 |
| 整数 | 最后一个时间步距的测量积分值 | 到达一个时间给定点的函数积分 |
| 平均 | 最后一个时间步距的平均值 | 到达分析的每个时间步距的测量平均值 |
| 均方根 | 最后一个时间步距的均方根值 | 以给定的时间步距到达某点的测量均方根值 |
| 时间位置 | 某个时间点的测量值 | 指定某个时间点的测量值 |

② ✎编辑测量。从列表中选取测量并单击✎按钮后，出现"测量定义"对话框，其中显示该测量的信息。

③ 🖹 复制选定的测量。名称为 "copy of measure_name" 的选定测量的副本出现在列表中。测量是按照创建时的顺序列出的。

④ ✖ 从列表中删除一个或多个选定的测量。

选定"结果集"和"测量"后，单击└╲ 按钮，将测量结果以图形显示，如图 9-64 所示。

如有定义多个测量，选中"分别绘制测量图形"复选框（如图 9-65 所示），则各测量结果分别显示在不同的窗口，如不选中"分别绘制测量图形"复选框，则各测量结果显示在同一个窗口，如图 9-66 所示。

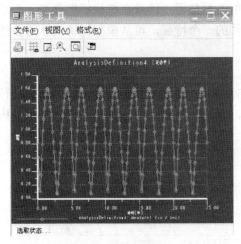

图 9-64 测量结果图形显示

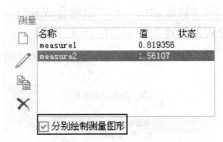

图 9-65 定义多个测量时的显示选择

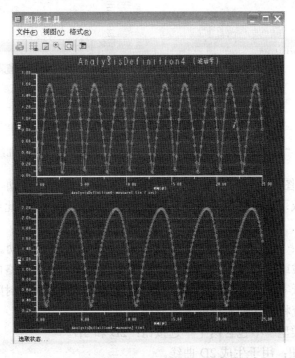

图 9-66 多个测量分别显示

### 3. 绘制轨迹线

通过绘制轨迹线，可以记录机构中某一点或顶点相对于零件的运动或记录凸轮合成曲线。

在主菜单中选择"插入"|"轨迹曲线"命令，系统将弹出"轨迹曲线"对话框，如图 9-67 所示，通过此对话框可以创建机构运动轨迹曲线。

"轨迹曲线"对话框中包含如下选项。

（1）纸零件

绘制轨迹线时，要求在机构上选取一个主体，作为创建轨迹线的参照。"轨迹曲线"对话框中的"纸零件"选项用于选取轨迹线参照。首先单击 ▶ 按钮，接着在机构模型选取一个零件即可。生成的轨迹曲线将是被选作纸零件的那个零件的一个特征，可从模型树访问轨迹曲线和凸轮合成曲线。

（2）选取轨迹曲线类型

在"轨迹曲线"对话框的"轨迹"选项中，单击 ▾ 按钮，弹出一下拉列表，如图 9-68 所示，其中有"轨迹曲线"和"凸轮合成曲线"两个选项，表示两种跟踪曲线类型，分别用于机构生成位置的轨迹曲线和凸轮合成曲线。

图 9-67　"轨迹曲线"对话框

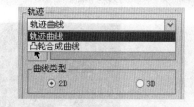

图 9-68　跟踪曲线类型

① 轨迹曲线：用图形表示机构中某一点或顶点相对于零件的运动。选择此选项后，要求在机构上选取一个点或顶点，使用该点的轨迹来定义轨迹曲线，但是此点所在的主体不能是为纸零件所选取的主体。

② 凸轮合成曲线：用图形表示机构中曲线或边相对于零件的运动。选择此选项后，要求在机构上选取一条曲线或边，使用此曲线的轨迹来生成内部和外部包络曲线。同样此曲线或边所在的主体不能是为纸零件所选取的主体。用户可以选取开放曲线或封闭曲线，也可以选取多条连续曲线或边，系统将自动使所选的曲线变得光滑。

此外，在"曲线类型"中包含两个单选按钮：2D 和 3D。

①"2D"单选按钮：用于生成 2D 曲线。

② "3D"单选按钮：用于生成 3D 曲线，但是如果选择了"凸轮合成曲线"选项，系统将自动选中"2D"单选按钮，表示只能生成 2D 凸轮合成曲线。

（3）选择结果集

创建轨迹曲线时，必须先从运动运行创建一个结果集，然后才可以生成这些曲线。可以使用当前进程中的结果集，也可以装载以前进程中的结果文件，方法是单击对话框中的 按钮，系统将弹出"选择回放文件"对话框，从当前工作目录中选取一结果文件，再单击"打开"按钮，装载保存的结果文件。

（4）预览并完成轨迹曲线

完成以上设置后，单击"预览"按钮，预览生成的轨迹曲线。如果不符合要求，则重新进行设置，如果符合要求，则单击"确定"按钮完成即可。生成的轨迹曲线将是纸零件的一个特征，用户可从模型树访问轨迹曲线和凸轮合成曲线。

## 9.4.5 设置及调试

### 1．设置

选择主菜单"工具"|"机构设置"命令，系统将弹出"设置"对话框，如图 9-69 所示，通过此对话框可以设置组件相对公差和特征长度，并选择当装配失败时是否发出警告。

### 2．调试

有关调试的操作过程如下。

① 选择主菜单"工具"|"调试"命令。

② 在弹出的"调试"菜单中选择"机构调试"命令。

③ 系统将弹出"PM_调试"菜单，如图 9-70 所示。"PM_调试"菜单中的各个命令的功能如下。

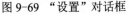

图 9-69 "设置"对话框

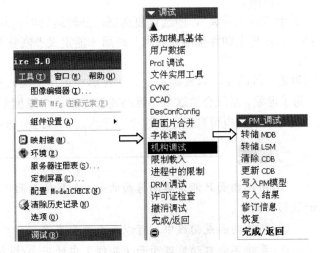

图 9-70 调试的过程

a. "转储 MDB"命令：用来转储 Mechanica 数据库。

b. "转储 LSM"命令：用来为当前模型创建一个".lsm"文件。

c. "清除 CDB" 命令：用来清除连接数据库。

d. "更新 CDB" 命令：用来更新连接数据库。

e. "写入 PM 模型" 命令：用来将结果写入模型。

f. "写入结果" 命令：用来将结果写入报告文件。

g. "修订信息" 命令：用来修订相关信息。

h. "恢复" 命令：用来将结果写入恢复报告文件。

# 9.5  特 殊 连 接

在 Pro/Engineer 系统中还提供了两种特殊的连接，即凸轮连接和齿轮连接。下面分别对这两种连接进行讲解。

## 9.5.1  凸轮连接

凸轮连接就是用凸轮的轮廓去控制从动件的运动规律。Pro/ENGINEER 里的凸轮连接使用的是平面凸轮，但为了形象，创建凸轮后，都会让凸轮显示出一定的厚度(深度)。

凸轮连接只需要指定两个主体上的各一个（或一组）曲面或曲线就可以了。定义窗口里的"凸轮 1"、"凸轮 2" 分别是两个主体中任何一个，并非从动件就是"凸轮 2"。如果选择曲面，可将"自动选取"复选框选中，这样，系统将自动把与所选曲面的邻接曲面选中，如果不用"自动选取"，需要选多个相邻面时要按住 Ctrl 键；如果选择曲线/边，"自动选取"是无效的。如果所选边是直边或基准曲线，则还要指定工作平面（即所定义的二维平面凸轮在哪一个平面上）。

凸轮一般是从动件沿凸轮件的表面运动，在 Pro/ENGINEER 里定义凸轮时，还要确定运动的实际接触面。选取了曲面或曲线后，将会出线一个箭头，这个箭头指示出所选曲面或曲线的法向，箭头指向哪侧，也就是运动时接触点将在哪侧。如果系统指示出的方向与想定义的方向不同，可反向。

关于"启用升离"，中选该复选框，凸轮运转时，从动件可离开主动件，不使用此选项时，从动件始终与主动件接触。启用升离后才能定义"恢复系数"，即"启用升离"复选框下方的那个"e"。

因为是二维凸轮，只要确定了凸轮轮廓和工作平面，这个凸轮的形状与位置也就算定义完整了。为了形象，系统会给这个二维凸轮显示出一个厚度（即深度）。通常可不必修改它，使用"自动"就可以了。也可自己定义这个显示深度，但对分析结果没有影响。

注意

① 所选曲面只能是单向弯曲曲面（如拉伸曲面），不能是多向弯曲曲面（如旋转出来的鼓形曲面）。

② 所选曲面或曲线中，可以有平面和直边，但应避免在两个主体上同时出现。

③ 系统不会自动处理曲面（曲线）中的尖角/拐点/不连续，如果存在这样的问题，应在定义凸轮前适当处理。

下面以一个实例来讲解"机构"模块中凸轮连接的应用。

### 9.5.2 范例2——小球的自由落体弹性碰撞

如图 9-71 所示，小球直径为 20，地板尺寸为 200×200×20。运用凸轮连接来模拟小球自由落体弹性碰撞。具体操作过程如下。

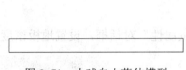

图 9-71 小球自由落体模型

（1）打开组件

① 选择工作目录为\ch8。

② 打开 ball_plate.asm。

（2）进行凸轮连接定义

① 选择主菜单"应用程序"|"机构"命令，进入机构仿真环境。

② 单击🔘按钮，系统弹出"凸轮从动机构连接定义"对话框，设置各项，如图 9-72 所示。

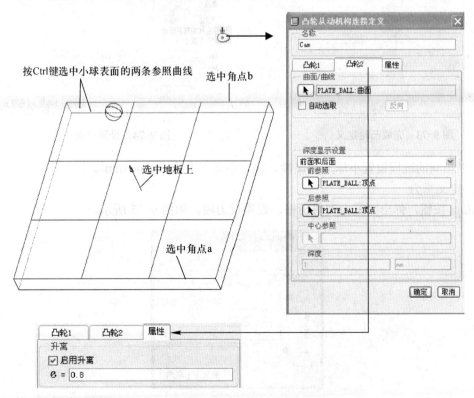

图 9-72 设置凸轮连接定义

　　a. 在"名称"栏中给出凸轮连接名称：cam；

　　b. 选择"凸轮 1"选项卡，选中小球表面的参照曲线（参照曲线在小球零件中已经创建）。

　　c. 选择"凸轮 2"选项卡，选中地板上表面，还需要进行深度显示设置，选择"前面和后面"，单击地板角点 a 作为前参照，角点 b 作为后参照。

　　d. 选择"属性"选项卡，选中"启用升离"复选框，给定 e 值：0.8。

　　e. 单击"确定"按钮，完成凸轮连接设置。

　　完成凸轮连接定义后的模型如图 9-73 所示。

（3）定义密度

① 单击 🔩 按钮，弹出"质量属性"对话框，设置地板密度，如图 9-74 所示。

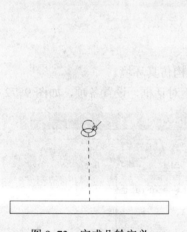

图 9-73　完成凸轮定义

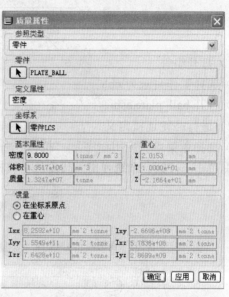

图 9-74　设置密度

② 以相同的过程设置小球质量属性，设定小球密度为 4tonne/mm$^3$。

（4）定义重力

单击 g 按钮，弹出"重力"对话框，设置重力项，如图 9-75 所示。

图 9-75　设置重力项

（5）定义分析

① 单击 ✕ 按钮，弹出"分析定义"对话框，设置各项，如图 9-76 所示。

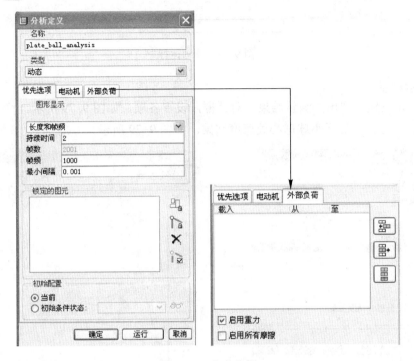

图 9-76  定义分析

② 单击 运行 按钮，完成分析。

（6）回放分析

① 单击 ◀▶ 按钮，弹出"回放"对话框，确定"结果集"中为"plate_ball_analysis"，单击 ◀▶ 按钮，弹出"动画"对话框，单击 ▶ 按钮，进行分析回放，如图 9-77 所示。

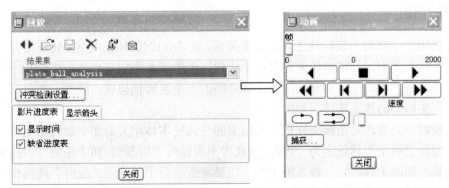

图 9-77  回放分析过程

② 单击 捕获... 按钮，可以获得分析动画文件，具体参见前文讲解。

运行动画过程如图 9-78 所示。

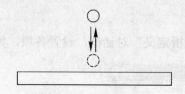

图 9-78　动画运行

（7）显示测量

① 单击 ⊠ 按钮，弹出"测量结果"对话框，设置各项，如图 9-79 所示。

② 单击 ⍨ 按钮，显示小球球心处速度结果，如图 9-79 所示。

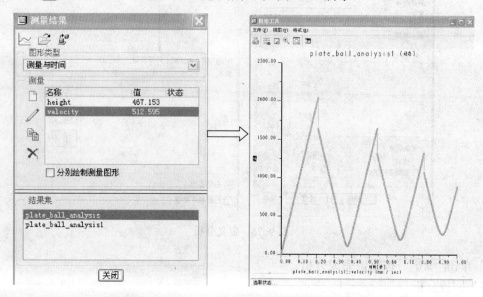

图 9-79　小球球心处速度测量

### 9.5.3　齿轮连接

齿轮连接用来控制两个旋转轴之间的速度关系。在 Pro/ENGINEER 中齿轮连接分为标准齿轮和齿轮齿条两种类型。标准齿轮需定义两个齿轮，齿轮齿条需定义一个小齿轮和一个齿条。一个齿轮（或齿条）由两个主体和这两个主体之间的一个旋转轴构成，因此，在定义齿轮前，需先定义含有旋转轴的接头连接（如销钉）。

定义齿轮时，只需选定由接头连接定义出来的与齿轮本体相关的那个旋转轴即可，系统自动将产生这根轴的两个主体设定为"齿轮"（或"小齿轮"、"齿条"）和"托架"，"托架"一般就是用来安装齿轮的主体，它一般是静止的，如果系统选反了，可用"反向"按钮将齿轮与托架主体交换。"齿轮 2"或"齿条"所用轴的旋转方向是可以变更的，点定义窗口里"齿轮 2"轴右侧的反向按钮就可以，点中后画面会出现一个很粗的箭头指示此轴旋转的正向。

**速比定义**：在"齿轮副定义"对话框（图 9-80）的"齿轮 1"、"齿轮 2"选项卡里，都有一个输入节圆直径的地方，可以在定义齿轮时将齿轮的实际节圆直径输入到这里。在"属性"

选项卡里，"齿轮比"（"齿条比"）有两种选择，一是"节圆直径"，一是"用户定义的"。选择"节圆直径"时，D1、D2 由系统自动根据前两个页面里的数值计算出来，不可改动。选择"用户定义的"时，D1、D2 需要输入，此情况下，齿轮速度比由此处输入的 D1、D2 确定，前两个页面里输入的节圆直径不起作用。速度比为节圆直径比的倒数，即：齿轮 1 速度/齿轮 2 速度=齿轮 2 节圆直径/齿轮 1 节圆直径=D2/D1。齿条比为齿轮转一周时齿条平移的距离，齿条比选择"节圆直径"时，其数值由系统根据小齿轮的节圆数值计算出来，不可改动，选择"用户定义的"时，其数值需要输入，此情况下，小齿轮定义页面里输入的节圆直径不起作用。

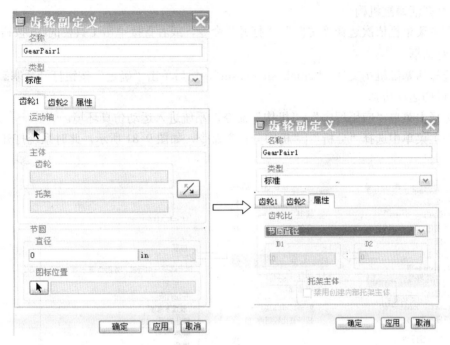

图 9-80 "齿轮副定义"对话框

**图标位置**：定义齿轮后，每一个齿轮都有一个图标，以显示这里定义了一个齿轮，一条虚线把两个图标的中心连起来。默认情况下，齿轮图标在所选连接轴的零点，图标位置也可自定义，点选一个点，图标将平移到那个点所在平面上。图标的位置只是一视觉效果，不会对分析产生影响。

注意

① Pro/ENGINEER 里的齿轮连接，只需要指定一个旋转轴和节圆参数就可以了，因此，齿轮的具体形状可以不用做出来，即使是两个圆柱，也可以在它们之间定义一个齿轮连接。

② 两个齿轮应使用公共的托架主体，如果没有公共的托架主体，分析时系统将创建一个不可见的内部主体作为公共托架主体，此主体的质量等于最小主体质量的千分之一。并且在运行与力相关的分析（动态、力平衡、静态）时，会提示指出没有公共托架主体。

## 9.6　综 合 实 例

本小节将给出一个曲柄连杆机构运动仿真的综合实例，通过该实例使读者对于本章讲解的内容有进一步深入的了解。有关曲柄连杆机构运动仿真的具体操作过程如下。

（1）设置工作目录

首先设置工作目录。将当前工作目录设置为 d:\proe_wildfire\ ex\ex9-2。

（2）打开活塞缸机构

① 在主菜单栏依次选择"文件"|"打开"命令，或者直接单击工具栏的 📂 按钮打开"打开文件"对话框。

② 选择活塞缸机构文件 "crank_slider.asm"，然后单击"确定"按钮打开活塞缸机构。

（3）机构运动仿真

① 选择主菜单"应用程序"|"机构"命令，系统进入运动仿真环境。

② 在主菜单中选择"分析"|"机构分析"命令，如图 9-81 所示，此时系统打开"分析定义"对话框。

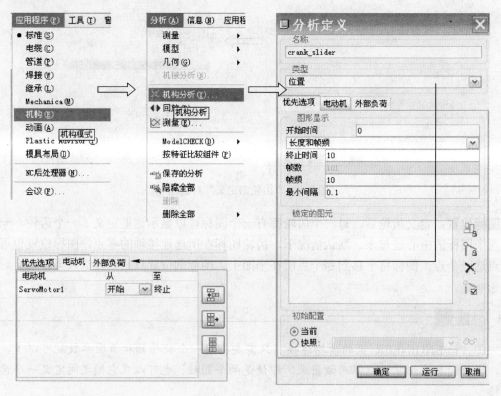

图 9-81　机构分析过程

③ 添加机构运动

a. 在"名称"栏文本框中将机构运动名称设置为"crank_slider"。

b. 在"优先选项"选项卡中设置机构运动的启动时间、运动仿真的帧频和最小间隔。

提示 选择"电动机"选项卡，则"运动定义"对话框如图 9-81 所示，在该标签中可以设置机构运动仿真的启动时间和结束时间。

④ 设置电动机，在"电动机"选项卡中选择要用的"电动机"。

⑤ 进行机构运动仿真：单击"分析定义"对话框的"运行"按钮，系统开始进行机构运动仿真。

⑥ 单击"分析定义"对话框的"关闭"按钮，结束活塞缸机构运动仿真，返回系统的菜单管理器。机构分析的操作过程如图 9-81 所示。

（4）回放

进行机构运动仿真后可以回放仿真结果。

① 依次选择主菜单"分析"|"回放"命令，此时弹出"回放"对话框。单击 冲突检测设置...按钮，选择干涉模式为"全局冲突检测"，可选中"停止冲突的动画回放"复选框，如图 9-82 所示。

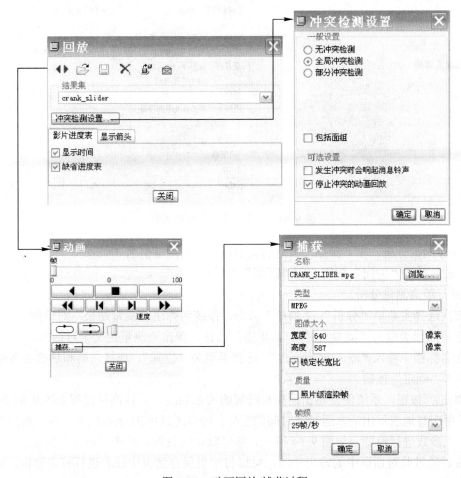

图 9-82 动画回放/捕获过程

② 单击"回放"对话框的◀▶按钮，则弹出"动画"对话框。从中可以将仿真结果制作成动画片，单击 ▶ 按钮，即可播放影片，同时进行干涉检测，本例中没有干涉发生。

③ 单击"捕获"按钮，弹出"捕获"对话框，保存影片。动画回放及捕获过程如图 9-82 所示。

（5）测量

在本例中将对曲柄头部端面到活塞缸端面的距离进行测量，并通过运动仿真中的测量输出其随时间变化的曲线。

① 增加测量特性。在进行运动仿真中的测量之前必须先定义一个测量特性。

a. 在主菜单栏依次选择"分析"|"测量"|"距离"命令，在弹出的"距离"对话框中选择"定义"选项卡。

b. 在主窗口中的模型中分别选取曲柄头部端面以及活塞缸端面。

c. 选择"距离"对话框中的"分析"选项卡，结果区域中显示当前位置两曲线间的距离，如图 9-83 所示。

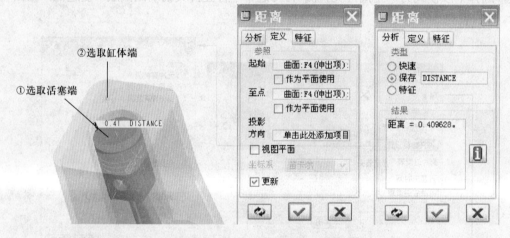

图 9-83　定义距离测量操作过程

② 保存测量分析。在"保存"后面的文本框中输入测量值名 distance，单击✓按钮保存测量分析，最后单击"关闭"按钮关闭"距离"对话框。

③ 进行距离测量分析。

a. 依次选择主菜单"分析"|"测量"命令，系统将弹出"测量结果"对话框。

b. 选择图形类型为"测量与时间"，单击▯按钮，弹出"测量定义"对话框。

c. 在名称栏中输入"axis_measure1"，选择类型为"位置"，选择曲柄和活塞连接轴作为测量点，单击"确定"按钮。

d. 单击⦰按钮，系统便会输出距离与时间的关系曲线。具体测量过程如图 9-84 所示。

为了更明显地表示出活塞运动随时间的变化，可以通过单击▣按钮对"图形窗口选项"对话框中有关参数进行设置，如图 9-84 所示，接受默认的设置，单击"确定"按钮。

e. 最后通过此对话框中的输出选项，可以将结果保存到表中或者进行打印输出。

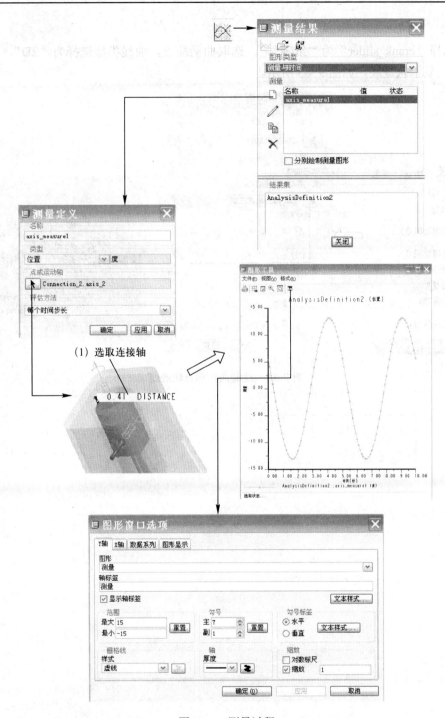

图 9-84 测量过程

（6）绘制轨迹线

通过绘制轨迹线，可以获得曲柄端点的运动轨迹。

① 在主菜单中选择"插入"|"轨迹曲线"命令，系统将弹出"轨迹曲线"对话框，如图

9-85 所示。

② 选择 "crank_slider" 为 "纸零件"，选取曲柄端点，曲线类型选择为 "2D"，单击 "确定" 按钮，显示轨迹线，如图 9-85 所示。

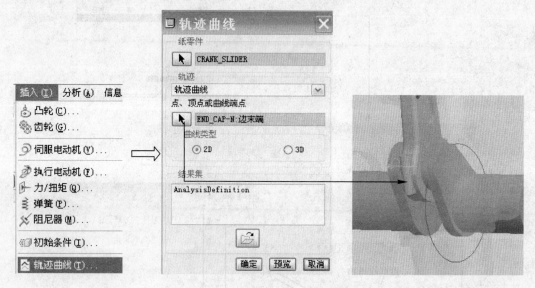

图 9-85   绘制曲柄端点轨迹线

# 第10章

# 结构与热力学分析

当机构设计完成后，结构是否满足强度要求，零件变形量是否在允许的范围内等问题就摆在了设计人员面前。在传统的设计方法中，往往经验加实验成为了唯一的解决途径，这就造成了如果设计失误将必须从头来过的巨大经济负担。现在，有了 CAE 工具之后，大大地减轻了实验压力，代之以计算机辅助工程分析，对绝大部分常用机构等可以给出可信度非常高的结论。其中，有限元分析方法是主要的分析手段，而该方面的软件分析也自然成为目前流行的分析软件。

当前有许多专门用于有限元分析的软件，如 ANSYS、NSTRAN、COSMOS 等，它们有相对完整的前、后处理模块，并以高效的求解算法闻名，可完成多学科、多领域的分析任务。但是，这些软件的 CAD 功能相对较差，往往难以完成复杂模型的建模，因此大大影响工作的效率，而 Pro/ENGINEER 拥有功能强大的 CAD 模块，建模恰恰是其优势所在，因此利用 Pro/ENGINEER 系统提供的有限元分析功能，可以方便地完成有限元分析的前处理工作，快速建立有限元模型，然后将有限元模型输入到专业有限元分析软件进行计算、分析，既可克服专业有限元软件前处理能力不足的缺点，还可以大大提高整个有限元分析工作的效率。

本章将讲解 Pro/ENGINEER 的有限元分析原理与方法，并提供了一些典型案例。

## 10.1 Pro/ENGINEER Wildfire 有限元分析概述

本节将介绍 Pro/ENGINEER Wildfire 有限元分析的种类、特点与启动方式。

### 10.1.1 工作方式

Pro/ENGINEER 系统提供了有限元分析模块 MECHANICA，利用该模块可以进行有限元分析工作。Pro/MECHANICA 模块有 3 种工作方式，分别为 FEM 模式、集成模式与独立模式。在 Pro/MECHANICA 模块中，系统的用户界面、操作方法以及可进行的分析类型取决于用户选用的工作方式。

#### 1．FEM 模式

FEM 模式没有求解器，只能够完成对模型的网格划分、边界约束、载荷、理想化等前置处理，随后需要借助第三方软件，如 ANSYS、NASTRAN 等完成计算、结果分析等工作。

### 2．集成模式

在该模式下，系统将 Pro/MECHANICA 模块的功能综合到 Pro/ENGINEER 中，此时用户可在 Pro/ENGINEER 界面中建立有限元模型，并进行有限元分析与优化。

由于系统将 Pro/MECHANICA 模块的功能综合到 Pro/ENGINEER 中，因此用户无需启动 Pro/MECHANICA 的用户界面，这样可以减少模型在 Pro/ENGINEER 与 Pro/MECHANICA 之间的转换。本章介绍的就是在该模式下的操作。

### 3．独立模式

在该模式下，系统使用独立、完全特征化的 Pro/MECHANICA 用户界面。在该界面中用户可以建立模型，进行有限元分析以及完成设计研究。当然，用户也可以通过相应的文件格式导入 Pro/ENGINEER 模型，并完成有限元分析工作。

## 10.1.2   Pro/ENGINEER 有限元分析的特点与启动

在 Pro/ENGINEER 的有限元分析模块中，用户可以直接使用 Pro/Engineer 生成的模型数据进行网格划分，包括点、线、面和体等，完成有限元模型的建模工作，并生成批处理作业命令流文件。该结果文件可以直接为专业有限元分析软件所用，也可稍加修改后使用。

由于 Pro/ENGINEER 的特征相关联性，所以修改模型方便；在处理过程中，模型一致性好，数据完整，克服了专业有限元分析软件前处理能力不足的缺点，提高了整个有限元分析工作的效率。

利用 Pro/ENGINEER 进行有限元分析的前处理，其操作主要是通过主菜单的 MECHANICA 选项进行的，如图 10-1 所示。

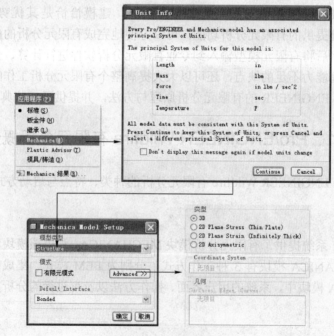

图 10-1   启动模型分析

① 依次选择主菜单"应用程序"|Mechanica 命令，打开"单位信息"（Unit Info）对话框。

Unit Info 对话框显示了模型的当前主单位制，并提示在有限元分析中模型的数据单位必须与该主单位制一致。

② 单击 Continue 按钮，则可以使用对话框显示的单位制作为有限元分析模型的主单位制，此时即可启动 Pro/MECHANICA 模块，进入有限元分析环境，此时系统弹出"模型类型"对话框，其"模式"下拉列表中列出了 Structure（结构力学）和 Thermal（热力学）两类有限元分析模式。

如果单击 Cancel 按钮，则用户可以选择其他单位制作为模型的主单位制。

③ 单击 Advanced >> 按钮，弹出隐藏的高级选项，具体说明如下。

"类型"域中列出了 Structure 模式下可以为模型指定的类型，包括以下 4 种。

a. 3D：模型为空间架构，是系统的默认类型。

b. 2D Plane Stress (Thin Plate)：模型为薄壁结构，所有的分析特征都位于 XY 平面上，当组件中所有元件在 Z 方向的厚度相同时，也可以采用该模型。用时需要定义几何和坐标系。

c. 2D Plane Strain (Infinitely Thick)：当模型在某一方向的应变可以忽略时，采用此种类型。所有的分析特征同样都位于 XY 平面上，使用时需要定义几何和坐标系。

d. 2D Axisymetric：当模型为轴对称时，可以采用此模型。使用时需要定义几何和坐标系。

当进行热分析时，c 为 2D Plane Strain (Unit Depth)，当模型在某一方向的热变化忽略时，可以采用该模型。其余三项与结构分析时相同。

"几何"域中可以选择要分析的曲面、曲线和边等，而 Coordinate System（坐标系）则负责选择相应的分析坐标系。

### 10.1.3   Pro/ENGINEER 有限元分析流程

有限元分析总体上可分为三大部分，即前处理、主分析计算和后处理，其流程图如图 10-2 所示。

在 Pro/ENGINEER 中可完成有限元分析的前处理部分，其功能强大，可添加多种类型的载荷，定义多种边界条件，自动生成网格等，并可简化分析模型，略去一些不重要的特征，保留关键特征，从而得到理想的分析结果。

图 10-3 为在 Pro/ENGINEER 中进行有限元分析前处理工作的一般步骤。

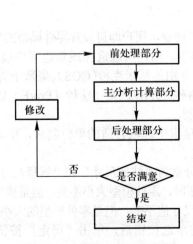

图 10-2　有限元分析的流程图

图 10-3　有限元分析前处理工作步骤

## 10.2　有限元分析环境设置

在 Pro/ENGINEER 中进行有限元分析之前，首先必须设置零件模型的单位制和材料属性。

### 10.2.1　设置单位

在 Pro/ENGINEER 的标准模块中，选择"编辑"主菜单中的"设置"命令，即可设置零件的各项属性，其中设置单位的步骤如图 10-4 所示。

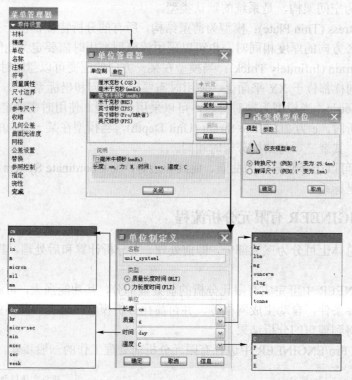

图 10-4　零件单位设置

① 选择"零件设置"菜单管理器中的"单位"命令，用户即可设置零件模型的单位制，此时系统自动弹出"单位管理器"对话框。在该对话框中，用户可以选择或新建零件模型的单位制。

Pro/ENGINEER 系统为用户提供了 7 种单位，分别是厘米克秒（CGS）、毫米千克秒（mmKs）、毫米牛顿秒（mmNs）、千米克秒（MKS）、英寸磅秒（IPS）、英寸磅秒（Pro/E）以及英尺磅秒（FPS）等，其中英寸磅秒为系统当前默认的单位制。

② 在"单位管理器"对话框的"单位制"选项卡中选取合适的单位制后，单击右侧的"设置"按钮，系统将弹出"改变模型单位"对话框。

"改变模型单位"对话框中有两个单选按钮，分别为"转换尺寸"和"解释尺寸"，用于转换当前零件模型的单位制。选中"转换尺寸"单选按钮时，零件模型大小不变，但是模型的尺寸值会改变；选中"解释尺寸"单选按钮时，零件模型的尺寸值不变，但是零件模型的大小会自动改变。

③ 在"改变模型单位"对话框中选中相应的单选按钮后，单击"确定"按钮，即可将选中的单位制设置为模型的主单位制。

④ 如果"单位管理器"对话框的"单位制"选项卡中没有用户所需的单位制,那么可以创建一个新的单位制。创建新单位制的具体操作步骤如下。

a. 单击"单位管理器"对话框右侧的"新建"按钮,系统弹出"单位制定义"对话框。

b. 在"名称"组框的文本框中输入单位制的名称,并在"单位"组框中选择相应的单位。

c. 单击"确定"按钮,即可新建一个用户自定义的单位制。此时在"单位制"选项卡中将出现用户刚才自定义的单位制。

d. 选择该单位制并将其设置为当前主单位制即可。

**提示**　　在"单位制定义"对话框的"单位"组框中,单击其右侧的按钮,即可弹出相应的下拉列表,用户可以从中选取系统提供的单位。例如单击"长度"编辑框右边的按钮,系统弹出如图 10-4 所示的下拉列表,用户可以从中选取 in、m、cm、mm、micron、mil 以及 ft 共 7 种长度单位。

当需要了解单位制的具体信息时,可以在"单位管理器"对话框的"单位制"选项卡中选择相应的单位制,然后单击其右侧的"信息"按钮,此时系统将弹出如图 10-5 所示的"信息窗口"窗口,用户从中可以查看刚才选中的单位制的详细信息。

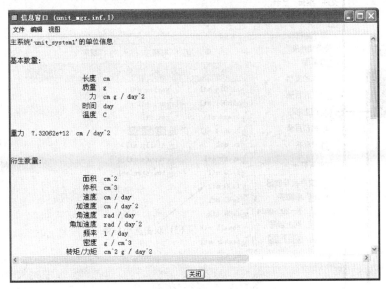

图 10-5　"信息窗口"窗口

用户可以参考表 10-1 来设置有限元分析的主单位制。

表 10-1　单　位　制

| 单 位 名 称 | 单 位 | 单 位 名 称 | 单 位 |
|---|---|---|---|
| 长度 | mm　（毫米） | 离心力 | N |
| 力 | N　（牛顿） | 位移 | mm |
| 时间 | s　（秒） | 角度 | rad |
| 温度 | C　（摄氏度） | 弹性模量 | N / mm$^2$ |
| 压力（作用在线上） | N/mm | 剪切模量 | N / mm$^2$ |

续表

| 单位名称 | 单位 | 单位名称 | 单位 |
|---|---|---|---|
| 压力（作用在面上） | N/mm$^2$ | 频率 | Hz |
| 重力加速度 | mm/s$^2$ | | |

## 10.2.2 设置零件材料

对零件进行有限元分析时，需要知道零件材料的属性，如杨氏模量、泊松比、剪切模量等，因此系统要求用户设置零件的材料。

具体的设置过程如下。

① 如图10-6所示，依次选择"零件设置" | "材料"命令，系统弹出"材料"对话框。

② 指定材料到模型。从左侧材料列表中选择一种材料，双击或者单击 ⋙ 按钮，该材料将列入右侧"模型中的材料"列表中。在前方出现 ➡ 标志的材料为当前指定给模型的材料。

用户可以重复上面步骤，添加多个材料到模型中。

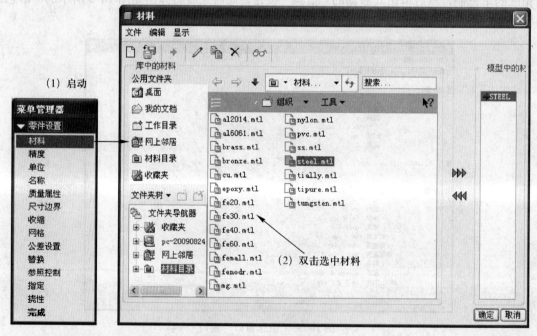

图10-6 启动材料设置

③ 创建新材料，如图10-7所示。

a. 在"材料"对话框中单击"新建"按钮 🗋，系统弹出"材料定义"对话框。

b. 在"结构"选项卡中输入材料名称、密度、泊松比、杨式模量等。

c. 在"热"选项卡中输入热导率和指定热容量。

d. 在"杂项"选项卡中确定剖面线、折弯因子和硬度。

e. 在"用户定义的"选项卡中决定用户定义的材料参数值。

f. 在"外观"选项卡中，单击"新建"按钮，可以通过"材料外观编辑器"对话框创建材料颜色等。也可以单击"选择者"按钮，通过"外观选择器"来选择所需要的外观状态。

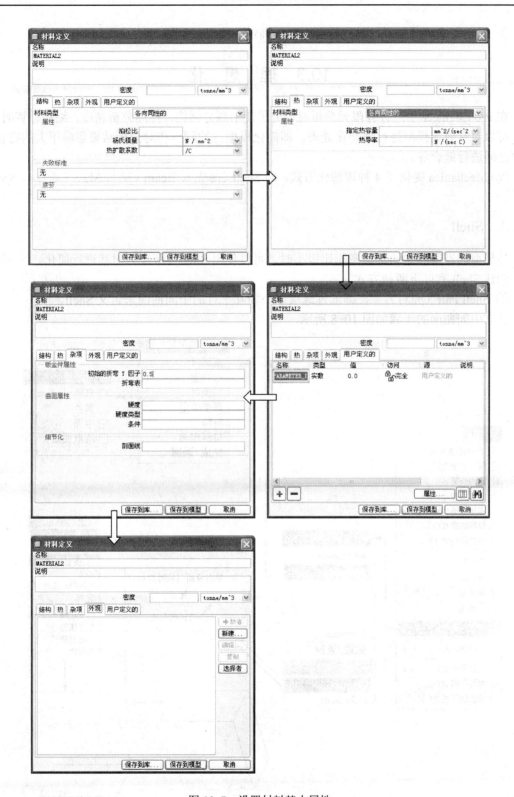

图 10-7　设置材料基本属性

④ 设置完成后单击"材料"对话框中"确定"按钮。

# 10.3　理　想　化

在 Pro/Engineer 中进行有限元分析时，为了便于划分网格，提高分析精度，缩短计算时间，用户可以对有限元模型进行理想化处理，即简化模型，抑制一些对分析结果影响不大的特征，曲面之间进行缝合等。

Pro/Mechanica 提供了 4 种理想化方式，即 Shell（薄壳）、Beam（梁）、Mass（质点）、Spring（弹簧）。

## 10.3.1　Shell

当模型的厚度和它的长、宽相比很小时，可以使用 Shell（薄壳）对其进行简化。

创建 Shell 有以下两种方式。

① Shell Pair（壳对）🐚，即通过选取多个相互平行的中间曲面来定义 Shell。

建立中间曲面的步骤如图 10-8 所示。

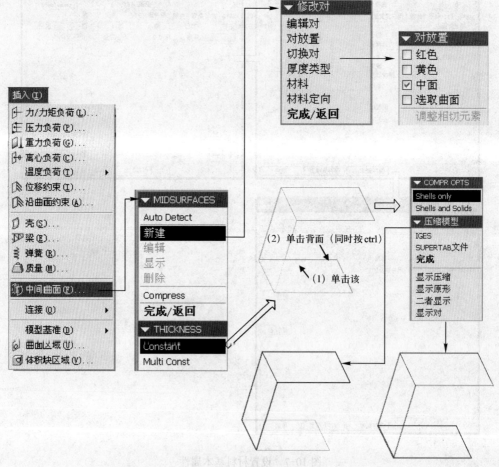

图 10-8　创建 Shell Pair

a. 在"插入"菜单中选择"中间曲面"命令，系统弹出 MIDSURFACES（中间面）菜单。

b. 依次选取三对平行面后，系统生成中间面（以橘色表示）。

c. 选择 Compress 命令，在弹出的 COMPR OPTS（压缩选项）菜单中选择 Shells only 命令，系统弹出"显示压缩"菜单，此时零件压缩曲面显示，如果选择"二者显示"命令，则零件显示整个壳。

如果要修改 Shell Pair 中间面的位置，在 MIDSURFACES 中选择"编辑"命令，弹出"修改对"菜单。选择"对放置"命令，单击要修改的 Shell Pair，系统弹出"对放置"菜单，可以将中间面放置在"红色"、"黄色"、"中间面"或者所选取的曲面上。

② Shell，即直接通过选取曲面来建立，如图 10-9 所示。

要创建 Shell（薄壳），选择主菜单"插入"|"壳"命令，或者单击 按钮，系统弹出 shell definition（壳定义）对话框。在"Type（类型）"下拉列表中选择 Advanced 选项，系统弹出隐藏的高级对话框，可以设立 Shell 的属性、材质方向等。

图 10-9　定义单独的壳

## 10.3.2　Beam

当模型的长度远大于其他尺寸时，可以使用 Beam（梁）来进行简化。

具体创建梁的过程如图 10-10 所示。

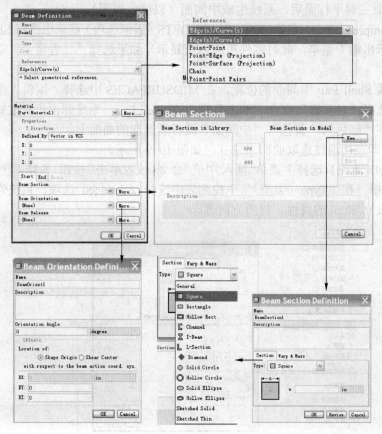

图 10-10 梁定义

① 依次选择主菜单"插入"|"梁"命令，或者单击 按钮，系统弹出 Beam Definition（梁定义）对话框。

创建 Beam 要设置的选项很多，主要有"References"、"Y Direction"、"Section"等。

a."References"用于确定创建 Beam 参照方式的，单击 按钮，弹出下拉列表，如图 10-10 所示，从中可以选择参照类型。

b."Y Direction"用于确定截面 Y 坐标相对于 WCS 的方向。可以直接通过输入 X、Y、Z 3 个方向上的比例数值来决定 Y 方向。

c."Section"用于定义截面形状。其创建过程如下：

② 单击"Section"右侧的 More... 按钮，系统弹出 Beam Section（梁截面）对话框，单击 New... 按钮，系统弹出 Beam Section definition（梁截面定义）对话框，其中包含"Section"和"Warp&Mass"两个选项卡。"Section"选项卡的"Type"中列出了 Pro/ENGINEER 自带的截面形状，单击 按钮，弹出截面形状下拉列表，包括正方形、矩形、I 型等。

③ 单击"Orientation"右侧的 More... 按钮，在系统弹出的"梁方向"对话框中单击 New... 按钮，系统弹出 Beam Orientation definition（梁方向定义）对话框，从中可以定义截面的旋转角度以及 Beam 与参照之间的偏距。

### 10.3.3　Mass

当只需考虑模型重力而不考虑形状时，可以使用 Mass（质量）对模型进行简化。具体操作步骤如图 10-11 所示。

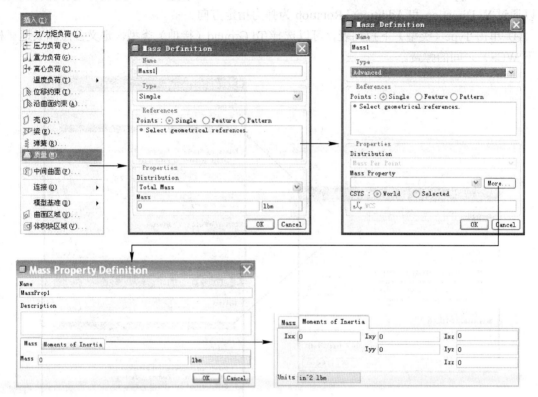

图 10-11　质量属性定义

① 依次选择主菜单"插入"|"质量"命令，或者单击 按钮，系统弹出 Mass Difinition（质量定义）对话框。

② 在 Name 框中输入质量名称，然后在 References 列表中选择参照方式，一般采用 Points 方式，随后选择需要的参照对象。

③ 单击 Type（类型）下拉列表，选择 Advanced 选项，系统弹出隐藏的高级对话框，可以对 Mass 属性进行设置。

④ 单击"Mass Property"右侧的 More... 按钮，在系统弹出的 Mass Property（质量属性）对话框中单击 New... 按钮，系统弹出 Mass Property Definition（质量属性定义）对话框。除了在"Mass"选项卡中设置质量大小外，还可以在"Moments of Inertia"选项卡中设置惯性矩。

### 10.3.4　Spring

Spring（弹簧）可用来简化对象间的线性弹力或扭矩。具体的创建步骤如图 10-12 所示。

① 依次选择主菜单"插入"|"弹簧"命令，或者单击 按钮，系统弹出 Spring Definition

（弹簧定义）对话框。

　　② 当 Type 为 Simple 时，可以直接设定 Extensional Stiffness（延展刚度）和 Torsional Stiffness
（扭转刚度）。

　　③ 单击 Type（类型）下拉列表，可以选择 Advanced 选项，系统弹出隐藏的高级对话框，
可以通过 Y-Direction 和 Additional Rotation 为弹力指定方向。

　　④ 单击 Type（类型）下拉列表，可以选择 To Ground（接地）类型，定义参照和大地（相
对于 WCS）之间的弹簧。

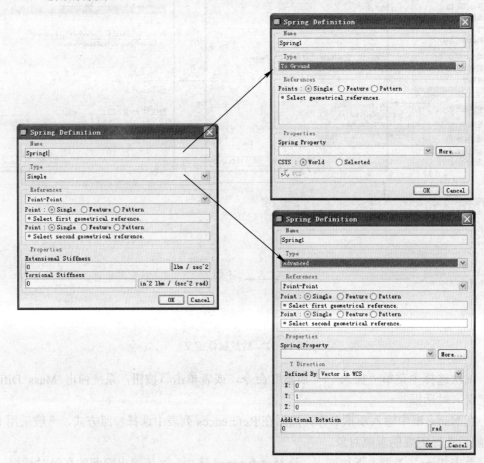

图 10-12　弹簧定义

# 10.4　连　　接

　　Pro/ENGINEER 提供了多种零件组件之间的连接方式。依次选择主菜单"插入"|"连接"
命令，弹出连接方式的菜单，如图 10-13 所示。

## 1. 界面

　　用于指定 Machanica 如何划分网格和分析接触的或者重叠的表面，有两种界面类型——连
接以及自由。

① 连接：处理接触的表面时，将节点作连接。

② 自由：指定两个表面具有匹配的、几何一致的节点，但不将节点作连接。

要创建 Interface（界面），操作步骤如图 10-14 所示。

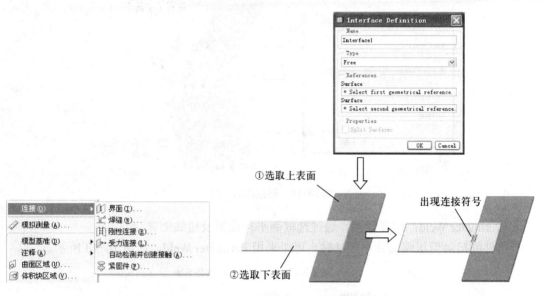

图 10-13 连接类型　　　　　　　　　图 10-14 界面定义

依次选择主菜单"插入"|"连接"|"界面"命令，或者单击 🗔 按钮，系统弹出 Interface Definition（界面定义）对话框。选取图中两个表面，单击 OK 按钮，在接触部位出现界面的连接符号。

### 2. Weld（焊缝）

当组件中包含接触的压缩中间面壳时，Mechanica 将创建自动中间面连接。除非用户自己给定焊缝、扣件或刚性连接。

对于匹配的平面之间形成的缺口，在 Mechanica 中可以采用焊缝来连接。要创建 Weld（焊缝），依次选择主菜单"插入"|"连接"|"焊缝"命令，或者单击 ⊔ 按钮，系统弹出"焊缝定义"对话框，如图 10-15 所示，从中可以进行定义。

有以下 3 种类型的焊缝。

① End Weld：端面焊接，通过选取成一定角度的两曲面创建。当采用 End Weld 时，两个连接的平面之一的壳网格将延伸到另一个平面的网格，如图 10-16 所示。

图 10-15 "焊缝定义"对话框

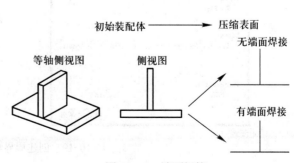

图 10-16 端面焊接

选取"类型"为 End Weld，"焊缝定义"对话框如图 10-17 所示，选取两平面后单击"确定"按钮即可创建。

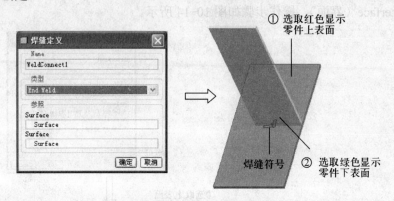

图 10-17　创建端面焊接

② Perimeter Weld：周界焊接，通过选取两平行曲面及边线创建。

当组件间接触但压缩面并不接触时，可以采用 Perimeter Weld，如图 10-18 所示。

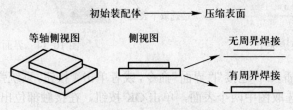

图 10-18　周界焊接

选取"类型"为 Perimeter Weld，"焊缝定义"对话框如图 10-19 所示。选取两平面及要创建焊缝的边，在 Thickness 中给定厚度，单击"确定"按钮即可创建。

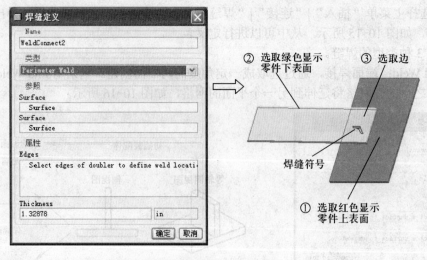

图 10-19　创建周界焊接

③ Spot Weld：点焊接，通过选取两曲面及点创建，此时 Mechanica 将力从组成焊接的一个零件传递到另一个零件。

选取"类型"为 Spot Weld，"焊缝定义"对话框如图 10-20 所示。选取两平面及要创建点焊的点，在 Diameter 中给定直径，在 Material 中选取焊缝材料，单击"确定"按钮完成创建。

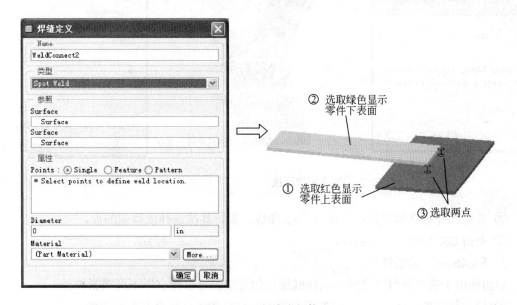

图 10-20　创建点焊接

需要注意的是，所选取的两曲面之间的夹角不应超过 15°。

### 3．Rigid Link（刚性连接）

通过选取两个对象的点、线、面，可以创建它们之间的刚性连接。当零件以刚体连接后，将一同运动。由于 Mechanica 采用线性约束方程来定义刚性旋转，而不是采用 sin 和 cos 方程来定义，因此，当刚性连接的零件之间存在很小的旋转角度时才适用。

要创建 Rigid Link（刚性连接），如图 10-21 所示。

① 依次选择主菜单"插入"|"连接"|"刚性连接"命令，或者单击 按钮，系统弹出 Rigid Link Definition（刚性连接定义）对话框。

② 选择想要进行刚性连接一个或多个点、曲线、边或者平面（可以选择不同的类型）并确定即可。如果要在一个自由点定义刚性连接，至少还需要选择一个零件。

### 4．Weighted Link（受力连接）

当质量或载荷可视为作用于一点，并可将它们分布到某些目标几何实体上时，可以采用受力连接。受力连接具有如下特性。

① 受力连接以平衡的方式分布质量或载荷。

② 受力连接时，可将目标实体节点组的运动平均指定到某个源点上，因此，可以将源点称为依赖的，而将目标实体成为独立的。独立侧实体的运动决定了依赖侧源点的运动。

创建 Weighted Link（受力连接）的步骤如下。

① 依次选择主菜单"插入"|"连接"|"受力连接"命令，或者单击 按钮，系统弹出 Weighted Link Definition（受力连接定义）对话框，如图 10-22 所示。

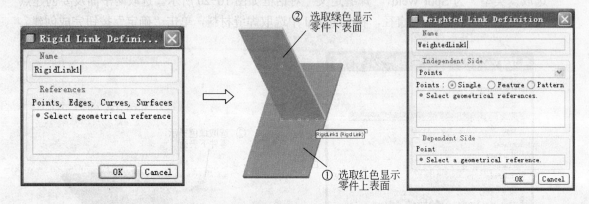

图 10-21    定义刚性连接              图 10-22    受力连接定义

② 首先选择独立侧的几何，如点、边/曲线、面，其次选择依赖侧的点。

③ 单击 OK 按钮，完成创建。

### 5. Fastener（紧固件）

紧固件用于模拟两组件之间的螺栓或螺钉的连接。可以建立以下两类紧固件。

① 简单紧固件：Mechanica 根据用户指定的材料和轴直径来产生紧固件。

② 高级紧固件：除了指定材料和轴直径，还可以指定紧固件是否承受剪力、是否包含预应力以及对紧固的零件的转动加以限制。

这两类紧固件都只能由各向同性的材料生成。

要创建 Fastener（紧固件），具体操作步骤如图 10-23 所示。

① 依次选择主菜单"插入"|"连接"|"紧固件"命令，或者单击 按钮，系统弹出 Fastener Definetion（紧固件定义）对话框。

在"参照"列表中包含 3 种参照，分别是 Bolt(edges of holes)（螺栓(孔边)）、Bolt(points of surfaces)（螺栓(曲面上的点)）和 Screw(edges of holes)（螺纹(孔边)）。

② 选择要创建紧固件连接的两个边后，系统自动给出一个直径值，可以修改直径数值，然后选择材料。

③ 单击 OK 按钮，完成紧固件创建。

### 6. Contact（自动检测并创建接触）

接触用于点、边/曲线、曲面的非线性连接关系，这种关系仅在 contact 分析时起作用。

依次选择主菜单"插入"|"连接"|"自动检测并创建接触"命令，弹出 Auto Detect Contacts 对话框，如图 10-24 所示，选择组件，在 Separation Distance（分离距离）和 Angle（角度）框中输入相应值，还可以选中 Check for contact only between planar Surfaces（只对平面进行检测）复选框，单击 Start 按钮，系统自动搜索出合适创建接触的部位，并表示出来。

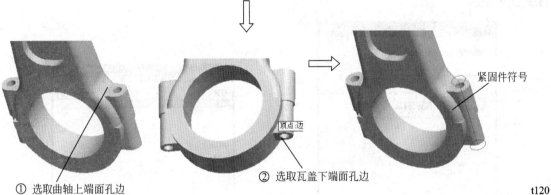

① 选取曲轴上端面孔边            ② 选取瓦盖下端面孔边

t120

图 10-23   创建紧固件

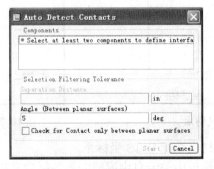

图 10-24   自动创建接触

## 10.5   约束和载荷

要进行结构分析，首先必须对其进行固定，即施加必要的约束。另外，分析对象的载荷也必须添加，这些在常规操作中进行的操作在 Pro/MECHANICA 中也要进行。本节将讲解这两方面内容。

### 10.5.1    约束

在 Pro/MECHANICA 中，约束分为两种：位移约束与对称约束，其中位移约束包括角度约束（旋转约束）和平移约束。

**1. 位移约束**

位移约束用于定义有限元模型的边界条件。

其具体操作如下。

① 依次选择主菜单"插入"|"位移约束"或"对称约束"命令，系统弹出 Constraint（约束）对话框，如图 10-25 所示。

② 确定所选曲面类型，包括 Individual（单个）和 Boundary（边界）两种。在 References 选项中选择要约束的对象类型，如面、边/曲线、点。

③ 单击 Surface Sets（表面集）按钮，弹出如图 10-26 所示的对话框，对曲面集进行曲面的添加或删除。

图 10-25    定义约束

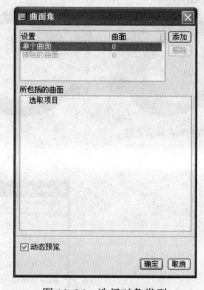

图 10-26    选择对象类型

④ 在图形窗口或者模型树上选择 WCS 坐标系。

⑤ 选择必要的约束。对话框中关于自由度限制的图标含义如下。

a. 平移（Translation）：·（自由）、（固定）、（指定范围）、（关于坐标系的函数）。

b. 旋转（Rotation）：（自由）、（固定）、（指定范围）、（关于坐标系的函数）。

⑥ 单击 OK 按钮即可。

定义约束后，视图区域的符号能够表示出 6 个自由度的状况，如图 10-27 所示。

图 10-27    约束符号

其中:

Dx、Dy、Dz 表示平移自由度,为"0"表示自由度受限,为"-"表示自由度不受限。

Rx、Ry、Rz 表示旋转自由度,为"0"表示自由度受限,为"-"表示自由度不受限。

上方两行方格分别对应平移自由度和旋转自由度,填充的方格表示受限的自由度。

### 2．对称约束

如果要分析的模型为对称模型,则可以选取模型的一部分来代替整个模型进行分析,以减少模型的单元数,从而减少分析时间。比如说,当分析一个表面受均匀力的圆盘时,只需对圆盘的四分之一加以分析,即能得到整个圆盘的受力状况。运用对称约束时,需要注意的是,除了模型为对称模型外,模型所受的载荷、约束都必须也为对称。

Mechanica 提供两类对称约束:镜像对称和旋转对称。镜像对称用于模型属于镜像对称模型时,即模型的某一部分可由另一部分镜像获得,比如,一个矩形平面上在其中部对称面处有一孔,此时可采用镜像对称来分析,如图 10-28 所示。旋转对称用于模型可由模型的一部分以旋转方式生成。比如,带叶片的叶轮可用旋转对称来分析,如图 10-29 所示。

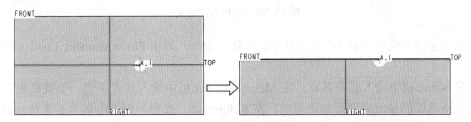

图 10-28 镜像对称

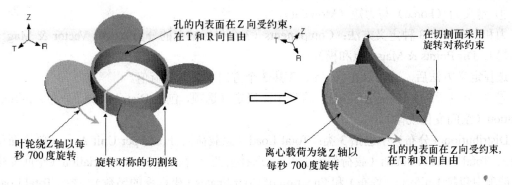

图 10-29 旋转对称

## 10.5.2 载荷

载荷用于定义有限元模型的所受的力,以模拟真实环境进行分析。要创建载荷,选择主菜单"插入"命令,弹出的下拉菜单中列出了 Pro/Engineer 所提供的 6 种载荷:力/力矩负荷、压力负荷、承载负荷、重力负荷、离心负荷以及温度负荷。

### 1．力/力矩负荷

具体操作步骤如图 10-30 所示。

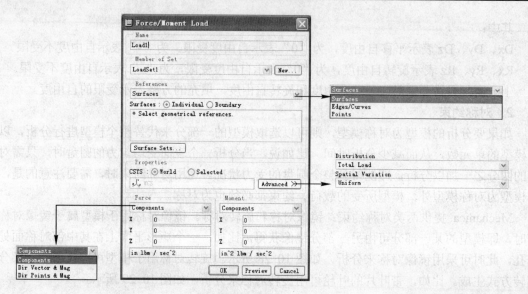

图 10-30 力和力矩定义

① 依次选择主菜单"插入"|"力/力矩负荷"命令，弹出 Force/Moment Load（力/力矩负荷）对话框。

② 在 Name 框中输入载荷名称，在 Member of Set 框中输入或者新建一个载荷集。

③ 选择需要的参照类型及参照对象，在 References（参照）列表中包含了 3 种加载对象类型：Surface（面）、Edge/Curve（边/曲线）和 Points（点）。

选择类型后就可以通过选择按钮来拾取加载对象即可。

④ 定义力（Force）与力矩（Moment）。

力和力矩都有 3 种定义方法：Components（3 个坐标轴上的分力）、Dir Vector & Mag（方向和模）、Dir Points & Mag（点和模）。

选择定义方法后，就可以在 X、Y、Z 共 3 个方向上输入载荷值。

⑤ 高级设置。单击 Advanced >> 按钮，将弹出高级定义选项，包括 Distribution（分布）和 Spatial Variation（空间变化规律）。

Distribution（分布）中包括 3 类：Total Load（总载荷）、Force per Unit Area（单位面积上的力）、Total Load at Points（载荷作用于点）。选择前两类时，在 Spatial Variation（空间变化规律）选项中包括 Uniform（均布）和 Function of Coordinates（坐标系的函数）；选择 Total Load at Points（载荷作用于点）时，需要选择作用点。

⑥ 设置完毕后单击 OK 按钮即可。

**2. 压力负荷**

压力载荷用于流体力、如液压力、气压力等。具体操作步骤如图 10-31 所示。

① 依次选择主菜单"插入"|"压力负荷"命令，弹出 Pressure Load（压力负荷）对话框，同时弹出选择菜单。

② 在 Name 框中输入载荷名称，在 Member of Set 框中输入或者新建一个载荷集。

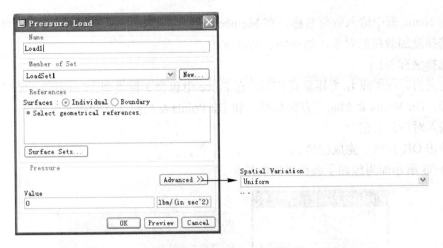

图 10-31 压力负荷定义

③ 选择要放置载荷的面，然后在 Value 框中输入载荷数值。

④ 单击 Advanced ≫ 按钮，将弹出高级定义选项，可以进一步定义载荷空间分布规律，包括 Uniform（均布）和 Function of Coordinates（坐标系的函数）。

⑤ 单击 OK 按钮完成创建。

**3．承载负荷**

承载负荷定义作用于圆孔上的力，如轴承孔、螺栓孔。具体操作步骤如图 10-32 所示。

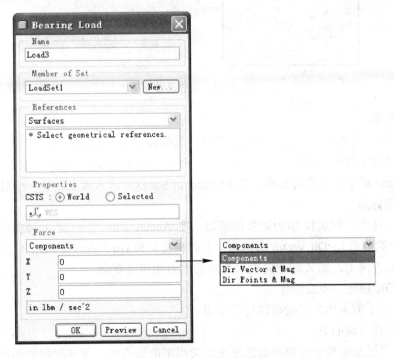

图 10-32 承载负荷定义

① 依次选择主菜单"插入"|"承载负荷"命令，弹出 Bearing Load（承载负荷）对话框。

② 在 Name 框中输入载荷名称，在 Member of Set 框中输入或者新建一个载荷集。

③ 选择施加载荷的对象，如曲面、边或曲线。

④ 选择坐标系。

⑤ 定义力。同加载力/力矩负荷相似，在 Force 中包含 3 种类型：Components（3 个坐标轴上的分力）、Dir Vector & Mag（方向和模）和 Dir Points & Mag（点和模）。

⑥ 输入对应的数值。

⑦ 单击 OK 按钮，完成创建。

图 10-33 所示即为施加了载荷以后的结果。

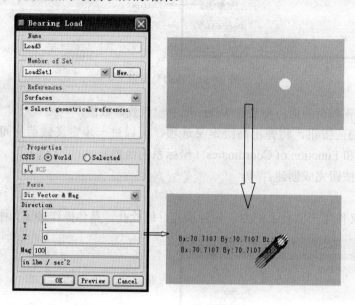

图 10-33　创建承载负荷

### 4．重力负荷

重力负荷用于模拟重力，指定重力加速度，具体操作步骤如图 10-34 所示。

① 依次选择主菜单"插入"|"重力负荷"命令，弹出 Gravity Load（重力负荷）对话框。

② 在 Name 框中输入载荷名称，在 Member of Set 框中输入或者新建一个载荷集。

③ 选择坐标系。

④ 定义加速度。同加载力/力矩负荷相似，在 Acceleration 中包含 3 种类型：Components（3 个坐标轴上的分力）、Dir Vector & Mag（方向和模）和 Dir Points & Mag（点和模）。

⑤ 在重力方向上，如 Z 轴方向输入对应的重力加速度数值。

⑥ 单击 OK 按钮，完成创建。

图 10-34 所示即为施加了载荷以后的结果。

### 5．离心负荷（离心力）

离心负荷通过指定角速度和角加速度来定义模型的离心力。角速度和角加速度都可以通过 3 种方式指定：Components（3 个坐标轴上的分力）、Dir Vector & Mag（方向和模）、Dir Points & Mag（点和模）。具体操作步骤如图 10-35 所示。

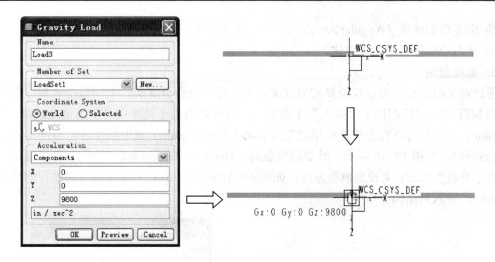

图 10-34 创建重力负荷

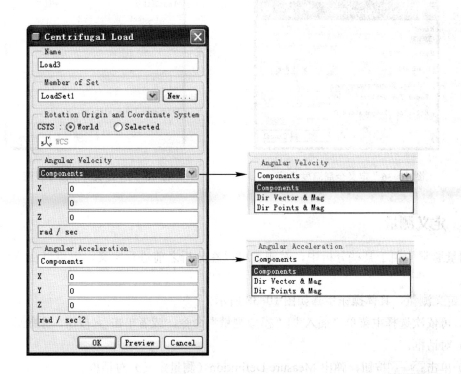

图 10-35 定义离心力

① 依次选择主菜单"插入"|"离心负荷"命令,弹出 Centrifugal Load(离心负荷)对话框。

② 在 Name 框中输入载荷名称,在 Member of Set 框中输入或者新建一个载荷集。

③ 通过 Rotation Origin and Coordinate System(属性)按钮选择旋转中心点及坐标系。

④ 定义角速度(Angular Velocity),输入在 X、Y、Z 方向上的角速度值。

⑤ 定义角加速度（Angular Acceleration），输入在 X、Y、Z 方向上的角加速度值。

⑥ 单击 OK 按钮，完成创建。

**6．温度载荷**

通过定义温度载荷可以模拟真实的温度环境。温度载荷分 3 类：全局温度载荷、外部温度载荷和 MEC/T，它们都位于"插入"主菜单的"温度载荷"子菜单中。全局温度载荷（Global Temprature Load）可以直接设置模型温度（Model Temperature）类型以及环境温度（Reference Temperature），如图 10-36 所示；外部温度载荷（External Temperature Load）可以通过读取外部文件（类型为*.fnf）来设定模型温度，如图 10-37 所示。MEC/T 可以将预先进行的热分析结果作为输入导入到结构分析中。

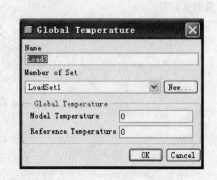

图 10-36 定义全局温度载荷

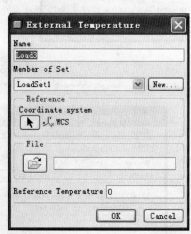

图 10-37 定义外部温度载荷

### 10.5.3 定义测量

测量通常应用于某些分析中，对测量可以在分析之前进行定义，也可以在分析以后进行定义。

要定义测量，具体操作步骤如图 10-38 所示。

① 可依次选择主菜单"插入"|"模拟测量"命令，或者单击 ⊘ 按钮，系统弹出 Measure（测量）对话框。

② 单击 New 按钮，弹出 Measure Definition（测量定义）对话框。

测量的种类（Quantity）包括 Stress（应力）、Strain（应变）、Displacement（位移）、Velocity（速度）、Acceleration（加速度）、Force（力）等多个。对应不同的测量种类，在 Component 中列出对应的可测量的数值，如对应 Stress，有如下数值可以测量：Von Mises、Max Shear、Max Principal、Min Principal 等。

③ 设置后单击 OK 按钮，返回到 Measure（测量）对话框，通过 Show Predefined Measures（显示预定义测量）选项来显示测量信息，并可以进行编辑、删除等操作。

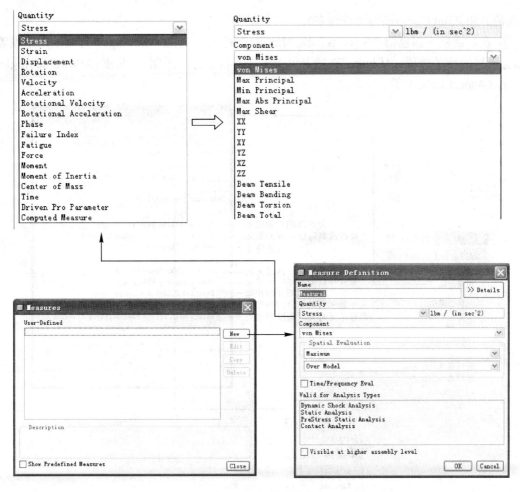

图 10-38　测量定义

# 10.6　网 格 划 分

网格划分是有限元分析过程中重要的一环，往往需要花费整个分析过程的大部分时间，Pro/Mechanica 中集成模式下采用了 AutoGEM（自动划分网格）的手段，大大减轻了人工的耗费。

Pro/Engineer 中有关网格划分的命令在主菜单"自动几何"下，有关网格划分的具体操作步骤如下。

（1）网格设置

具体操作步骤如图 10-39 所示。

① 依次选择主菜单"自动几何"|"设置"命令，弹出 AutoGEM Settings（自动划分网格设置）对话框。

② 在对话框上部设置单独划分的特征项，包括 Reentrant Corners（陷入角）、Point Loads

（点载荷）和 Point Constraints（点约束）。

③ 在对话框下部包括"Settings"和"Limits"两个选项卡。"Settings"选项卡用于设置自动划分网格的相关选项。"Limits"选项卡用于设定网格划分的限制，如角度（Allowable Angles）、长宽比（Aspect Ratio）等。

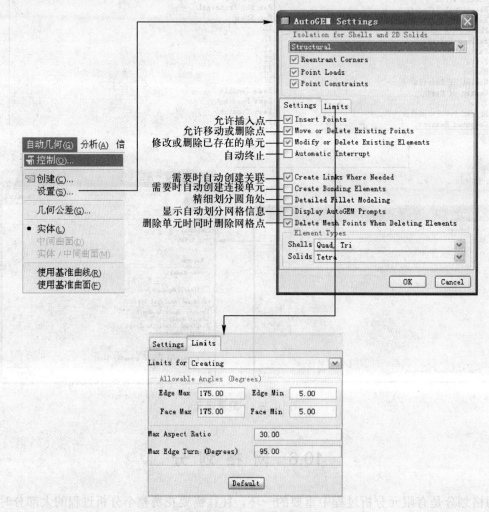

图 10-39　自动划分网格设置

（2）网格控制

具体操作步骤如图 10-40 所示。选择主菜单"自动几何"|"控制"命令，弹出 AutoGEM Control（自动划分网格控制）对话框。设置 Type（类型）、References（参照）、Properties（特性）等选项。

（3）网格创建

具体操作步骤选择主菜单"自动几何"|"创建"命令，弹出 AutoGEM（自动划分网格）对话框，如图 10-40 所示。对应 References（参照）下拉列表中选择的 Volume（体）、Surface（面）、Curves（线）或 All with Properties（所有特征），选择相应的参照。

单击 Create 按钮，网格生成，并弹出 AutoGEM Summary（自动划分网格统计信息）对话框，列出网格的所有信息。

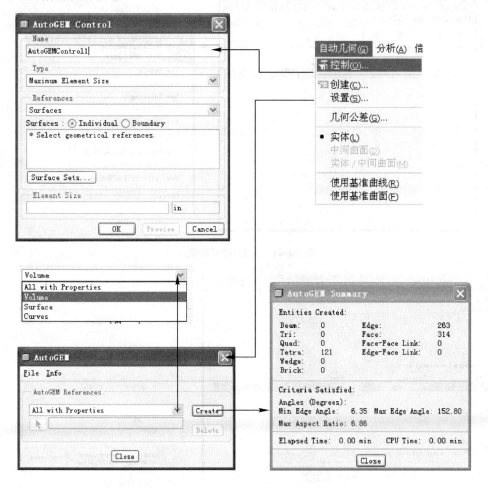

图 10-40　自动网格划分生成

## 10.7　分析/研究

在完成材质分配、理想化、定义约束、载荷，生成网格后，即可进行 Pro/Mechanica 的分析与研究。

选择主菜单"分析"|"Mechanica 分析/研究"命令，或者单击 按钮，弹出 Analyses and Design Studies（分析与设计研究）对话框，如图 10-41 所示。选择 File（文件）菜单，其中列出了 Pro/Mechanica 能进行的分析/研究。

### 10.7.1　Static

可以根据约束、载荷等条件计算模型的应力和应变。有关静态分析的具体操作步骤如图

10-42 所示。

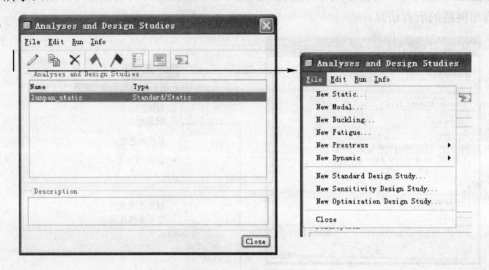

图 10-41 分析/研究种类

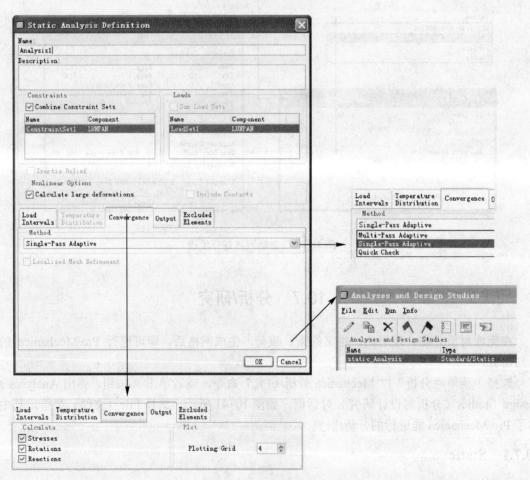

图 10-42 静态分析过程

① 在 Analyses and Design Studies（分析与设计研究）对话框中依次选择菜单 File（文件）|New Static（新静态分析）命令，弹出 Static Analysis Definition（静态分析定义）对话框。

其中包含 5 个选项卡，对静态分析而言，只有"Convergence（收敛方式）"、"Output（输出）"两个可用。

② 选择收敛方式。在"Convergence（收敛方式）"选项卡中，列出了 Mechanica 提供的 3 种收敛方式。

a. Single-Pass Adaptive——先使用低阶多项式完成一次计算，估算出结果的精度后，再针对问题的单元提高阶数再计算一次。

b. Multi-Pass Adaptive——多次计算，每次都提高问题单元的阶数，达到设置的收敛精度或最高阶数时为止。

c. Quick Check——快速检验，用于检查模型中可能存在的错误。

③ 在 Output（输出）选项卡中设置计算对象以及绘网格质量。

④ 在 Analyses and Design Studies（分析与设计研究）对话框中选中新建立的静态分析，单击 ▲ 按钮，开始执行静态分析。

## 10.7.2 Modal

模态分析用于计算模型的自然频率和模态形状，也可以在动态分析过程中进行模态分析，以获得模型随时间震动载荷发生的响应自然频率。有关模态分析的具体操作步骤如图 10-43 所示。

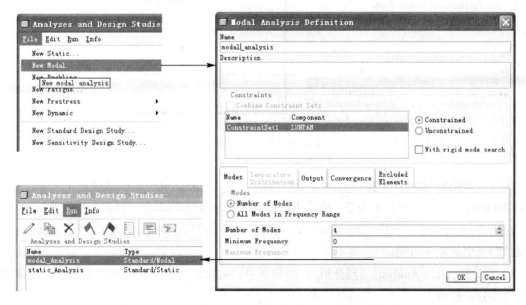

图 10-43　模态分析过程

① 在 Analyses and Design Studies（分析与设计研究）对话框中依次选择菜单 File（文件）|New Modal（新模态分析）命令，弹出 Modal Analysis Definition（模态分析定义）对话框。

包括 5 个选项卡，其中"Modes（模态）"、"Output（输出）"、"Convergence（收敛）"3 个选项卡可用。

② 在"Modes（模态）"选项卡中，可以设置 Number of Modes（模态阶数）、Minimum Frenquency（最小频率）。

③ "Output（输出）"以及"Convergence（收敛）"选项卡与 Static（静态分析）过程中相同。

④ 在 Analyses and Design Studies（分析与设计研究）对话框中选中新建立的模态分析，单击▲按钮，开始模态分析。

### 10.7.3　Buckling

分析模型在受力时产生的翘曲形变的位移及应力。在进行翘曲分析前，首先要进行静态分析。有关翘曲分析的具体操作步骤如图 10-44 所示。

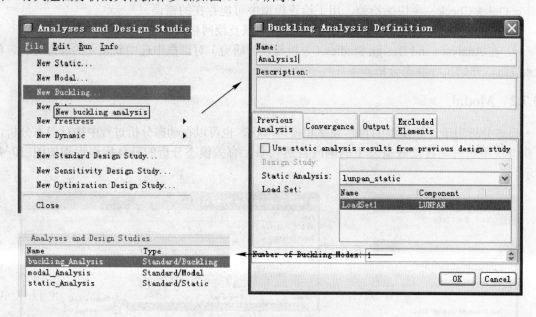

图 10-44　翘曲分析过程

① 在 Analyses and Design Studies（分析与设计研究）对话框中依次选择菜单 File（文件）|New Buckling（新翘曲分析）命令，弹出 Buckling Analysis Definition（翘曲分析定义）对话框。

包括 5 个选项卡，其中"Previous Analysis（预分析）"、"Output（输出）"、"Convergence（收敛）"三个选项卡可用。

② 在"Previous Analysis（预分析）"选项卡中，可以选择预先进行的静态分析，载荷分布以及翘曲分析阶数。

③ "Output（输出）"以及"Convergence（收敛）"选项卡与 Static（静态分析）过程中相同。

④ 在 Analyses and Design Studies（分析与设计研究）对话框中选中新建立的翘曲分析，单击▲按钮，开始翘曲分析。

### 10.7.4　Prestress Static/Modal

Prestress Static 用于模拟在预应力条件下模型的变形、应力、应变，Prestress Modal 用于模拟在预应力条件下模型的模态变化。在 Prestress Static/Modal（预应力静态/模态）分析前，同样也需要先进行静态分析。有关 Prestress Static（预应力静态分析）的具体操作步骤如图 10-45 所示。

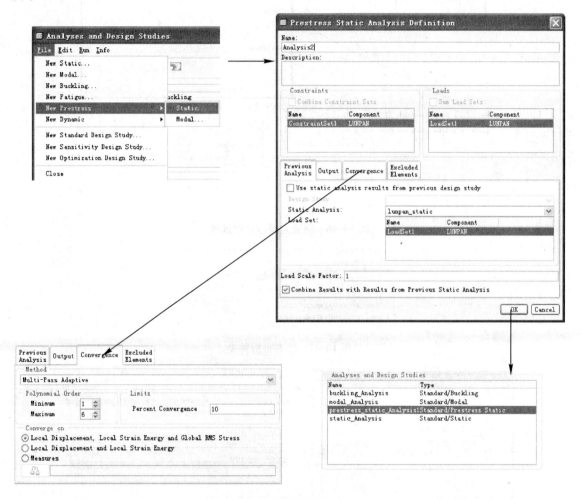

图 10-45　预应力静态分析过程

有关 Prestress Modal（预应力模态分析）的具体操作步骤如图 10-46 所示。

### 10.7.5　Dynamic

动态分析包括 4 类：Time、Frequency、Shock 和 Random，如图 10-47 所示。在进行动态分析前，首先需要进行模态分析。

有关 Dynamic Time Analysis（动态时间分析）的具体操作步骤如图 10-48 所示。

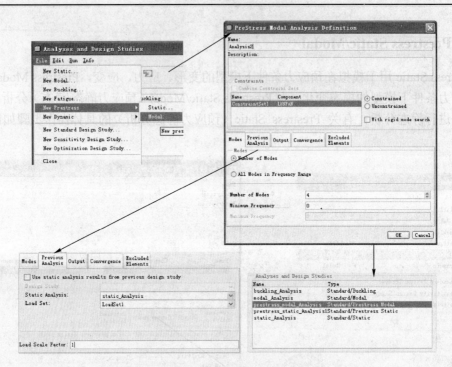

图 10-46 预应力模态分析过程

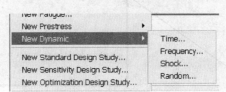

图 10-47 动态分析种类

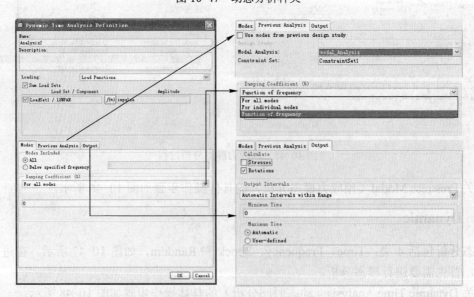

图 10-48 动态时间分析过程

Dynamic Frenquency Analysis（动态频率分析）的对话框如图 10-49 所示。具体操作步骤与动态时间分析过程类似。

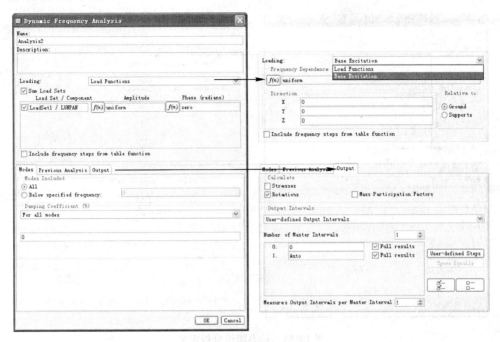

图 10-49　动态频率分析定义

Shock Analysis（动态激励分析）的对话框如图 10-50 所示。具体操作步骤与动态时间分析过程类似。

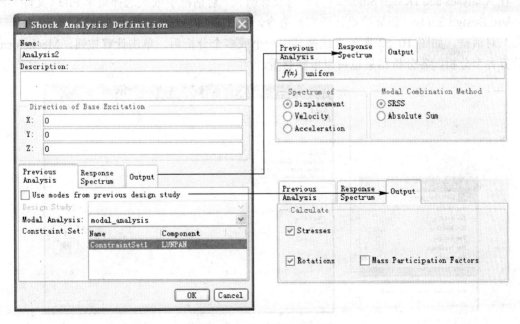

图 10-50　动态激励分析定义

Dynamic Random Analysis（动态随机分析）对话框如图 10-51 所示。具体操作步骤与动态时间分析过程类似。

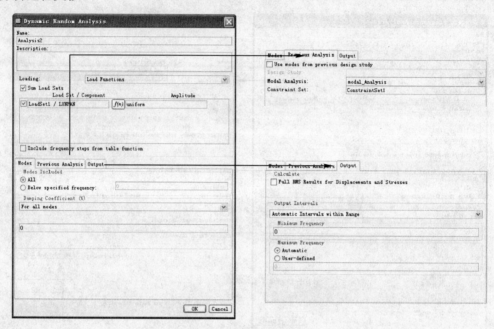

图 10-51　动态随机分析定义

## 10.7.6　Standard Design Study

在 Analyses and Design Studies（分析与设计研究）对话框中依次选择菜单 File（文件）|New Standard Design Study（新标准设计研究）命令，系统弹出 Standard Study Definition（标准研究定义）对话框，如图 10-52 所示，选择其中一个或多个分析后，单击计算按钮，Mechanica 单独计算各个分析，各分析结果也可以单独察看。

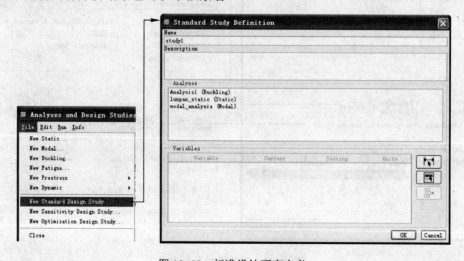

图 10-52　标准设计研究定义

### 10.7.7    Sensitivity Study

灵敏度分析用以判断参数同设计目标之间的关系，分为 Global Sensitivity（全局灵敏度）分析和 Local Sensitivity（局部灵敏度分析）。Global Sensitivity 能设置参数变化的阶数，Local Sensitivity 则相对简单，不能设置参数变化的阶数。有关 Sensitivity Study（灵敏度分析）的具体操作步骤如图 10-53 所示。

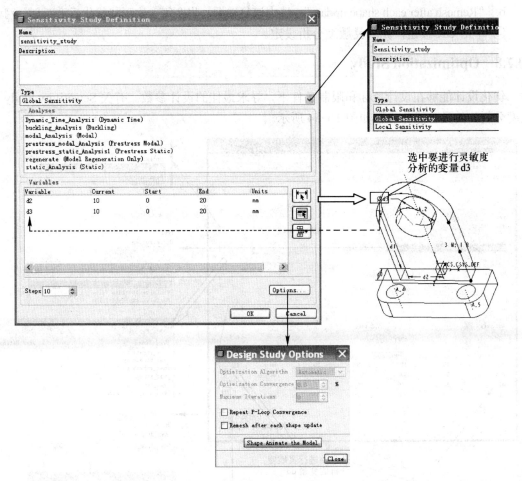

图 10-53    灵敏度分析过程

① 在 Analyses and Design Studies（分析与设计研究）对话框中依次选择菜单 File（文件）|New Sensitivity Study（新灵敏度分析）命令，系统弹出 Sensitivity Study Definition（灵敏度分析定义）对话框。

② 对话框中设置包括如下选项。

a. Type：确定是 Global Sensitivity（全局灵敏度）分析还是 Local Sensitivity（局部灵敏度分析）。

b. Analyses：从列表中选择一个或多个分析。

c. Variables：单击 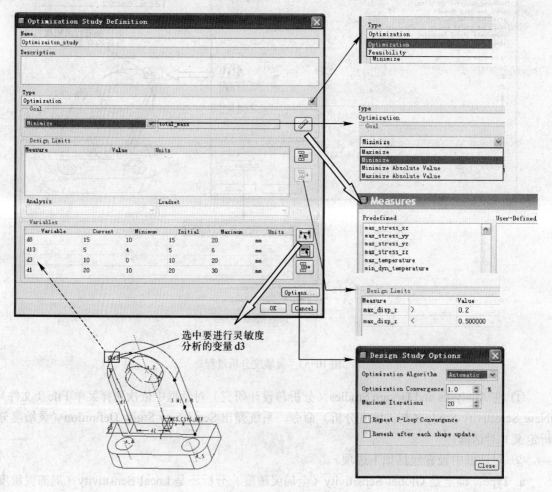 或 按钮，从模型中选择尺寸作为设计研究所需要的变量。

d. Steps：参数变化的阶数，Mechanica 按给定的阶数将参数分为多个等分，可以给定 1~999 范围内的阶数，默认值为 10。

③ 单击 Options 按钮，指定设计研究时附加的选项，包括以下两种。

a. "Repeat P-Loop Convergence"：选中该复选框，将使用增加单元内插值多项式的阶数来达到精度要求，但同时也会消耗更多的计算时间。

b. "Remesh after each shape update"：选中该复选框，将在每一次形状优化后重新划分网格。

④ 单击 OK 按钮，完成灵敏度分析设定。

## 10.7.8　Optimization Study

优化设计能够在设计目标和限制条件下，寻求最佳的设计参数。有关 Sensitivity Study（灵敏度分析）的具体操作步骤如图 10-54 所示。

图 10-54　优化设计过程

① 在 Analyses and Design Studies（分析与设计研究）对话框中依次选择 File（文件）|New

Optimizaiton Study（新的优化分析）命令，系统弹出 Optimization Study Definition（优化分析定义）对话框。

② 在 Optimization Study Definition（优化分析定义）对话框中，设置包括如下选项。

a. Type：选择优化类型，分为两种：Optimization 和 Feasibility。选择 Optimization 时，自动要求指定优化目标，如果不指定优化目标，则需要定义限制条件；选择 Feasibility 时，必须要指定设计限制条件。

b. Goal：优化目标，Mechanica 提供 3 种优化目标：Maximize（最大值）、Minimize（最小值）、Maximize Absolute Value（最大绝对值）、Minimize Absolute Value（最小绝对值）。

③ 设定优化对象。单击 按钮，系统弹出 Measures（测量）对话框，Predefined 中包含 Mechanica 中预定义的一些优化目标，用户自定义的测量也列于 User-Defined 中。

④ 设计限制条件。单击其中的 按钮，同样弹出"测量"对话框。选择某个测量，比如 Max_disp_z 作为限制条件后，单击 OK 按钮，将在 Design Limits 中插入一行，可以设定限制条件为 ">"、"="、"<"，在 "Value" 中给出要限制的范围值。

单击 按钮，可以将选中的限制条件删除。

⑤ 设置 Variables。单击 或 按钮，从模型中选择尺寸作为设计研究所需要的变量，给定变化范围。

⑥ 单击 Options 按钮，指定设计研究时附加的选项，各项含义如下。

a. Optimization Algorithm：指定 Mechanica 所采用的优化算法。

b. Optimization Convergence：指定优化收敛的精度百分比。

c. Maximum Iterations：指定优化过程中最大的迭代次数。

d. Repeat P-Loop Convergence：选中该复选框，将使用增加单元内插值多项式的阶数来达到精度要求，但同时也会消耗更多的计算时间。

e. Remesh after each shape update：选中该复选框，将在每一次形状优化后重新划分网格。

⑦ 单击 OK 按钮，完成优化设计设定。

## 10.8　运行及分析

本小节介绍运行设置及结果分析等内容。

### 10.8.1　运行设置

在运行之前，可以对运行的结果输出格式、内存占用情况等进行设置，从而达到优化运行的目的。

单击 Analyses and Design Studies 对话框中 按钮，弹出如图 10-55 所示的 Run Settings（运行设置）对话框，可以对运行进行设置，其中包含如下选项。

① Directory for Output Files——指定输出文件的路径。

② Directory for Temporary Files——指定临时文件的路径。

③ Elements——指定有限元单元，包含以下 3 类。

a. Use Element from Existing Mesh Files：使用单独创建的网格。

b. Create Elements during Run：运行过程中创建网格。

c. Use Elements from an Existing Study：使用已有的网格。

如果选择 override Defaults 选项，则可以采用后两种方式进行创建。

④ Output File Format——输出格式。

⑤ Solver Settings——运算设置，可以为运算分配内存大小（不超过物理内存大小），以及指定迭代求解的最大次数。

## 10.8.2　运行

按照上一节及上面的内容完成各项设置后，单击 ❤ 按钮，Mechanica 开始运行分析/研究。系统首先弹出提示框，询问是否要进行错误监测，如图 10-56 所示。

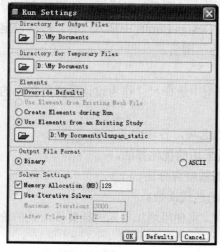

图 10-55　运行设置　　　　　　　　　　　　图 10-56　执行错误监测提示框

单击"是"按钮开始运行。此时，单击 ▦ 按钮，系统弹出运行状态信息显示窗口，如图 10-57所示，在该窗口可以观察运行过程。

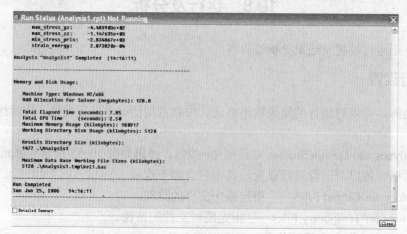

图 10-57　运行状态信息窗口

### 10.8.3  分析结果

完成分析/研究后,可以获得并查看分析结果。有关分析结果查看的具体操作步骤如图 10-58 所示。

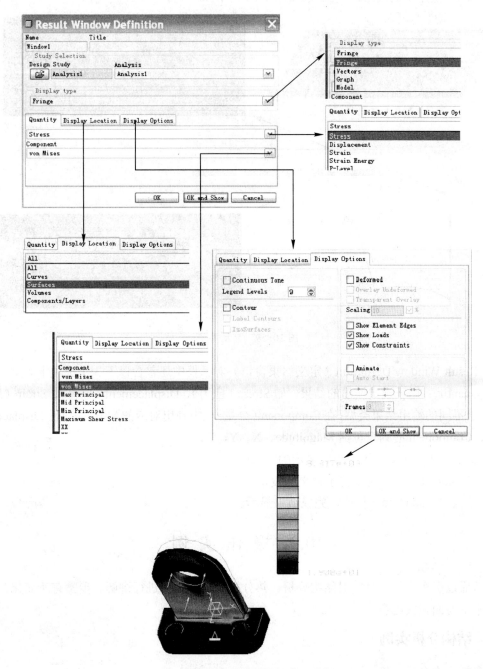

图 10-58  定义结果显示窗口过程

① 单击 按钮,弹出 Result Window Definition (定义结果窗口) 对话框。

② 设定 Result Window Definition（定义结果窗口）对话框中如下选项。

a. Study Seleciton：选择设计研究结果。

b. Display type：选择显示类型，包含 4 种：Fringe（边缘）、Vectors（矢量）、Graph（图形）、Model（模型）。各种类型的显示如图 10-59 所示。

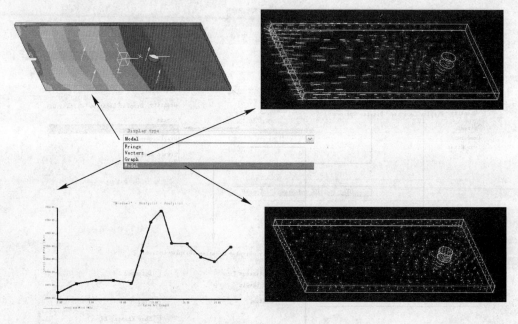

图 10-59　显示类型

③ Result Window Definition（定义结果窗口）对话框中还包含以下 3 个选项卡。

a. Quantity：用于设定输出的结果，如 Stress（应力）、Displacement（位移）、Strain（应变）等。对应于不同的输出结果类型，在 Component（分量）栏中列出对应的数值，如对应 Displacement（位移），Component 的列表包括 Magnitude、X、Y、Z。

b. Display Location：用于设定显示的对象。

c. Display Options：用于显示效果的设定。

④ 单击 OK and Show 按钮，完成结果显示。

# 10.9　操作实例

本节通过多个实例，分别对结构分析、热分析的操作过程进行讲解。步骤有所简化，请读者参见本章前面相关内容。

## 10.9.1　结构分析实例

### 轮盘的受力分析

如图 10-60 所示，轮盘在小凸台处固定，在小孔处受承载负荷，方向沿 X 负方向，大小为

500 lbm/in$^2$，在轮盘内表面受压力，大小为 1000 lbm/in$^2$，进行
受力分析。

（1）打开文件并简化模型

① 选择主菜单"文件"|"设置工作目录"命令，选择 ch8
为当前工作目录并确定。

② 打开文件 lunpan.prt，如图 10-60 所示。由于模型为镜
像对称，因此可以进行简化处理。

③ 将该模型实体化，如图 10-61 所示。

图 10-60　轮盘模型

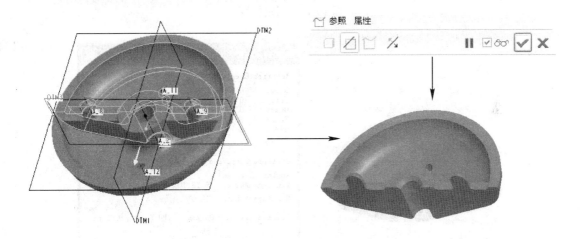

图 10-61　简化模型

选取 DTM3 基准面，然后依次选择主菜单"编辑"|"实体化"命令，系统弹出"实体化"
操控板，同时显示将要去除部分箭头。单击✓按钮，完成实体化处理。

（2）划分网格

① 选择主菜单"应用程序"|Mechanica 命令，选择 Structure 选项，单击"确定"按钮。

② 给模型指定材料，如图 10-62 所示。依次选择主菜单"属性"|"材料分配"命令，系
统弹出 Material Assignment 对话框，选择 STEEL 选项，单击 OK 按钮。

③ 划分网格。选择主菜单"自动几何"|"创建"命令，在弹出的对话框中单击 Create 按钮，
模型被自动划分网格，划分结束模型显示如图 10-63 所示，同时弹出 AutoGEM Summary 对话
框，统计出网格信息。单击 Close 按钮，弹出是否要保存网格提示窗口，单击 是(Y) 按钮。

（3）添加约束和载荷

① 添加约束，如图 10-64 所示。

a. 单击 按钮，选择镜像对称面，单击 OK 按钮，完成对称面的约束设置。

b. 单击 按钮，选择小凸台表面，使用默认设置（即完全固定），单击 OK 按钮。

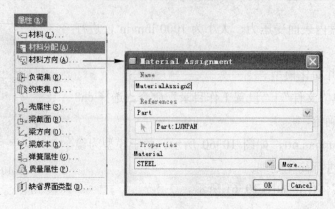

图 10-62　指定材料

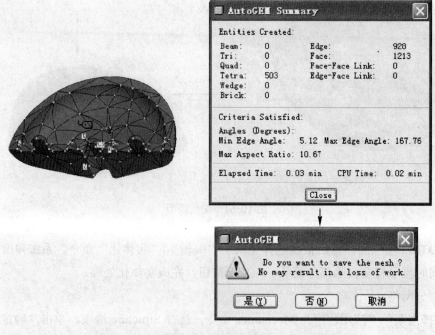

图 10-63　网格划分

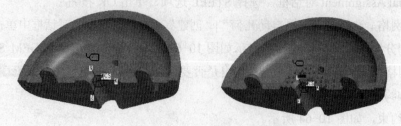

图 10-64　添加对称约束与面约束

② 添加载荷，如图 10-65 所示。

a. 添加作用于轮盘内表面的压力。单击 ▣ 按钮，选择轮盘内表面，在 Value 框中输入 1000，单击 OK 按钮。

b. 给小孔添加承载负荷。单击 按钮，选择小孔内表面，在 Force 的 X 文本框中输入-500，单击 OK 按钮。

图 10-65　添加压力载荷与承载负荷

（4）运行静态分析

① 单击 按钮，依次选择 File|New Static 命令。

② 在弹出的 Static Analysis Definition 对话框中进行如下设置。

a. 在 Name 中输入名称 lunpan_static。

b. 选择 Convergence 选项卡，选择 Method 为 Multi-Pass Adaptive，单击 OK 按钮。

③ 单击 按钮，继续单击 是(Y) 按钮，单击 按钮，显示运行过程，然后单击 Close 按钮关闭。

（5）查看结果

结果如图 10-66 所示。

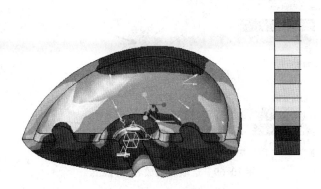

图 10-66　分析结果

单击 按钮，在弹出的 Result Window Definition 对话框中进行如下设置。

① Display type：Fringe。

② Quantity 选项卡：选择 Stress 选项，Component 下拉列表选择 Von Mises 选项。

③ Display Options 选项卡：选中 Continuous Tone、Deformed 和 Animate 复选框，单击 OK and Show 按钮。

**组件的应力/模态分析**

组件如图 10-67 所示，U 型钢零件 bar 底部固定，上部零件 frame 侧面受力，大小为 10lbm/ in$^2$

方向，方向如图 10-67 所示。此外，在 frame 上侧角 a、b 处作用弹簧和质点 c 处相连。下面准备对组件进行应力分析和模态分析。

（1）打开 bar.prt 文件并设置 Shell Pair

① 打开文件 bar.prt，如图 10-68 所示。

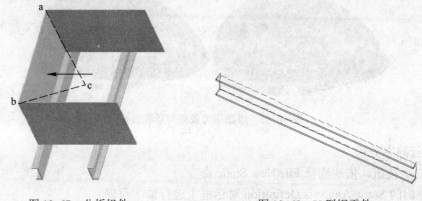

图 10-67　分析组件                      图 10-68　U 型钢零件

② 选择主菜单"应用程序"|Mechanica 命令，单击 Continue 按钮，然后单击 确定 按钮，直接进入结构分析环境。

③ 单击 ⓜ 按钮，弹出 MIDSURFACES 菜单，选择 3 对平面组成 Shell Pair，如图 10-69 所示。

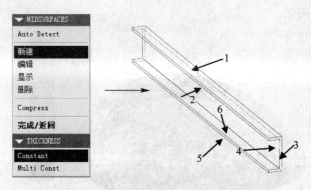

图 10-69　选取面组成 Shell Pairs

a. 选中 top 面 1、2（按 Ctrl 键），按鼠标中键。

b. 选中 right 面 3、4（按 Ctrl 键），按鼠标中键。

c. 选中 bottom 面 5、6（按 Ctrl 键），按鼠标中键。

④ 编辑 Shell Pair，如图 10-70 所示。

a. 在 MIDSURFACES 菜单中选择"编辑"命令，弹出"修改对"菜单。选择"对放置"命令，单击创建的第一个 Shell Pair（top 面上），系统弹出"对放置"菜单。选中"红色"复选框。

b. 在 MIDSURFACE 菜单中选择 Compress|Shell Only|"显示压缩"|"完成/返回"命令。

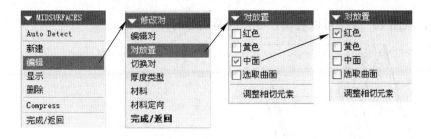

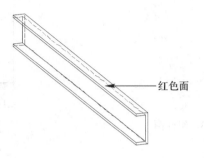

图 10-70 编辑 Shell Pair

（2）打开 frame.prt 文件并设定 Shell Pair

① 打开 frame.prt 零件，如图 10-71 所示。

② 依次选择主菜单"应用程序"|Mechanica 命令，单击 Continue 按钮，继续单击 确定 按钮，进入结构分析环境。

③ 单击 ⑯ 按钮，弹出 MIDSURFACES 菜单，选择 Auto Detect 项，此时系统自动选取中间面，如图 10-72 所示。

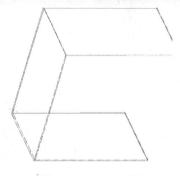

图 10-71 frame 零件

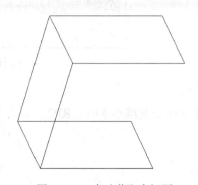

图 10-72 自动获取中间面

（3）打开 bar_frame.asm 文件并设定 Shell Pair

① 打开 bar_frame.asm 零件，如图 10-73 所示。

② 进入结构分析环境。

③ 选择主菜单"插入"|"中间面"命令，在弹出的 MIDSURFACES 菜单中依次选择 Compress|Shell Only|"显示压缩"命令。

④ 调整视图方向，观察零件间是否接触。单击 ⬚ 按钮，选择 Front 选项，组件显示如图

10-74 所示。从图 10-74 中可以看出，零件间是接触的。

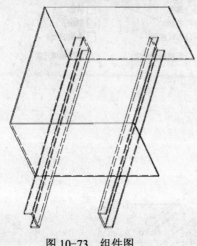

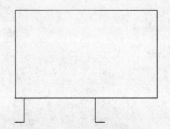

图 10-73  组件图                    图 10-74  中间面前视图

（4）设定质量及弹簧

① 定义质量。单击 按钮，弹出 Mass Definition 对话框，如图 10-75 所示设置各项。

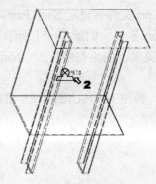

图 10-75  定义质量

② 建立弹簧。

a. 建立两个基准点 RP1、RP2，如图 10-76 所示。

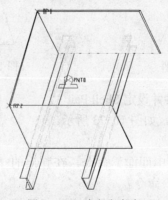

图 10-76  建立参考点

b. 单击 ≣ 按钮, 弹出 Spring Definition 对话框, 如图 10-77 所示设置各项。

（5）设定约束及载荷

① 单击 ▲ 按钮, 弹出 Constraint 对话框, 如图 10-78 所示设置各项。

② 单击 ├ 按钮, 弹出 Force/Moment Load 对话框, 如图 10-79 所示设置各项（为清楚起见, 隐去 Mass 及 Spring）。

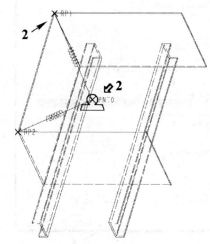

图 10-77　定义弹簧

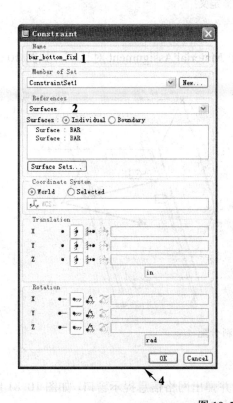

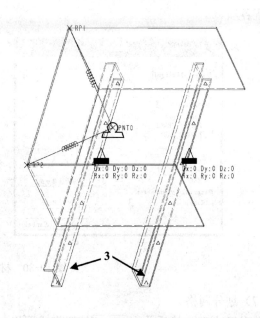

图 10-78　约束定义

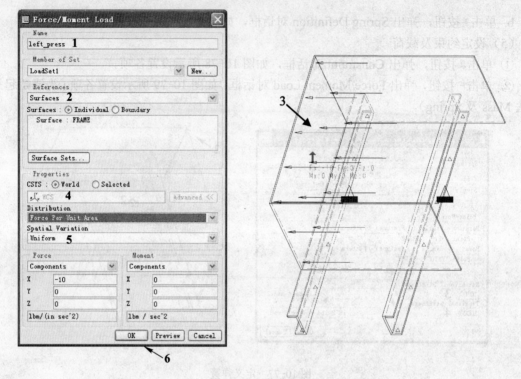

图 10-79　载荷定义

（6）指定材料

选择主菜单"属性"|"材料分配"命令，弹出 Material Assignment 对话框，如图 10-80 所示设置各项。

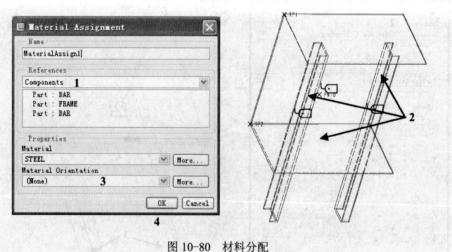

图 10-80　材料分配

（7）划分网格

单击 ⊞ 按钮，然后单击 Create 按钮生成网格，并弹出网格信息提示窗口，如图 10-81 所示。单击 Close 按钮，弹出提示是否保存网格窗口，确定保存。

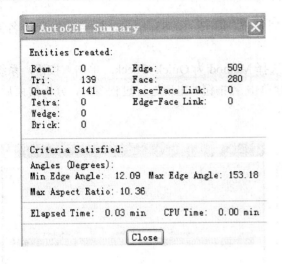
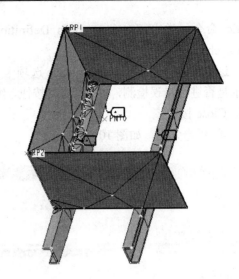

图 10-81　生成网格

（8）定义测量

具体操作步骤如图 10-82 所示。

单击 ✎ 按钮，继续单击 New 按钮，弹出 Measure Definition 对话框，按图 10-82 设置各项并确定。

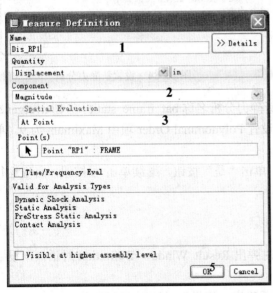
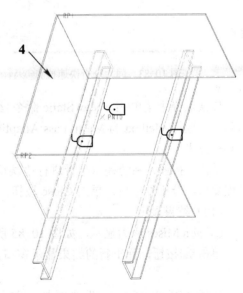

图 10-82　定义测量

（9）执行静力分析

① 单击 ▣ 按钮，在弹出的 Analysis and Design Studies 对话框中依次选择主菜单 File|New

Static 命令，弹出 Static Analysis Definition 对话框，如图 10-83 所示，给定静力分析名称 quick_check。

进行快速检查。在 Convergence 选项卡中选择 Method 为 Quick Check。单击 ▲ 按钮，系统提示是否进行错误检测，单击"是"按钮，继续单击 ▤ 按钮，出现运行过程窗口，分析结束后，单击 Close 按钮。

② 新建分析，如图 10-84 所示。

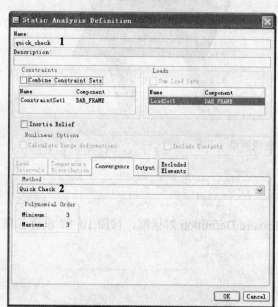

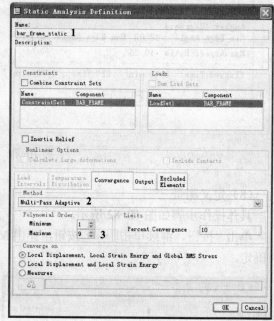

图 10-83　静力分析快速检查　　　　　　　图 10-84　设置新静力分析

依次选择主菜单 File|New Static 命令。给定新静力分析名称 bat_frame_static，在 Convergence 选项卡中选择 Method 为 Multi-Pass Adaptive，设置 Polynominal Order 项中 Maximum 为 9。单击 OK 按钮。

单击 ▲ 按钮，系统提示是否进行错误检测，单击"是"按钮，继续单击 ▤ 按钮，出现运行过程窗口，分析结束后，单击 Close 按钮。

（10）结果显示

① Von Mises 应力显示，如图 10-85 所示。

单击 ▨ 按钮，弹出新的结果显示窗口，同时弹出 Result Window Definition 对话框，设置各项。

选择"Display Options"选项卡，设置各项并确定，结果显示如图 10-85 所示。

② 自定义测量 Dis_RP1 的结果显示，如图 10-86 所示。

单击 ▨ 按钮，设置 Result Window Definition 对话框。

测量结果显示如图 10-87 所示。

（11）创建动态分析

① 为了进行动态分析，先删除 Spring 和 Mass，如图 10-88 所示。

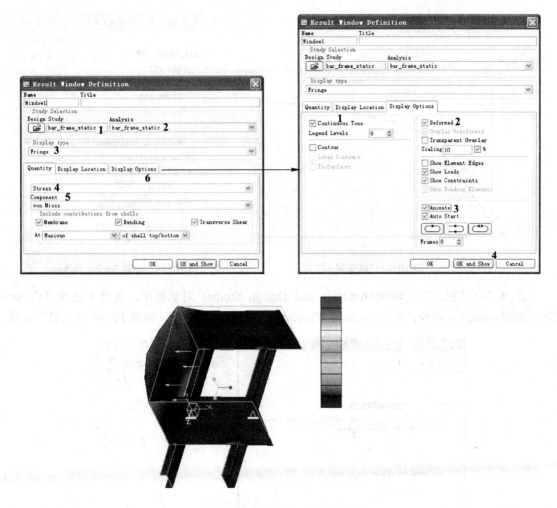

图 10-85 结果窗口定义及显示

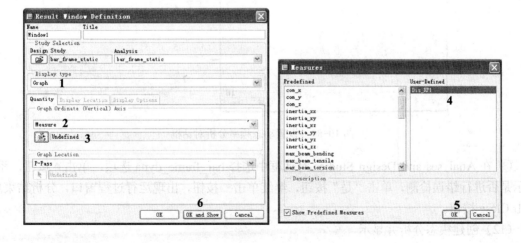

图 10-86 自定义测量结果显示

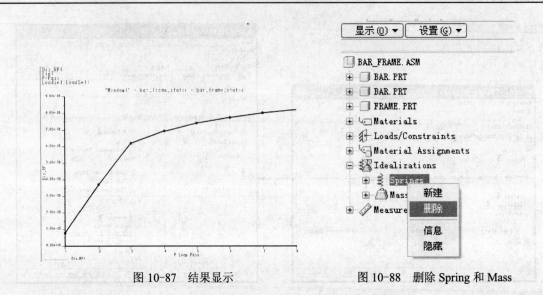

图 10-87　结果显示　　　　　　　　　　　图 10-88　删除 Spring 和 Mass

② 单击 按钮，在弹出的 Analysis and Design Studies 对话框中，选择主菜单 File|New Dynamic|Frequency 命令，弹出 Dynamic Frequency Analysis 对话框，如图 10-89 所示设置各项。

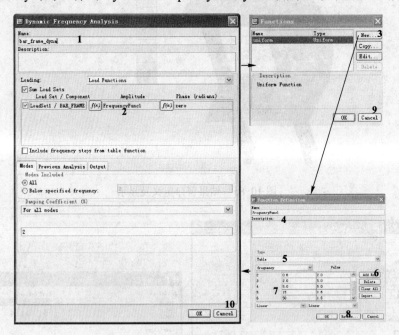

图 10-89　设置动态频率分析对话框

③ 在 Analyses and Design Studies 对话框中选择 bar_frame_dyna 选项，单击 按钮，系统提示是否进行错误检测，单击"是"按钮，继续单击 按钮，出现运行过程窗口，分析结束后，单击 Close 按钮。

（12）创建模态分析并显示

具体操作步骤如图 10-90 所示。

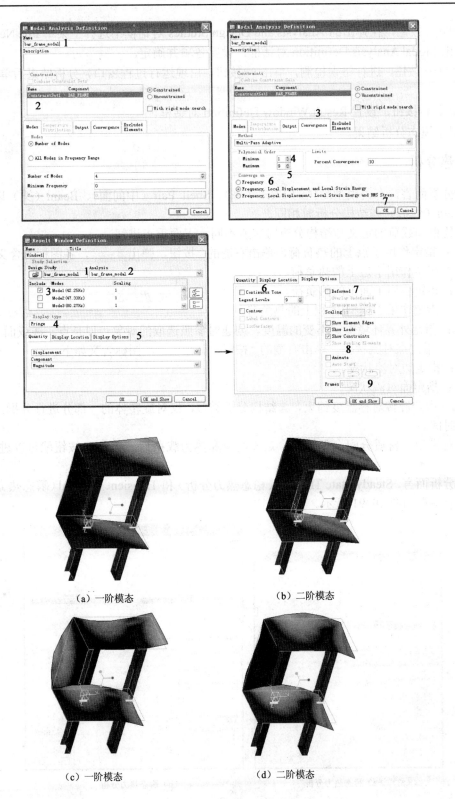

图 10-90 模态分析结果显示

　　① 单击 ⚄ 按钮，在弹出的 Analysis and Design Studies 对话框中选择主菜单 File|New Modal 命令，弹出 Modal Analysis Definition 对话框，设置各项并确定。

　　② 单击 ✦ 按钮，进行错误检测，单击 ▤ 按钮，出现运行过程窗口，分析结束后单击 Close 按钮。

　　③ 单击 ⤵ 按钮，设置 Result Window Definition 对话框。

　　④ 显示模态分析结果。

## 10.9.2　热分析

　　对热分析而言，有关模型简化的 Shell（壳）、Shell Pair（中间面）、Beam（梁）以及有关接触的 Weld（焊缝）与结构分析时相同。

　　有关约束和载荷的定义与结构分析时有所不同，下面重点讲解。

　　① ⚲：指定作用于点上的热负荷，单击右侧的 ▾ 按钮，弹出 ▰▰▰ ，各图标的含义如下。

　　a. ▱：指定作用于边上的热负荷。

　　b. ▰：指定作用于面上的热负荷。

　　c. ▱：指定作用于模型/体积上的热负荷。

　　② ▱：指定外界环境恒定不变的温度，创建时参照选取的对象可以是点、线或面。

　　③ ▱：指定点对流状况，单击右侧的 ▾ 按钮，弹出 ▱，图标含义如下。

　　a. ▱：指定边对流状况。

　　b. ▱：指定面对流状况。

　　④ ▱：指定旋转对称温度约束，与结构分析类似，仅对旋转体的一部分进行分析，以缩短分析运算时间。

　　完成对模型的材质分配、理想化、定义约束和热力载荷后，单击 ⚄ 按钮就可以进行分析/研究。

　　对热分析而言，Steady State Thermal（稳态热力分析）和 Transient Thermal（瞬态热力分析），两类分析对话框如图 10-91 所示。

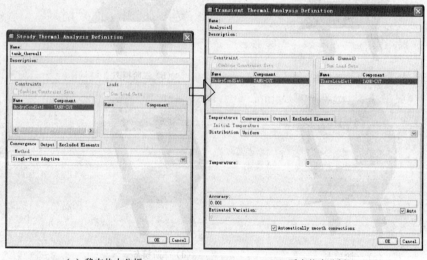

（a）稳态热力分析　　　　　（b）瞬态热力分析

图 10-91　热分析对话框

两类分析对话框中均含有"Convergence（收敛条件）"和"Output（输出）"两个选项卡。与结构分析相似，在稳态热力分析下"Convergence（收敛条件）"标签页中包含 3 类，如图 10-92 所示，但瞬态热力分析中则没有 Quick Check 选项。

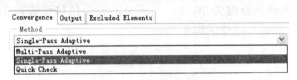

图 10-92　收敛条件列表

"Output（输出）"选项卡也有所不同，如图 10-93 所示，可以看出，对瞬态热力分析，除了要指定 Calculate 和 Plot 外，还需要进一步指定"Output Intervals（输出间隔）"以及"Time Range（输出时间范围）"。

（a）稳态热力分析

（b）瞬态热力分析

图 10-93　Output 标签页

对热研究而言，与结构分析类似，有 Standard Design Study（标准设计研究）、Sensitivity Design Study（灵敏度设计研究）、Optimization Design Study（优化设计研究）3 种，如图 10-94 所示，其操作设置过程也同结构分析相似。

图 10-94　热分析设计研究种类

**圆筒形罐温度分布**

如图 10-95 所示，一圆筒形的罐有一接管，罐外径为 3in，壁厚为 0.2in，接管外径为 1in，壁厚为 0.05in，罐与接管的轴线垂直。罐内流体温度为 450°F，与罐壁的表面传热系数为 1.74h·in$^2$·°F 接管内流体的温度为 70°F，与罐壁的表面传热系数为 2.96h·in$^2$·°F。罐和接管的材料均为 STEEL，求罐与接管的温度分布。

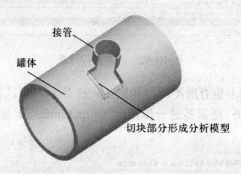

图 10-95　圆筒形罐结构示意图

（1）打开模型并简化

打开文件 tank.prt。由于接管模型为旋转对称，因此可以进行简化，选取接管的 1/4 并截取一段罐作为分析对象。简化后的模型如图 10-96 所示。将模型备份，名称为 tank_cut。

（2）分配材质

① 单击 按钮，在弹出的 Material Assignment 对话框中如图 10-97 所示设置各项。

② 单击 Material 栏的 More... 按钮，在弹出的 Material 对话框中选择 STEEL 并确定。

③ 选取简化模型 tank_cut。

④ 单击 OK 按钮。

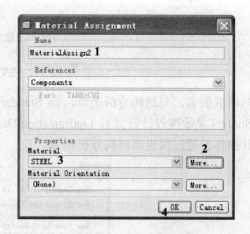

图 10-96　简化模型　　　　　　　　　　图 10-97　分配材料

（3）施加热载荷

① 定义接管热力载荷条件。

a. 选择主菜单"插入"|"对流条件"命令，或者单击 按钮，弹出 Convection Condition

对话框，如图 10-98 所示设置各项。

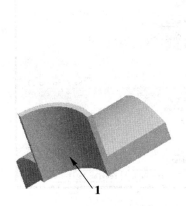
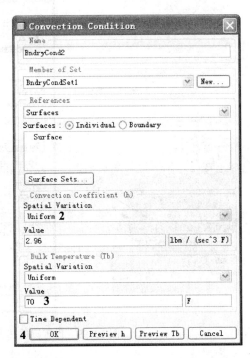

图 10-98　定义接管热力载荷

b. 选取接管内表面。

c. 在 Convection coefficient 栏中输入 2.96。

d. 在 Bulk Temperature 栏中输入"70"。

e. 单击 OK 按钮。

② 定义罐的热力载荷条件。

a. 选择主菜单"插入"|"对流条件"命令，或者单击 按钮，弹出 Convection Condition 对话框，按如图 10-99 所示设置各项。

b. 选取罐内表面。

c. 在 Convection coefficient 栏中输入 1.74。

d. 在 Bulk Temperature 栏中输入 450。

e. 单击 OK 按钮。

（4）划分网格

具体操作步骤如图 10-100 所示。

选择主菜单"自动几何"|"创建"命令，或者单击 按钮，弹出 AutoGEM 对话框，单击 Create 按钮，自动划分网格结果及信息窗口显示。

（5）运行分析并查看结果

① 选择主菜单"分析"|"Pro/Mechanica 分析/研究"命令，或者单击 按钮，弹出 Analyses and Design Studies 对话框。

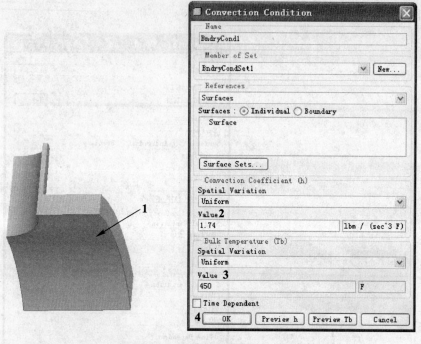

图 10-99　设置罐的热力载荷条件

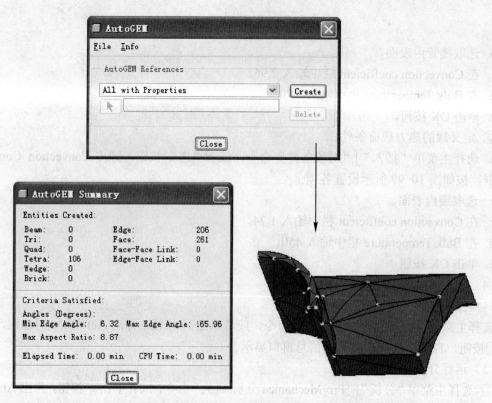

图 10-100　网格划分信息

② 依次选择主菜单 File|New Steady State Thermal 命令，弹出 Steady Thermal Analysis Definition 对话框，如图 10-101 所示设置各项。

③ 单击✦按钮，运行分析。

④ 单击▤按钮，查看运行过程。

⑤ 运行结束后，单击▱按钮，在打开的 Result Window Definition 对话框中选择 Display Options 选项卡，选中 Continuous Tone、Deformed 和 Animate 复选框，单击 OK and Show 按钮，显示结果如图 10-102 所示。

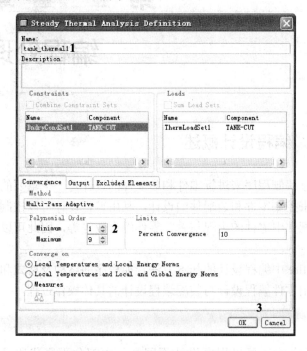

图 10-101　设置稳态热力分析

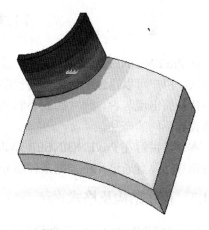

图 10-102　运行结果分析

# 第11章

## 编程处理

## 11.1 编程设计概述

在 Pro/ENGINEER Wildfire 中，通过编制程序来进行零件和装配件的设计是一个重要的设计方法，用户可以通过编辑简单的程序来控制零件和装配件的设计。利用编程设计可以控制零件中特征的出现与否、尺寸的大小和装配件中零件的出现与否、零件的个数等等，因此可以方便地设计不同的产品。

本章将讲解在 Pro/ENGINEER Wildfire 中编程设计的基本方法，如程序的结构及格式和常用语句等，并且通过几个实例来详细介绍零件编程设计与装配编程设计的具体操作过程。

### 11.1.1 程序结构及格式

Pro/ENGINEER 中的编程设计与通常的计算机程序设计不同，其大部分程序代码是由 Pro/ENGINEER 系统产生的，用户并不需要从头到尾地编写整个程序，而只需要对程序进行部分编辑即可。

由于大部分程序代码是由系统产生的，因此程序有严格、统一、规范的结构。在 Pro/ENGINEER 中，程序由 5 个部分构成，分别为程序标题、输入变量及提示信息、输入关系式、添加特征或零件、质量属性。图 11-1 为一段程序的基本结构。

下面分别对这 5 个部分内容进行介绍。

（1）程序标题

该部分列出了程序的版本信息、修正次数以及模型名称等。

（2）输入变量及提示信息

该部分用于设置输入变量及提示信息，其格式如下：

```
INPUT
变量名称    变量数值类型
提示行
END INPUT
```

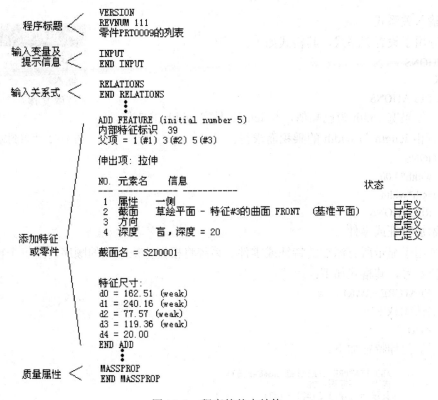

图 11-1 程序的基本结构

其中变量必须说明其名称及类型，变量名称以字母开始，由用户定义。变量值类型有 3 种，分别为 Number（数值型）、String（字符型）和 Yes_No（逻辑型），提示信息需要加上双引号" "。例如：

```
INPUT
hole_diameter    Number
"Enter diameter for the hole"
include_hole    Yes_No
"Do you want to keep a hole ? "
part2_id    String
"Enter the part2's id= "
END    INPUT
```

该部分中定义了 3 个参数名：hole_diameter、include_hole、part2_id，其参数类型分别是 Number、Yes_No、String。

**解释**

当编辑完程序时，系统会弹出"得到输入"菜单，它有 3 个选项，如图 11-2 所示。

① 当前值：该选项表示采用模型中现有的参数值，不需要输入任何参数值。

② 输入：该选项表示要求输入参数值，系统将用户输入的数值代入模型中，以改变模型的造型。

③ 读取文件：该选项表示从文件中读入参数值。

（3）输入关系式

此部分用于设置关系式，其格式如下：

RELATIONS

关系式

END　RELATIONS

例如：如果宽 width 为已知值，长 length 是宽 width 的 3 倍，面积 area 则由 length 与 width 的乘积而求得：

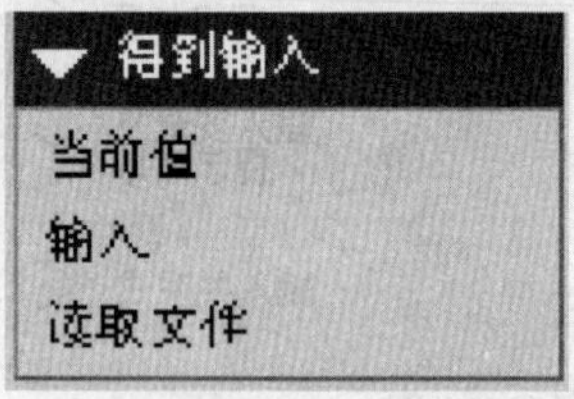

图 11-2　"得到输入"菜单

RELATIONS

length=width*3.00

area=length*width

END　RELATIONS

（4）添加特征或零件

该部分用于显示所有添加的特征或零件。系统将根据特征添加的顺序，给每个特征都赋予一个特征流水号，其格式如下：

ADD　FEATURE（PART）#

特征创建信息或零件

END　ADD

例如添加拉伸特征如下：

```
ADD FEATURE (initial number 5)
内部特征标识  39
父项 = 1(#1) 3(#2) 5(#3)

伸出项: 拉伸

NO. 元素名    信息                            状态
--- ---------- ------------                  ------
 1  属性       一侧                           已定义
 2  截面       草绘平面 - 特征#3的曲面 FRONT  (基准平面)   已定义
 3  方向                                      已定义
 4  深度       盲，深度 = 20                   已定义

截面名 = S2D0001

特征尺寸:
d0 = 162.51 (weak)
d1 = 240.16 (weak)
d2 = 77.57 (weak)
d3 = 119.36 (weak)
d4 = 20.00
END ADD
```

（5）质量属性

此部分用于设置模型的质量属性，其格式是：

MASSPROP

模型的质量性质

END　MASSPROP

## 11.1.2　程序常用语句

程序除了以上结构代码之外，还有一些常用的语句代码，如执行语句 EXECUTE、暂停语

句 INTERACT、条件语句 IF…ELSE、特征隐藏语句 SUPPRESSED 以及尺寸参数修改语句 Modify 等。下面就对这些语句分别进行讲解。

（1）执行语句 EXECUTE

执行语句 EXECUTE 用于装配件中执行零件的程序，即在当前装配件程序中去执行某个零件的程序，其格式如下：

EXECUTE part（part_name）

表达式

END EXECUTE

例如：

INPUT

Part1_name String

"Enter the name of part1:"

Assembly_diameter Number

"Enter diameter of hole:"

END INPUT

……………

EXECUTE part（Part1_name）

d2=Assembly_diameter

END EXECUTE

解释　　　　　　　执行语句 EXECUTE 只能用于装配件中的程序。

（2）暂停语句 INTERACT

暂停语句 INTERACT 用于将程序暂停执行，让用户进行特征的建立。例如：

IF Length>Width

Width=20.00

ELSE

INTERACT　　　　　　　　　　　　　　 / *如果 Length 小于 Width，则程序在此处暂停

ENDIF

（3）条件语句 IF…ELSE

此条件语句用于创建程序分支。它有两种格式，分别如下：

格式一　　　　　　　　　 格式二

IF 判断语句　　　　　　　 IF 判断语句

操作 A　　　　　　　　　　 操作 A

ENDIF　　　　　　　　　　 ELSE

　　　　　　　　　　　　　 操作 B

　　　　　　　　　　　　　 ENDIF

**解释**

　　END 与 IF 之间不能有空格。

　　在 IF 的判断语句中是比较操作，因此必须使用比较类型操作符，如>（大于）、<（小于）和= =（等于）等，其变量可以是 Number（数值型）、String（字符型）和 Yes_No（逻辑型）等中的任一类型，但是 String（字符型）变量的字符串值应当加上双引号" "，例如

| 例一 | 例二 |
|---|---|
| IF　Part1_Material = = "Steel" | IF Have_hole= =Yes |
| 　…… | d3=Length/2 |
| ENDIF | d4=Width/2 |
| | ENDIF |

　　（4）特征隐藏语句 SUPPRESSED

　　特征隐藏语句 SUPPRESSED 用于将某特征暂时隐藏，其格式是在添加特征的 ADD 字符后面加入 SUPPRESSED 字符，例如：

ADD　SUPPRESSED　FEATURE　（initial number 5）

INTERNAL FEATURE ID　170

PARENTS = 1(#1)

ROUND: General

　　如果需要恢复隐藏的特征，可以将该语句中的 SUPPRESSED 删除即可。

　　（5）尺寸参数修改语句 Modify

　　直接修改程序中的尺寸，系统并不反映，必须在尺寸参数之前加上 Modify，修改后的尺寸才起作用。

　　例如：将尺寸 d2 由原来的 5.00 修改成 10.00，首先在 d2 表示式前加上 Modify 字符，然后直接将数值 5.00 修改为 10.00 即可。

　　修改前　d2=5.00

　　修改后　Modify　d2=10.00

　　此外，如果要删除特征，只需要将该特征语句中的 ADD 与 END ADD 之间的内容全部删除即可。如果需要更换两特征之间的顺序，只需要将两特征语句的 ADD 与 END ADD 之间的文本更换一下即可。

## 11.2　零件编程设计

### 11.2.1　零件 1 的编程设计

　　本节将采用一个简单的例子介绍零件编程设计的过程，以便用户能够快速将其掌握。

　　在本实例中，操作对象是如图 11-3 所示的零件模型，通过编辑程序来控制零件的长度、宽度、高度以及圆孔特征的有无。本例将要通过编辑程序来把图 11-3 中的零件模型设计为图 11-4 所示的模型。

图 11-3　欲进行编程设计的零件模型　　　　图 11-4　通过编程设计出来的零件模型

### 1. 打开零件，并显示特征的参数

选择系统主菜单"文件"|"打开"命令，打开配套资源中的 ex14_1.prt 文件。选择菜单管理器"零件"菜单中的"关系"命令，并用鼠标在主窗口依次选取零件中的隆起特征和圆孔特征，系统将显示隆起特征和圆孔特征中的各个参数，如图 11-5 所示。完成后返回"零件"菜单。

### 2. 显示零件的程序

在主菜单中依次选择"工具"|"程序"命令，然后在菜单管理器中选择"显示设计"命令，如图 11-6 所示。系统将弹出"信息窗口"窗口，如图 11-7 所示，从中可以查看当前零件的程序。查看完毕后，单击该窗口中的 [关团] 按钮可以将其关闭。

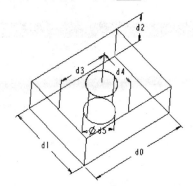

图 11-5　零件模型中的参数　　　　图 11-6　命令选取流程

### 3. 编辑零件的程序

在图 11-6 所示的菜单管理器中依次选择"程序"|"编辑设计"命令，系统将打开名为"ex14_1"的记事本，如图 11-8 所示。该记事本记录着当前零件的程序，用户可以在该记事本中对零件的程序进行编辑。

① 添加输入提示信息。在 INPUT 与 END INPUT 之间加入如图 11-9 所示的输入提示信息。

提示　　Pro/Engineer Wildfire 程序中的字母大小写无区别。

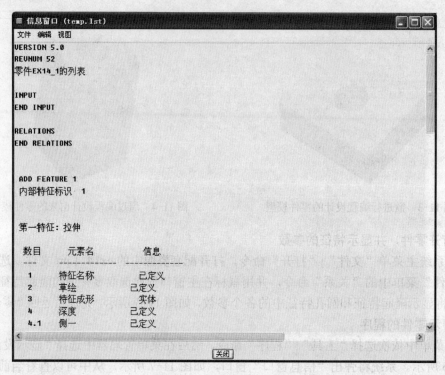

图 11-7 "信息窗口"窗口

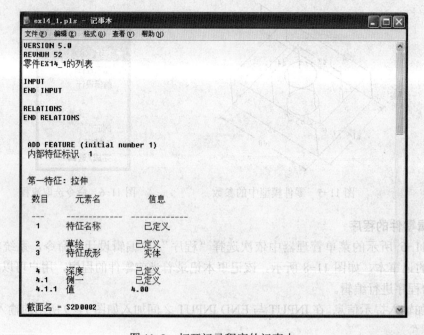

图 11-8 打开记录程序的记事本

② 添加关系式。在 RELATIONS 与 END RELATIONS 之间加入如图 11-10 所示的关系式。其中 D0 控制零件的长度，D1 控制零件的宽度，D2 控制零件的高度，D3、D4 控制圆孔的

位置，D5 控制圆孔的直径。

③ 编写是否增加倒角的程序。在记事本中找到记录倒角特征的语句行，并在其前后添加 IF…ELSE 条件语句，如图 11-11 所示。

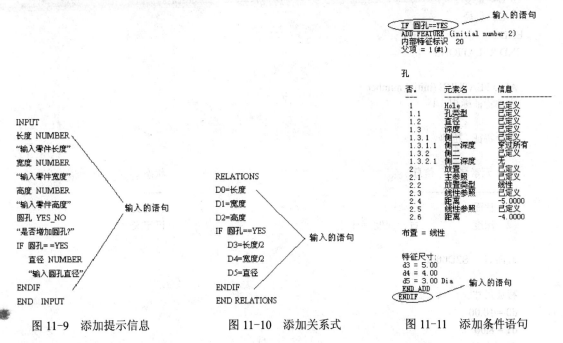

图 11-9 添加提示信息          图 11-10 添加关系式          图 11-11 添加条件语句

完成以上编辑后，记事本"ex14_1"记录的程序如下（其中用户添加的语句以灰色背景显示）。

```
VERSION
REVNUM 52
零件 EX14_1 的列表
INPUT
长度  NUMBER
"输入零件长度"
宽度  NUMBER
"输入零件宽度"
高度  NUMBER
"输入零件高度"
圆孔  YES_NO
"是否增加圆孔?"
IF  圆孔==YES
    直径  NUMBER
    "输入圆孔直径"
ENDIF
END INPUT

RELATIONS
D0=长度
D1=宽度
```

D2=高度
IF  圆孔==YES
    D3=长度/2
    D4=宽度/2
    D5=直径
ENDIF
END RELATIONS


ADD FEATURE (initial number 1)
内部特征标识    1


第一特征: 拉伸


| NO. | 元素名 | 信息 | 状态 |
| --- | --- | --- | --- |
| 1 | 截面 | | 已定义 |
| 2 | 深度 | 盲，深度 = 4 | 已定义 |


截面名 = S2D0002


特征尺寸:
d0 = 10.00
d1 = 8.00
d2 = 4.00
END ADD


IF  圆孔==YES

ADD FEATURE (initial number 2)
内部特征标识    20
父项 = 1(#1)


孔


| 否。 | 元素名 | 信息 |
| --- | --- | --- |
| 1 | Hole | 已定义 |
| 1.1 | 孔类型 | 已定义 |
| 1.2 | 直径 | 已定义 |
| 1.3 | 深度 | 已定义 |
| 1.3.1 | 侧一 | 已定义 |
| 1.3.1.1 | 侧一深度 | 穿过所有 |
| 1.3.2 | 侧二 | 已定义 |
| 1.3.2.1 | 侧二深度 | 无 |
| 2 | 放置 | 已定义 |
| 2.1 | 主参照 | 已定义 |
| 2.2 | 放置类型 | 线性 |

| 2.3 | 线性参照 | 已定义 |
|---|---|---|
| 2.4 | 距离 | −5.0000 |
| 2.5 | 线性参照 | 已定义 |
| 2.6 | 距离 | −4.0000 |

布置 = 线性

特征尺寸：
d3 = 5.00
d4 = 4.00
d5 = 3.00 Dia
END ADD
ENDIF

MASSPROP
END MASSPROP

### 4. 保存编辑过的程序

程序编辑完成后，关闭记事本，系统将会弹出"记事本"对话框，如图 11-12 所示，询问是否保存文件，单击 [ 是(Y) ] 按钮将其保存。

### 5. 将编辑修改反映到当前模型

此时系统将显示如图 11-13 所示的信息，询问是否将修改立即反映到当前模型中。按 Enter 键或单击 [ 是(Y) ] 按钮，表示立即反映到模型中。

图 11-12　提示保存文件

图 11-13　提示

### 6. 检验零件程序

当完成编辑后，系统将显示"得到输入"菜单，如图 11-14 所示，选择"得到输入"菜单中的"输入"命令，接着系统将显示 INPUT SEL 菜单，如图 11-15 所示。

### 7. 选择零件参数

在 INPUT SEL 菜单中选择需要修改的零件参数。将菜单中命令前的复选框选中，则表示选择了该选项的参数。此例需要修改"INPUT SEL"菜单中列出的所有参数，因此可以选择"选取全部"命令将其中的参数全部选中，然后选择"完成选取"命令。

### 8. 输入零件参数

此时系统将在信息提示区提示用户输入零件长度，如图 11-16 所示。输入数值 5，然后按 Enter 键或单击 ✓ 按钮，接受输入的长度，其中系统默认零件的长度为 0。

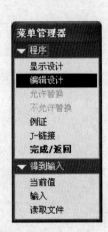

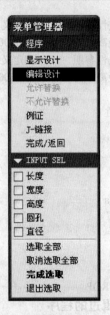

图 11-14 "得到输入"菜单          图 11-15 INPUT SEL 菜单

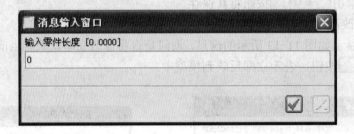

图 11-16 输入零件长度

系统将在信息提示区提示用户零件宽度，如图 11-17 所示。输入数值 5，然后按 Enter 键或单击 ✓ 按钮，接受输入的宽度。

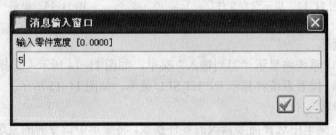

图 11-17 输入零件宽度

系统将在信息提示区提示用户零件高度，如图 11-18 所示。输入数值 10，然后按 Enter 键或单击 ✓ 按钮，接受输入的高度。

系统将在信息提示区提示用户是否需要增加圆孔，如图 11-19 所示。单击 是(Y) 按钮则对其进行倒角，单击 否(N) 按钮则不倒角，此处单击 是(Y) 按钮。

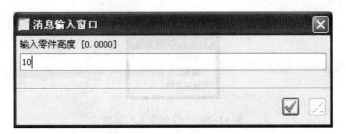

图 11-18　输入零件高度

接着系统将在信息提示区提示用户圆孔直径，如图 11-20 所示。输入数值 2.5，然后按 Enter 键或单击✓按钮，接受输入的直径大小。

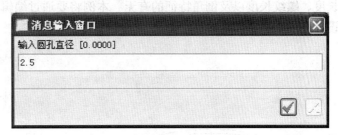

图 11-19　提示是否增加圆孔　　　　　　　　　　图 11-20　输入圆孔直径

### 9. 生成新的零件模型

以上步骤完成后，系统将根据输入的参数值自动重新生成零件的模型，生成的零件模型如图 11-21 所示。

 提示

> 在步骤 8 中，当系统提示用户是否需要增加圆孔时，单击 否(N) 按钮则系统不会提示用户输入圆孔的直径，而直接生成如图 11-22 所示的零件模型。

图 11-21　重新生成的零件模型　　　　图 11-22　无圆孔的零件模型

### 10. 再次修改参数

选择"编辑"主菜单中的"再生"命令，则系统再次显示"得到输入"菜单，如图 11-23 所示，此时用户选择"输入"命令可以给参数赋予更多的不同的数值，达到比较零件模型效果的目的。

图 11-23　"得到输入"菜单

## 11.2.2　零件 2 的编程设计

在本实例中，操作对象是如图 11-24 所示的螺钉零件模型，通过编辑程序来控制螺钉的公称长度、螺纹长度以及倒角特征的有无。本例将要通过编辑程序来把图 11-24 中的螺钉零件模型设计成图 11-25 所示的模型。

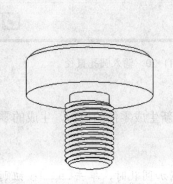

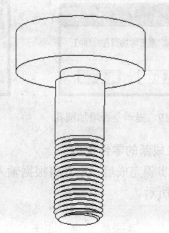

图 11-24　欲进行编程设计的螺钉零件　　　　图 11-25　通过编程设计出来的螺钉零件

### 1.　打开零件，并显示特征的参数

选择系统主菜单"文件"|"打开"命令，打开本书配套资源中的 ex14_2.prt 文件。选择"工具"菜单中的"关系"命令，并在图 11-26 所示位置单击鼠标。此时系统将会以参数名形式显示特征的各个参数，如图 11-27 所示，其中 d3 为螺钉的公称长度。

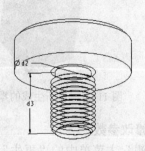

图 11-26　选取零件特征　　　　图 11-27　以参数名显示特征的各个参数

接着在"关系"对话框的"查找范围"中选择"剖面"选项，此时系统弹出"选取"对话

框，选取模型中的螺纹，系统弹出如图 11-28 所示的菜单管理器。将该图中的"轮廓"复选框被选中。单击对话框中的"确定"按钮，系统将会显示螺纹轮廓的各个参数，如图 11-29 所示，其中 d24 用于控制螺纹的长度。完成后返回"零件"菜单。

图 11-28 "选取截面"菜单

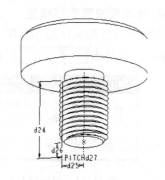

图 11-29 显示螺纹轮廓的各个参数

### 2. 显示零件的程序

在主菜单中依次选择"工具"|"程序"命令，然后在菜单管理器中依次选择"程序"|"显示设计"命令。系统将弹出"信息窗口"对话框，从中可以查看当前零件的程序。查看完毕后，单击该窗口中的 关闭 按钮可以将其关闭。

### 3. 编辑零件的程序

在菜单管理器中依次选择"程序"|"编辑设计"命令，系统将打开名为"ex14_2"的记事本。在该记事本中对零件的程序进行编辑。

① 添加输入提示信息。在 INPUT 与 END INPUT 之间加入如图 11-30 所示的输入提示信息。

② 添加关系式。在 RELATIONS 与 END RELATIONS 之间加入如图 11-31 所示的关系式。

其中 D3 为螺纹公称长度的参数，参数 D24 用于控制螺纹长度。

③ 编写是否增加倒角的程序。在记事本中找到记录倒角特征的语句行，并在其前后添加 IF…ELSE 条件语句，如图 11-32 所示。

```
INPUT
公称长度 NUMBER
    "输入公称长度："
螺纹长度 NUMBER
    "输入螺纹长度："
螺栓头部倒角 YES_NO
    "螺栓头部是否倒角？"
END INPUT
```
——— 输入的语句

图 11-30 添加提示信息

```
RELATIONS
D3=公称长度
D24=螺纹长度+4
END RELATIONS
```
> 输入的语句

图 11-31 添加关系式

图 11-32 添加条件语句

### 4. 保存编辑过的程序

程序编辑完成后，关闭记事本，系统将会弹出对话框，如图 11-33 所示，询问是否保存文件，单击 是(Y) 按钮将其保存。

### 5. 将编辑修改反映到当前模型

此时系统将在信息提示区显示如图 11-34 所示的信息，询问是否将修改立即反映到当前模型中。按 Enter 键或单击 是(Y) 按钮，表示立即反映到模型中。

图 11-33　提示保存文件　　　　　　图 11-34　提示

### 6. 检验零件程序

当完成编辑后，系统将显示"得到输入"菜单，如图 11-35 所示，选择"得到输入"菜单中的"输入"命令，接着系统将显示 INPUT SEL 菜单，如图 11-36 所示。

图 11-35　"得到输入"菜单　　　　图 11-36　"INPUT SEL"菜单

### 7. 选择零件参数

在 INPUT SEL 菜单中选择需要修改的零件参数。将菜单中命令前的复选框选中，则表示选择了该选项的参数。此例需要修改 INPUT SEL 菜单中列出的所有参数，因此可以选择"选取全部"命令将其中的参数全部选中，然后选择"完成选取"命令。

### 8. 输入零件参数

此时系统将在信息提示区提示用户输入螺钉的公称长度，如图 11-37 所示。

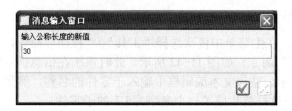

图 11-37 输入螺钉的公称长度

在图 11-37 所示的文本编辑框中输入数值 30，然后按 Enter 键或单击✔按钮。接着系统将在信息提示区提示用户输入螺钉的螺纹长度，如图 11-38 所示。

图 11-38 输入螺钉的螺纹长度

在图 11-38 所示的文本编辑框中输入数值 15，然后按 Enter 键或单击✔按钮，接受输入的螺纹长度，其中系统默认螺钉螺纹长度为 0。此时系统将在信息提示区提示用户螺钉头部是否倒角，如图 11-39 所示。单击 是(Y) 按钮则对其进行倒角，单击否按钮则不倒角。此例为了比较模型，因此单击 否(N) 按钮不对螺钉头部倒角，以便用户区别。

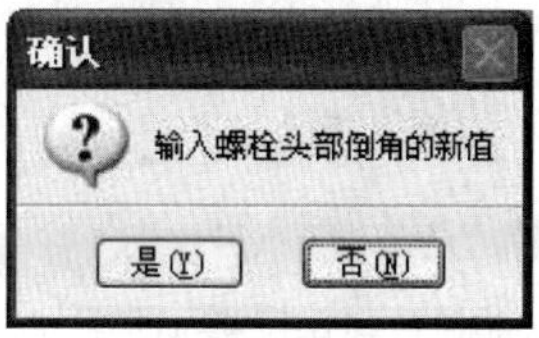

图 11-39 提示螺钉头部是否倒角

### 9. 重新生成零件模型

以上步骤完成后，系统将根据输入的参数值自动重新生成零件的模型，生成的零件模型如图 11-40 所示。

### 10. 再次修改参数

选择"编辑"菜单中的"再生"命令，则系统再次显示"得到输入"菜单，如图 11-41 所示，此时用户选择"输入"命令可以给参数赋予更多的不同的数值，达到比较零件模型效果的目的。

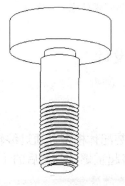

图 11-40 重新生成的螺钉零件

图 11-41 "得到输入"菜单

### 11. 建立子零件

完成步骤 10 以后，在主菜单中依次选择"工具"|"程序"命令，然后在菜单管理器中依次选择"程序"|"例证"命令，如图 11-42 所示。此时系统在信息提示区提示用户输入子零件的名称，如图 11-43 所示。在该文本编辑框中输入子零件的名称，例如 L1。然后按 Enter 键或单击 ✔ 按钮接受输入。这样就生成了一个名字为 L1 的子零件。

按照同样的方法可以生成多个子零件，如 L2、L3、L4 等。

图 11-42　命令选取流程

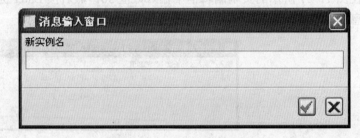

图 11-43　提示输入子零件的名称

### 12. 打开零件库

依次选择主菜单"工具"|"族表"命令，如图 11-44 所示，系统将打开"族表 EX14_2"窗口，显示当前状态下的子零件情况，如图 11-45 所示。

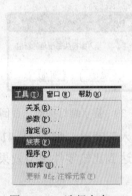

图 11-44　选择命令

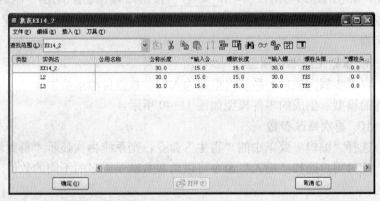

图 11-45　显示零件库

## 11.3　装配编程设计

### 11.3.1　千斤顶的编程设计

在本实例中，操作对象是如图 11-46 所示的千斤顶装配体模型，通过编辑程序来控制千斤顶装配体中起重螺杆的位置。图 11-47 是通过编辑程序将起重螺杆升起后的千斤顶装配体模型。

### 1. 打开千斤顶装配体模型

选择系统主菜单中的"文件"|"打开"命令，打开配套资源中 ex14_asm_1.asm 文件。

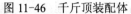

图 11-46　千斤顶装配体

图 11-47　编程设计的千斤顶装配体

**2. 显示控制起重螺杆装配位置的特征参数**

用鼠标左键在主窗口的千斤顶装配体中直接双击起重螺杆零件模型，如图 11-48 所示，此时系统将显示起重螺杆的特征参数，调整视图方向后如图 11-49 所示。由图 11-49 可见，特征参数 d2:1 控制着起重螺杆的装配位置。

图 11-48　双击起重螺杆零件模型

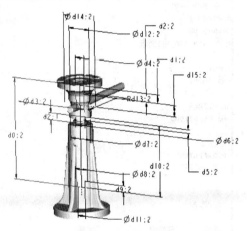

图 11-49　显示起重螺杆的特征参数

图 11-49 显示的特征参数较多，不便于选取控制起重螺杆装配位置的特征参数。以下方法可以使系统仅显示控制起重螺杆装配位置的特征参数 d2:1。

在过滤器中选择"特征"方式，如图 11-50 所示，然后在主窗口中单击起重螺杆零件模型，此时系统将显示起重螺杆装配位置的特征参数 d2:1，调整视图方向后如图 11-51 所示。

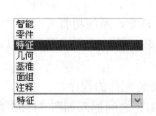

图 11-50　选取特征方式

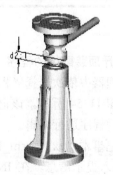

图 11-51　显示起重螺杆的装配特征参数

### 3. 显示装配尺寸

在系统的菜单栏中依次选择"信息"|"切换尺寸"命令，此时系统在主窗口显示起重螺杆的装配尺寸，如图 11-52 所示。可见当前起重螺杆的装配尺寸为 10。

如果需要将起重螺杆的装配尺寸切换为其相应的特征参数，同样在系统的菜单栏中依次选择"信息"|"切换尺寸"命令即可。

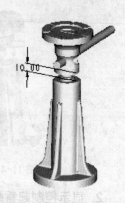

图 11-52　显示装配尺寸

### 4. 显示千斤顶装配体的程序

在主工具栏中依次选择"工具"|"程序"命令，然后在菜单管理器中依次选择"程序"|"显示设计"命令，系统将弹出"信息窗口"窗口，如图 11-53 所示，从中可以查看千斤顶装配体程序。查看完毕后，单击该窗口中的按钮可以将其关闭。

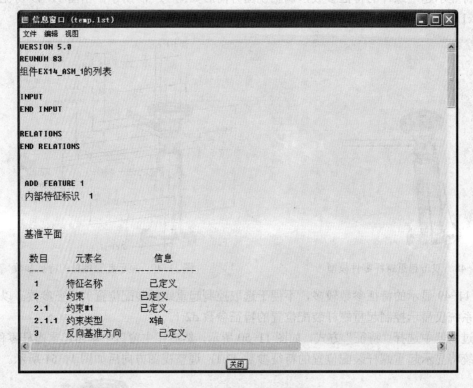

图 11-53　"信息窗口"窗口

### 5. 编辑千斤顶装配体的程序

在菜单管理器中依次选择"程序"|"编辑设计"命令，系统将打开名为"ex14_asm_1.als"的记事本，如图 11-54 所示。该记事本记录着千斤顶装配体的程序，用户可以在该记事本中对千斤顶装配体的程序进行编辑。

下面就在记事本"ex14_asm_1.als"中编辑千斤顶装配体的程序。

① 添加输入提示信息。在 INPUT 与 END INPUT 之间加入如图 11-55 所示的输入提示信息。

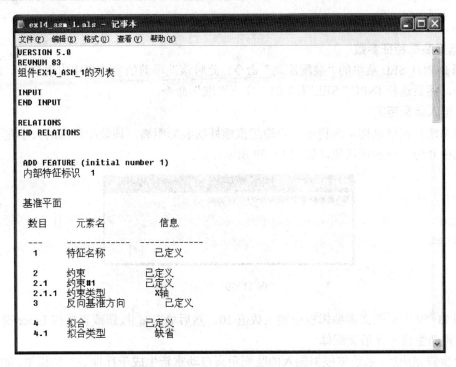

图 11-54 打开记录程序的记事本

② 添加关系式。在 RELATIONS 与 END RELATIONS 之间加入如图 11-56 所示的关系式。

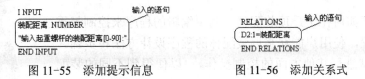

图 11-55 添加提示信息　　　　　　　图 11-56 添加关系式

### 6. 保存编辑过的程序

程序编辑完成后，关闭记事本，系统将会弹出对话框，如图 11-57 所示，询问是否保存文件，单击 是(Y) 按钮将其保存。

### 7. 将编辑修改反映到当前模型

此时系统提示如图 11-58 所示，询问是否将修改立即反映到当前模型中，按 Enter 键或单击 是(Y) 按钮，表示立即反映到模型中。

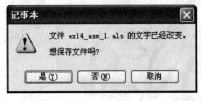

图 11-57 提示保存文件

图 11-58 提示

### 8. 检验零件程序

当完成编辑后，系统将显示"得到输入"菜单，选择"输入"命令，接着系统将显示 INPUT

SEL 菜单。

### 9. 选择装配特征参数

选择 INPUT SEL 菜单的"装配距离"命令，此时该选项前的复选框中出现钩号，表示该选项被选中。然后选择 INPUT SEL 菜单的"完成选取"命令。

### 10. 输入装配距离

此时系统将在信息提示区提示用户输起重螺杆的装配距离，该装配距离的大小在 0 至 90 之间，其中 0 为系统的默认值，如图 11-59 所示。

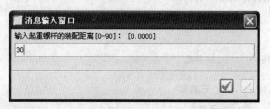

图 11-59　提示

在图 11-59 所示的文本编辑框中输入数值 30，然后单击 ✔ 按钮或直接按 Enter 键。

### 11. 重新生成千斤顶装配体

以上步骤完成后，系统将根据输入的装配距离自动重新生成千斤顶装配体模型，如图 11-60 所示。

### 12. 保存并关闭文件

不再赘述。

本例讲解了如何在千斤顶装配体中利用编辑的程序来控制起重螺杆的装配位置，使用户能够掌握装配体的程序设计方法和步骤。用户还可以尝试进行其他方面的控制操作，以便得到不同的装配模型。

图 11-60　修改后的模型

## 11.3.2　齿轮油泵的编程设计

本节将讲解齿轮油泵装配体的编程设计，该齿轮油泵如图 11-61 所示，它是由内六角螺钉、销、泵盖、纸垫、齿轮轴、螺塞、垫圈、泵体以及齿轮等零件装配而成的，图 11-62 为齿轮油泵的分解图。

图 11-61　齿轮油泵装配体

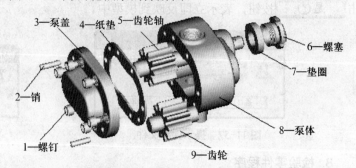

3—泵盖　4—纸垫　5—齿轮轴
6—螺塞
7—垫圈
2—销
8—泵体
1—螺钉
9—齿轮

图 11-62　齿轮油泵的分解图

现通过编制程序，可以选择是否要装配零件 4－纸垫，当选择不装配零件 4－纸垫时，零件 3－泵盖与零件 8－泵体可以自动进行调整配合，同时用户可以修改零件 4－纸垫的厚度值，当改变该厚度值时，系统将自动重新调整零件之间的装配情况。

下面就齿轮油泵的编程设计予以详细的介绍。

### 1. 打开齿轮油泵装配体模型

打开配套资源中 ex14_asm_2.asm 文件。

### 2. 编辑纸垫零件的程序

由于要求能够改变纸垫的厚度，所以必须单独对零件 4－纸垫进行编程。

① 打开纸垫零件模型 zhidian.prt 文件。

② 显示纸垫零件模型的特征参数。在主菜单栏中选择"工具"菜单的"关系"命令，并选取主窗口的纸垫零件模型，此时系统将会以参数名形式显示特征的各个参数，如图 11-63 所示，从该图可以知道纸垫的厚度由 d16 参数来控制。

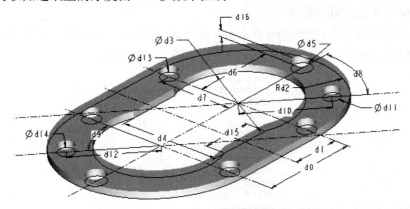

图 11-63　显示纸垫零件模型的特征参数

③ 编辑纸垫的程序。在主菜单"工具"中选择"程序"命令，在菜单管理器中依次选择"程序"→"编辑设计"命令，系统打开名为"zhidian"的记事本，然后在该记事本对纸垫的程序进行编辑。

在 INPUT 与 END INPUT 之间添加如图 11-64 所示的输入提示信息。

在 RELATIONS 与 END RELATIONS 之间添加如图 11-65 所示的关系式，即将输入的厚度值赋给控制纸垫厚度的特征参数 d16。

在记事本中保存以上编辑，完成后退出该记事本。此时系统将在信息区询问是否将修改立即反映到当前模型中，如图 11-66 所示。按 Enter 键或单击 [ 是(Y) ] 按钮，表示立即反映到模型中。

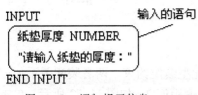

图 11-64　添加提示信息

图 11-65　添加关系式

图 11-66　提示

④ 重新输入参数值，检验程序。此时系统显示"得到输入"菜单，选择该菜单中的"输入"命令，接着系统将显示 INPUT SEL 菜单。依次选择"纸垫厚度"|"完成选取"命令，系统提示用户输入纸垫的厚度值，如图 11-67 所示。

输入厚度值 0.5，并单击 ✓ 按钮或者直接按 Enter 键即可。此时系统将根据输入的厚度值自动重新生成纸垫零件模型，生成的纸垫零件模型如图 11-68 所示。

⑤ 保存纸垫零件模型，并关闭该文件。

图 11-67　提示输入纸垫的厚度值　　　　图 11-68　重新生成纸垫零件模型

### 3. 重新调整零件之间的装配

① 在模型树窗口中选择 benggai 并右击，如图 11-69 所示，选择快捷菜单中选择"编辑定义"命令，此时系统弹出"元件放置"操控板，如图 11-70 所示。

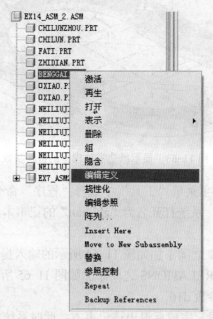

图 11-69　选取泵盖零件

图 11-70　"元件放置"操控板

② 单击"放置"按钮，将"约束"栏中选择原有的匹配型装配约束，两者装配关系如图 11-71 所示。在"偏移"下拉列表中选择"偏距"选项，输入偏距值 2，如图 11-72 所示。单击

"确定"按钮结束装配调整。

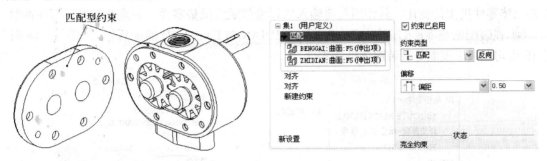

图 11-71 装配约束示意图　　　　　　　　图 11-72 "放置"上滑板

### 4. 显示泵盖的装配特征参数

在主菜单中依次选择"工具"|"关系"命令,在"关系"对话框中选择"组件"选项,然后如图 11-73 所示选取泵盖零件模型,此时系统将显示泵盖的装配特征参数,如图 11-74 所示。从该图可知装配偏距是由参数 d12:1 来控制的。

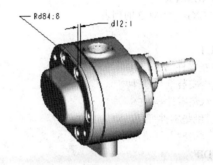

图 11-73 选取泵盖零件模型　　　　　　　图 11-74 显示泵盖的装配特征参数

### 5. 编辑装配体的程序

打开"程序"菜单管理器,通过"编辑设计"命令打开名为"ex14_asm_2.als"的记事本,然后在该记事本对齿轮油泵装配体的程序进行编辑。

① 在 INPUT 与 END INPUT 之间添加如图 11-75 所示的输入提示信息。

② 在 RELATIONS 与 END RELATIONS 之间添加入如图 11-76 所示的关系式,即将输入的厚度值赋给装配偏移值控制量 d12:1。

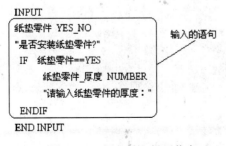

图 11-75 添加输入提示信息　　　　　　　图 11-76 添加关系式

③ 在 END RELATIONS 语句行后面加入如图 11-77 所示的 EXECUTE 语句,该语句用于控制纸垫零件模型的变化,其作用是将输入的厚度值赋给纸垫零件,并重新生成该零件模型。

④ 在装配纸垫零件的语句 ADD PART ZHIDIAN 与 END ADD 的前后加入如图 11-78 所示的 IF 语句,用于控制是否装配该纸垫零件。

图 11-77　添加 EXECUTE 语句　　　　　图 11-78　添加 IF 语句

完成以上编辑后,记事本 "ex14_asm_2.als" 记录的程序如下(其中用户添加的语句以灰色背景显示)。

```
VERSION
REVNUM 156
套件 EX14_ASM_2 的列表

INPUT
    纸垫零件  YES_NO
    "是否安装纸垫零件?"
    IF  纸垫零件==YES
        纸垫零件_厚度  NUMBER
        "请输入纸垫零件的厚度: "
    ENDIF
END INPUT

RELATIONS
    IF  纸垫零件==NO
        D12:1=0
    ELSE
        D12:1=纸垫零件_厚度
    ENDIF
END RELATIONS

IF  纸垫零件==YES
    EXECUTE PART ZHIDIAN
    纸垫厚度 = 纸垫零件_厚度
    END EXECUTE
ENDIF

ADD PART CHILUNZHOU
INTERNAL COMPONENT ID 1
END ADD
```

ADD PART CHILUN
INTERNAL COMPONENT ID 3
父项 = 1(#1)
END ADD

ADD PART FATI
INTERNAL COMPONENT ID 6
父项 = 1(#1) 3(#2)
END ADD

IF  纸垫零件==YES
    ADD PART ZHIDIAN
    INTERNAL COMPONENT ID 8
    父项 = 6(#3)
    END ADD
END IF

ADD PART BENGGAI
INTERNAL COMPONENT ID 9
父项 = 6(#3)
END ADD

ADD PART XIAO
INTERNAL COMPONENT ID 10
父项 = 9(#4)
END ADD

ADD PART XIAO
INTERNAL COMPONENT ID 11
父项 = 9(#4)
END ADD

ADD PART NEILIUJIAO-LUODING
INTERNAL COMPONENT ID 12
父项 = 6(#3)
END ADD

ADD PART NEILIUJIAO-LUODING
INTERNAL COMPONENT ID 33
父项 = 6(#3)
END ADD

ADD PART NEILIUJIAO-LUODING
INTERNAL COMPONENT ID 36
父项 = 9(#4)

```
END ADD

ADD PART NEILIUJIAO-LUODING
INTERNAL COMPONENT ID 39
父项 = 9(#4)
END ADD

ADD PART NEILIUJIAO-LUODING
INTERNAL COMPONENT ID 42
父项 = 9(#4)
END ADD

ADD PART NEILIUJIAO-LUODING
INTERNAL COMPONENT ID 48
父项 = 9(#4)
END ADD

ADD SUBASSEMBLY EX7_ASM2_SUB
INTERNAL COMPONENT ID 52
父项 = 1(#1) 6(#3)
END ADD

MASSPROP
END MASSPROP
```

在记事本 "ex14_asm_2.als" 中保存以上编辑,完成后退出该记事本。此时系统将在信息区询问是否将修改立即反映到当前模型中,如图 11-79 所示。按 Enter 键或单击 是(Y) 按钮,表示立即反映到模型中。

**6. 检验程序**

完成以上操作后,系统将显示 "得到输入" 菜单,选择该菜单中的 "输入" 命令,系统将显示 INPUT SEL 菜单。

在 INPUT SEL 菜单中依次选择 "选取全部" | "完成选取" 命令,系统将显示图 11-80 所示的信息,提示用户是否要安装纸垫零件。此处单击 是(Y) 按钮,表示安装纸垫零件。

接着系统提示用户输入纸垫零件的厚度值,如图 11-81 所示。输入纸垫的厚度值 0.5,并单击 ✓ 按钮或者直接按 Enter 键即可。

**7. 重新生成齿轮油泵装配体模型**

系统将根据输入的参数值自动重新生成装配模型,生成的装配模型如图 11-82 所示。

图 11-79　提示

图 11-80　提示是否要装配纸垫零件

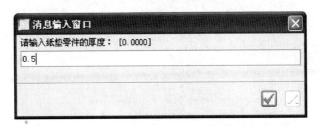

图 11-81　提示输入纸垫的厚度值

### 8. 修改齿轮油泵装配体模型

在模型树最上端装配件 EX14_ASM_2.ASM 上右击，然后选择"再生"命令，在菜单管理器中依次选择"程序"|"输入"命令，系统弹出 INPUT SEL 菜单，再依次选择"选取全部"|"完成选取"命令，此时系统将提示用户是否安装纸垫零件。单击 否(N) 按钮，系统将显示如图 11-83 所示的装配模型，从其分解图可见该齿轮油泵没有安装纸垫零件，如图 11-84 所示。

图 11-82　重新生成的装配模型

图 11-83　没有安装纸垫

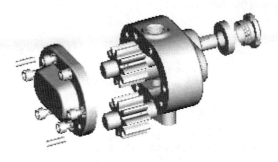

图 11-84　分解图

### 9. 保存并关闭文件

不再赘述。